普通高等教育"十三五"规划教材

矿山安全技术

主　编　张巨峰　杨峰峰
副主编　游　波　郑　超

U0315664

扫一扫
看课件

北　京
冶金工业出版社
2024

内 容 简 介

本书共分9章,主要内容包括:矿井瓦斯及其防治,瓦斯喷出、煤与瓦斯突出及其防治,矿井瓦斯抽采,矿井火灾学基础,煤炭自燃防治,矿井水害防治,矿尘防治技术,矿山救护,以及煤矿安全生产事故预防及处理。

本书可作为高等院校安全工程、采矿工程及相关专业的教材,也可供从事煤炭科学研究、设计、管理的工程技术人员参考。

图书在版编目(CIP)数据

矿山安全技术/张巨峰,杨峰峰主编 .—北京:冶金工业出版社,2020.5(2024.1重印)

普通高等教育"十三五"规划教材

ISBN 978-7-5024-8475-0

Ⅰ.①矿… Ⅱ.①张… ②杨… Ⅲ.①矿山安全—安全技术—高等学校—教材 Ⅳ.①TD7

中国版本图书馆 CIP 数据核字(2020)第 064283 号

矿山安全技术

出版发行	冶金工业出版社	电 话	(010)64027926
地 址	北京市东城区嵩祝院北巷 39 号	邮 编	100009
网 址	www.mip1953.com	电子信箱	service@mip1953.com

责任编辑 高 娜 美术编辑 郑小利 版式设计 孙跃红
责任校对 卿文春 责任印制 禹 蕊
北京虎彩文化传播有限公司印刷
2020 年 5 月第 1 版,2024 年 1 月第 2 次印刷

787mm×1092mm 1/16;14.25 印张;345 千字;217 页
定价 35.00 元

投稿电话 (010)64027932 投稿信箱 tougao@cnmip.com.cn
营销中心电话 (010)64044283
冶金工业出版社天猫旗舰店 yjgycbs.tmall.com
(本书如有印装质量问题,本社营销中心负责退换)

前　　言

本书是全国煤炭高等院校安全工程、采矿工程专业"矿山安全技术"或"矿井灾害防治"课程的专业教材，与《矿井通风学》《采矿学》配套使用。

随着我国煤炭产能的快速提升，浅部煤炭资源逐渐枯竭，许多矿井已开始进入深部开采，开采深度可达 800~1500m，每年还以 10~20m，最快 50m 的速度向深部延深。随着开采深度的增加，煤层瓦斯含量和瓦斯压力不断增高，地温梯度急剧增大，大量浅部低瓦斯矿井升级为高瓦斯矿井，甚至是煤与瓦斯突出矿井，不易自燃煤层转变成自燃甚至容易自燃煤层，导致瓦斯与煤自燃灾害交织共生，灾害风险不断增大，煤矿安全生产形势愈加严峻。

为煤炭企业培养专业技术人才的有关高校，在教材编写方面应与时俱进，才能更好地为矿井安全发展服务。

本书编写的指导思想是：以矿井灾害治理理论与防治技术为基础，根据矿井发展现状，汲取矿井灾害治理最新成果、新版《煤矿安全规程》、新版《防治煤与瓦斯突出规定》等，以提高学生专业素养和工程实践能力为目标，注重学生工程实践能力的培养，既满足高校安全工程、采矿工程专业学生的学习需要，又满足科研工作者和工程技术人员的参考需要，为矿井安全、高效、绿色发展提供理论基础。

全书共分 9 章，内容涵盖了矿井瓦斯治理、火灾防治、水灾治理、粉尘防治、矿山救护等五个方面，部分内容结合了作者主持的甘肃省青年科技计划项目（18JR3RM240）、甘肃省高等学校创新能力提升项目（2019B-154）、甘肃省安全生产科技项目（GAJ00011）、中国煤炭工业协会科学技术研究指导性计划项目（MTKJ2018-279）、陇东学院青年科技创新项目（XYZK1610）等的新技术、新理论，力求理论与实践结合，通俗易懂，学生容易接受。

本书由张巨峰、杨峰峰担任主编，游波、郑超担任副主编。具体编写分工为：第 1 章、第 3 章和第 8 章由陇东学院杨峰峰编写；第 2 章、第 4 章、第 5 章和第 9 章由陇东学院张巨峰编写；第 7 章由湖南科技大学游波编写；第 6 章由陇东学院郑超编写。

　　在本书的编写和出版过程中，作者得到了陇东学院著作基金、甘肃省青年科技计划项目（18JR3RM240）、甘肃省高等学校创新能力提升项目（2019B-154）、甘肃省安全生产科技项目（GAJ00011）、中国煤炭工业协会科学技术研究指导性计划项目（MTKJ2018-279）、陇东学院青年科技创新项目（XYZK1610）的支持和帮助，同时还参阅了有关文献资料，吸收了许多专家、学者的研究成果，在此一并表示衷心的感谢！

　　由于作者水平所限，书中不足之处在所难免，敬请有关专家及读者不吝指正。

作　者

2020 年 3 月

目　　录

矿井瓦斯及其防治

矿井瓦斯是严重威胁煤矿安全生产的主要自然灾害之一。在近代煤炭开采史上，瓦斯灾害每年都造成大量人员伤亡和巨大的财产损失。因此，预防瓦斯灾害对煤炭工业的持续健康发展具有重要意义。

1.1　矿井瓦斯的概念及性质

1.1.1　矿井瓦斯的概念

瓦斯是在煤矿生产过程中形成的一个概念，有广义和狭义之分。广义的矿井瓦斯是指煤矿在生产和建设过程中从煤（岩）层、采空区释放的各种有害气体的总称。矿井瓦斯组成中属于可燃可爆炸的气体有甲烷（CH_4，俗称沼气）及其同系物烷烃（C_nH_{2n+2}）、CO、H_2S、H_2 等；属于有毒的气体有 H_2S、CO、SO_2、NH_3、NO_2、NO 等；属于窒息性的气体有 CH_4、N_2、CO_2 等；属于放射性的气体有 Rn、He。煤矿瓦斯各组分在数量上的差异很大，煤矿大部分瓦斯来自煤层，而煤层中的瓦斯一般以甲烷为主，其次是二氧化碳（CO_2）和氮气（N_2），甲烷是煤矿生产中的重大危险源，所以狭义的矿井瓦斯就是指甲烷。通常所说的矿井瓦斯以及煤矿术语中的瓦斯习惯上都是指甲烷。

1.1.2　矿井瓦斯的来源

从安全的角度看，矿井瓦斯主要来源有 4 类：第一类是在煤层与围岩内赋存并能涌入矿井中的气体；第二类是煤矿生产过程中生成的气体，例如爆破时产生的炮烟，内燃机运行时排放的废气，充电过程生成的氢气等；第三类是煤矿井下空气与煤、岩、矿物、支架和其他材料之间的化学或生物化学反应生成的气体等；第四类是放射性物质蜕变过程中生成的或地下水放出的放射性惰性气体氡及惰性气体氦。在第一类来源中主要是有机质在煤化过程中生成的并赋存于煤（岩）中的气体，称为有机源气体；在有火成岩侵入或碳酸盐致热分解生成的二氧化碳经断层侵入的煤田，存在无机源气体。

1.1.3　瓦斯的性质

（1）瓦斯是一种无色、无味、无臭、可以燃烧或爆炸的气体。该特性决定了不能依靠人的感觉来判断瓦斯，瓦斯浓度的检测必须借助于仪器、仪表。

（2）甲烷的扩散性和渗透性均很强。在 0℃、0.1MPa 条件下，甲烷的扩散系数为 $0.196cm^2/s$，扩散速度是空气的 1.34 倍，因此，从煤岩中涌出的瓦斯能很快扩散到矿井风流中。瓦斯的渗透能力是空气的 1.6 倍，在煤层附近的围岩中掘进巷道时，有时也能涌出瓦斯。

（3）在温度为 0℃、大气压力为 101325Pa 的标准状态下，甲烷的密度为 $0.716kg/m^3$，是空气密度的 0.554 倍。甲烷在巷道断面内的分布取决于巷道壁附近有无瓦斯涌出源。自然条件下，由于甲烷在空气中的强扩散性，与空气均匀混合后，不会因其相对密度较空气小而上浮、聚积。当无瓦斯涌出时，巷道断面内甲烷的浓度是均匀分布的；当有瓦斯涌出时，甲烷浓度则呈不均匀分布。

（4）甲烷的化学性质不活泼，微溶于水，在 101.325kPa 压力条件下，当温度在 20℃ 时 100L 水可以溶解 3.31L 甲烷；0℃ 时 100L 水可以溶解 5.56L 甲烷。

（5）瓦斯本身无毒，但具有窒息性。空气中的瓦斯浓度增高时，氧气浓度就相对降低，人会因缺氧而窒息。当瓦斯浓度为 43% 时，空气中氧气的浓度降到 12%，人在此环境下会感到呼吸急促；当瓦斯浓度达到 57% 时，相应的氧气浓度降到 9%，人即刻处于昏迷状态，并有死亡危险。井下通风不良的盲巷往往积存大量瓦斯，如果未经检查贸然进入，就可能因缺氧而很快昏迷、窒息，甚至死亡。

（6）瓦斯具有燃烧性和爆炸性。当瓦斯和空气混合达到一定浓度时，遇到高温火源即可能发生瓦斯燃烧或爆炸。

（7）瓦斯是一种温室气体，产生的温室效应是二氧化碳的 20 倍，在全球气候变暖中的份额占 15%，仅次于二氧化碳。我国是煤炭生产和消费大国，煤炭开采每年向大气排放的瓦斯量约占世界采煤排放瓦斯总量的 1/3，瓦斯对大气的严重污染已引起全社会的关注。

1.1.4　矿井瓦斯的危害

瓦斯是煤矿井下主要危险源，严重威胁煤矿安全生产。矿井瓦斯的主要危害有瓦斯爆炸、煤与瓦斯突出、瓦斯喷出、瓦斯窒息。瓦斯是煤矿安全生产的大敌，预防和控制瓦斯灾害的发生对煤炭工业健康可持续发展具有重要意义。

1.1.4.1　瓦斯对环境的影响

瓦斯对环境的污染主要表现为加剧大气"温室效应"。甲烷是仅次于二氧化碳的第二大辐射温室气体，在全球人为因素温室气体排放中，甲烷所占的比例为 14.3%（按当量 CO_2 计算）。在过去的 20 年里，由于甲烷排放到大气中的速度降低，甲烷在大气里的含量没有显著增加，根据联合国政府间气候变化专门委员会（IPCC）在 2007 年发布的第四次气候变化报告，甲烷在大气中的含量为 $1777×10^{-9}$，其辐射强度值达到 $0.48W/m^2$。

1.1.4.2　瓦斯窒息

瓦斯窒息事故多发生在停风的煤巷或不通风的盲巷中，这些地点由于长时间无新鲜风流供给，再加上瓦斯涌出，致使环境中氧气浓度降低，从而引起窒息事故。正常大气中氧气浓度约为 21%，当空气中氧气浓度低于 15% 时，人的肌肉活动能力明显下降；降低到 10%~14% 时，人的判断能力将迅速降低，出现智力混乱现象；降低到 6%~10% 时，短时间内将会晕倒，甚至死亡。《煤矿安全规程》规定，采掘工作面进风流中氧气浓度不得低于 20%，二氧化碳浓度不得超过 0.5%。

1.1.4.3　瓦斯燃烧事故

当甲烷浓度低于 5% 或超过 15%，并有火源存在的条件下，将发生瓦斯燃烧。煤矿瓦斯燃烧可能发生在工作面煤壁、瓦斯抽采管路和甲烷浓度低于 5% 或大于 15% 的区域，如专用瓦斯抽（排）放巷等。瓦斯燃烧是在预混可燃气中的火灾蔓延，蔓延形式有层流燃烧和湍流燃烧。同层流燃烧相比，湍流燃烧更为激烈，火焰传播速度要大得多。

1.1.4.4 引起瓦斯爆炸事故

煤矿瓦斯爆炸是以甲烷为主的可燃性气体和空气组成的混合气体在火源的引发下发生的一种迅猛的氧化反应。一旦发生，不仅造成大量的人员伤亡，还会严重摧毁矿井设施、破坏矿井的通风系统，还会引发煤尘爆炸、火灾、井巷垮塌和顶板冒落等次生灾害。煤矿瓦斯爆炸是煤矿生产中最主要的灾害。一般认为，煤矿瓦斯爆炸的甲烷浓度范围为5.0%~16.0%，理论上爆炸最猛烈的甲烷浓度为9.5%。其他可燃性气体的掺混、引火源温度和环境中的氧气浓度变化等都可能导致瓦斯爆炸范围的变化。

1.1.4.5 发生煤与瓦斯突出事故

突出是煤层中存储的瓦斯能和应力能的失稳释放，表现为在极短的时间内向生产空间抛出大量煤岩和瓦斯。抛出煤岩从几吨到上万吨，瓦斯从几百立方米到上百万立方米，并可能诱发瓦斯爆炸。近年来，随着我国煤矿开采强度的加大，开采深度不断增加，瓦斯压力和瓦斯含量增大，突出危险性日趋严重。因此，在煤层瓦斯压力较高、地质构造复杂、地应力较大、煤层破坏严重时，在此区域进行开采作业易发生煤与瓦斯突出事故。

1.2 煤层瓦斯赋存及吸附性能

研究煤层瓦斯赋存是煤矿瓦斯灾害防治的基础。煤层瓦斯赋存包括煤层瓦斯的生成与组分、煤层瓦斯赋存状态与垂向分带、煤的孔隙特征、煤的瓦斯吸附性能、煤的瓦斯解吸性能等。

1.2.1 煤层瓦斯生成与组分

煤层瓦斯是腐殖型有机物在成煤过程中生成的一种伴生产物。煤的原始母质——腐殖质沉积以后，大致经历了两个成气时期：从植物遗体到形成泥炭的生物化学作用时期；在地层高温高压作用下，从褐煤到烟煤再到无烟煤的煤化变质作用时期。

（1）生物化学作用成煤时期。有机物在隔绝外部氧气进入温度不超过 65℃ 的条件下，被厌氧微生物分解为瓦斯。成煤初期的泥炭化过程发生于地表附近，上覆盖层不厚且透气性较好，生成的气体容易扩散到大气中去。因此，生物化学作用阶段生成的瓦斯，一般不会保留在煤层内。此后，随着泥炭层的下沉，上覆盖层越来越厚，成煤物质中的温度和压力也随之增高，生物化学作用逐渐减弱直至结束，在较高的压力和温度作用下，泥炭转化为褐煤，并逐渐进入煤化变质作用阶段。

（2）煤化变质作用阶段。随着褐煤层的进一步沉降，压力与温度作用加剧，进入煤化变质作用造气时期，褐煤逐渐转变成烟煤、无烟煤。在整个煤化变质过程中，煤的挥发分逐渐减少，固定碳逐渐增加，煤的变质程度越高，生成的瓦斯量越多。但各个煤化变质阶段生成的气体组分不仅不同，而且数量上还有很大变化。在漫长的地质年代中，由于地质构造的形成和变化，瓦斯在其压力差和浓度差的驱动下发生运移，导致不同煤田甚至同一煤田不同区域的煤层瓦斯含量差别可能很大。

由于泥炭相和褐煤过渡时期生成的甲烷很容易流失，因此，目前估算煤层生成甲烷量的多少，一般都以褐煤作为计算起点。图 1-1 所示为苏联学者给出的腐殖煤在煤化变质阶段成气的一般模型。苏联学者 B. A. 乌斯别斯基根据地球化学与煤化作用过程反应物与生成物平衡原理，计算出了各煤化阶段的煤所生成的甲烷量，其结果如图 1-2 所示。

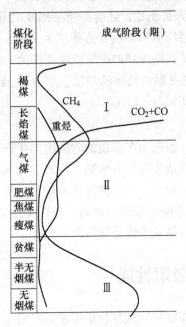

图 1-1　煤化变质时期成气演化模型

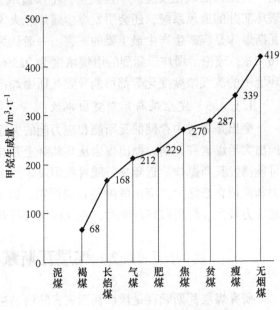

图 1-2　各煤化阶段甲烷生成量曲线

1.2.2　煤层瓦斯的成分

煤层瓦斯有 20 多种组分：甲烷及其同系烃类气体（乙烷、丙烷、丁烷、戊烷、己烷等）、二氧化碳、氮、二氧化硫、硫化氢、一氧化碳和稀有气体（氦、氖、氩、氙）等，其中甲烷及其同系物和二氧化碳是成煤过程的主要产物。当煤层赋存深度大于瓦斯风化带深度时，煤层瓦斯的主要组分（>80%）是甲烷。

1.2.3　煤对瓦斯的吸附

由于气体分子与固体表面分子之间的相互作用，气体分子暂时停留在固体表面上的现象称为气体分子在固体表面的吸附。吸附是一种界面现象，是物理吸附、化学吸附和吸收的总称。煤是一种天然的吸附剂，具有良好的吸附能。煤对瓦斯的吸附属于物理吸附，固体表面与气体之间无特殊的相互作用，即瓦斯分子与煤分子之间的作用力是范德华引力。吸附量主要取决于压力、温度和比表面积的大小。物理吸附与气体液化、水蒸气凝结相似，是可逆的。当气体分子碰到煤表面时，其中一部分就被吸附，并释放出吸附热；在被吸附的分子中，当其热运动的动能足以克服吸附引力场的位能时可重新回到气相，这时要吸收解吸热，这一现象称为解吸，吸附与解吸是可逆的。

1.2.4　煤的瓦斯吸附理论

煤是一种天然的吸附剂，具有较大的比表面积，因而具有良好的吸附性能。国内外研究学者进行了大量的相关研究，提出了许多等温吸附理论模型，概括起来主要有以下四种。

1.2.4.1 单分子层吸附理论

1916 年朗缪尔导出了单分子层吸附（固体表面上吸附的气体只有一分子直径的厚度）状态方程，一般说来，气体在临界温度以上，在非反应的固体表面上常常发生单分子层吸附。吸附等温线符合朗缪尔方程：

$$X_x = \frac{abp}{1 + bp} \tag{1-1}$$

式中　a——吸附常数，温度为 30℃时，当 $p \rightarrow \infty$ 时的极限吸附量，cm³/g；

　　　　b——吸附常数，MPa⁻¹；

　　　　p——吸附平衡时的瓦斯压力，MPa。

1.2.4.2 多分子层吸附理论——BET 方程

该方程是由 S. Brunauer、P. H. Emmett 和 E. Teller 三人在 1938 年提出的，其实质是在单分子层吸附理论基础上，通过进一步的假设得出的多分子层吸附理论。其数学关系式为：

$$\frac{p}{V} = \frac{p_0 - p}{V_m C} + \frac{(C - 1)p^2}{V_m C p_0} \tag{1-2}$$

式中　V_m——饱和吸附量，m³/g；

　　　　p_0——饱和蒸汽压力，Pa；

　　　　C——与气体吸附和凝结有关的常数。

1.2.4.3 吸附势理论

该理论也被称作 Polanyi 吸附势理论，该理论主要是针对微孔吸附剂的等温曲线进行定量描述，其 R-D 方程为：

$$V = V_0 \exp\left[-K\left(\frac{RT}{\beta}\ln\frac{p_0}{p}\right) \right] \tag{1-3}$$

式中　V——吸附势能，m³/g；

　　　　V_0——微孔体积，m³/g；

　　　　K——与孔隙结构有关的常数；

　　　　β——吸附质的亲和系数；

　　　　R——气体常数。

1.2.4.4 统计势动力学理论

该理论由 J. J. Collins 提出，该理论认为，气体分子与固体分子间的作用力为伦敦色散力，气体分子之间的作用力为范德华力。

1.2.5 影响煤吸附性的主要因素

煤是一种孔隙结构较为复杂的多孔介质，具有很大的内表面积，决定了其具有很强的吸附气体的能力。气体在每克煤中的吸附量主要取决于气体的性质、表面性质（比表面积与化学组成）、吸附平衡的温度及其瓦斯压力和煤中水分等。煤中瓦斯吸附量的大小主要取决于以下几个方面的因素。

（1）瓦斯压力的影响。在温度保持不变的情况下，煤体的吸附瓦斯量随着瓦斯压力的升高而增大，当瓦斯压力大于一定值后，瓦斯的吸附量增加较缓慢，并最终趋于一个定值。

（2）温度的影响。温度每升高1℃，吸附瓦斯的能力降低约8%。

（3）瓦斯性质的影响。对于指定的煤，在给定的温度与瓦斯压力下，CO_2的吸附量比CH_4高，而CH_4的吸附量又比N_2高。

（4）煤化变质程度的影响。煤的煤化程度反映其比表面积大小与化学组成，一般来说，从挥发分为20%～26%之间的中等变质烟煤到无烟煤，相应的吸附量呈快速增加的趋势。

（5）煤中水分的影响。随着水分的增加，煤对甲烷的吸附量逐渐减小。水分对甲烷吸附量的影响可用艾琴格尔经验公式来计算，其数学表达式为：

$$X_1 = \frac{X_0}{1 + 0.31 M_{ad}} \tag{1-4}$$

式中　X_1——湿煤瓦斯吸附量，m^3/t；

　　　X_0——干煤瓦斯吸附量，m^3/t；

　　　M_{ad}——煤中水分含量，%。

研究结果表明：在成煤初期，由于煤体结构比较疏松，导致其孔隙率较大，褐煤吸附瓦斯能力较强；此后，从长焰煤到无烟煤，随着变质程度的增加，煤的吸附表面积也随着增加，吸附能力也随之变大；之后，微孔由于受到强大的地压作用而收缩到0，其结果是石墨的吸附能力完全丧失，如图1-3所示。

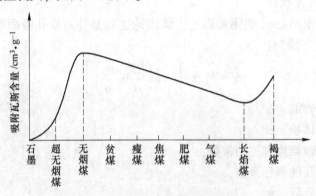

图1-3　煤的吸附量示意图

1.3　煤层瓦斯含量及瓦斯压力

1.3.1　煤层瓦斯含量的定义

从植物遗体到无烟煤的变质过程中，每吨煤至少可生成$100m^3$的瓦斯，而现今的天然煤层中，最大的瓦斯含量不超过$50m^3/t$。一方面是由于煤层本身储存瓦斯的能力所限；另一方面是因为瓦斯以压力气体存在于煤层中，经过漫长的地质年代，大部分已放散了，留存的仅为成煤过程生成瓦斯量的 1/10~1/5，甚至更少。

煤层瓦斯含量是单位质量煤中所含的瓦斯体积（换算为标准状态）量，单位是 m^3/t 或 mL/g。煤层瓦斯含量也可用单位质量可燃基（去掉煤中水分和灰分）的瓦斯体积表示，称为可燃基瓦斯含量，单位是 $m^3/(t \cdot r)$。

煤层未受采动影响而处于原始赋存状态时，单位质量煤中所含有的瓦斯体积（换算成标准状态下体积），称为原始（或天然）瓦斯含量，单位为 m^3/t 或 mL/g。

相对原始煤层瓦斯含量而言，当煤体受采动等因素影响或瓦斯抽采后，煤层中剩余的瓦斯含量称为残余瓦斯含量，单位为 m^3/t 或 mL/g。

1.3.2 影响煤层瓦斯含量的因素

在成煤过程中每形成 1t 煤生成的瓦斯量理论上为 $100~400m^3$，但根据国内外大量实测资料可知，现今的煤层原始瓦斯含量一般为 $30~40m^3/t$，这说明成煤过程中生成的瓦斯绝大部分已逸散到地表，或在地质条件适合时，煤层中的瓦斯运移到储气构造中，形成煤层气，因此，煤层瓦斯含量主要取决于煤生成后瓦斯的逸散或运移条件，以及煤层保存瓦斯的能力。影响煤层瓦斯含量的因素主要有以下几方面。

1.3.2.1 地层地质史

从植物的堆积一直到煤炭的形成，经历了长期复杂的地质变化，这些变化对煤中瓦斯的生成和排放都起着重要的作用。煤层中瓦斯生成量、煤田范围内瓦斯含量的分布以及煤层瓦斯向地表的运移，取决于地层的地质史。成煤有机物沉积以后直到现今煤化阶段经历了漫长的地质年代，其间地层多次下降或上升，覆盖层加厚或遭受剥蚀，陆相与海相交替变化，遭受地质构造运动破坏影响等控制了煤层瓦斯的逸散。

1.3.2.2 地质构造

断层对煤层瓦斯含量有两种影响，一方面为断层的封闭性，另一方面是与煤层接触的对盘岩层的透气性。开放性断层是煤层瓦斯排放的通道，这类断层附近煤层瓦斯含量低，封闭性断层透气性差，截断了煤层与地表的联系，往往这类断层附近的煤层瓦斯含量高。

在被基岩覆盖的闭合和半闭合背斜转折区，由于煤层运移路线长和瓦斯排出口不断缩小，增大了瓦斯运移的阻力，因此，在同一开采深度下，构造两翼瓦斯含量大；当煤层顶板是致密岩层时，背斜轴部的瓦斯容易积聚和保存，形成瓦斯含量较高的"气顶"。当背斜轴部的煤岩层因张力作用而形成有连通地表的裂隙时，背斜轴部的瓦斯就会流失，瓦斯含量低。

向斜轴部的瓦斯易通过构造裂隙和透气性好的煤层转移。如果向斜轴部顶板岩层受到的挤压应力比底板岩层强烈，使顶板岩层和两翼煤层透气性变小，瓦斯就能储存于向斜轴部。

1.3.2.3 煤层的埋藏深度

煤层埋藏深度是决定煤层瓦斯含量大小的主要因素。埋深的增加，不仅因地应力增高而使煤层及围岩的透气性变差，煤的吸附瓦斯量增加，而且向地表运移的距离也增长，二者都有利于封存瓦斯。

1.3.2.4 煤层和围岩的透气性

煤系地层岩性组合及其透气性对煤层瓦斯含量有重大影响。煤层及其围岩的透气性越大，瓦斯越易流失，煤层瓦斯含量越小；反之，瓦斯易于保存，煤层的瓦斯含量就高。瓦斯之所以能够封存于煤层中的某个部位，并使之具有突出的可能，与该部位围岩透气性低，造成有利于封存瓦斯的条件有密切关系。煤层围岩的透气性不仅与岩性有关，还与一定范围内的岩性组合以及形变特点有关。

由于煤层的透气性一般比围岩大得多，而倾角越小瓦斯运移的途径越长，因此在其他条件相同的情况下，在同一开采深度上，煤层倾角越小，煤层所含瓦斯越大。

1.3.2.5　煤层露头

煤层有无露头对煤层瓦斯含量有一定影响。煤层露头是瓦斯向大气排放的出口，露头存在时间越长，瓦斯排放越多；反之，地表无露头的煤层，瓦斯含量较高。在评价一个煤田的暴露情况时，不仅要注意该煤田的暴露程度，还要考虑成煤整个地质历史时期内煤系地层的暴露及瓦斯风化情况。

1.3.2.6　煤化程度

煤是天然的吸附体，煤层的煤化程度越高，其吸附瓦斯的能力越强。在甲烷带内，在其他因素相同的条件下，煤化程度越高，吸附瓦斯能力越强。但对于高变质无烟煤，其瓦斯含量不符合此规律，因为这种煤的结构发生了质的变化，其瓦斯含量很低，而且与埋深无关。

1.3.2.7　水文地质条件

水文地质条件是煤层瓦斯含量大小的影响因素之一，地下水与瓦斯共存于含煤岩系及围岩之中，其运移和赋存都与煤层和岩层的孔隙、裂隙通道有关。由于地下水的运移，首先驱动着裂隙和孔隙中的瓦斯运移；其次，尽管瓦斯在水中的溶解度仅 $1\% \sim 4\%$，但在地下水交换活跃地区，经过漫长的地质年代，地下水可以带走一定量的溶解瓦斯；最后，地下水的溶蚀作用也会带走大量矿物质，导致煤系地层的天然卸压，地应力降低，从而引起煤层及围岩透气性增大，加剧煤层瓦斯的流失。因此，地下水的活动有利于瓦斯的排放。

1.3.2.8　岩浆活动

岩浆活动对煤层瓦斯含量的影响较为复杂。在岩浆接触变质和热力变质的影响下，煤能再一次生成瓦斯，并由于煤变质程度的增加而增大吸附力，因而岩浆活动影响区域煤层的瓦斯含量增大。但在无隔气层的情况下，由于岩浆的高温作用强化煤层排放瓦斯，从而导致煤层瓦斯含量减小。不同煤田，岩浆活动对煤层瓦斯含量的影响可能不相同。北票煤田火成岩侵入区域煤层瓦斯含量较大，且煤与瓦斯突出严重。

1.3.3　煤层瓦斯压力的基本概念

煤层瓦斯压力是指煤层孔隙内气体分子自由热运动产生的作用力，由游离瓦斯形成，即瓦斯作用于孔隙壁的压力。煤层原始瓦斯压力是指煤层未受采动、瓦斯抽采及人为卸压等影响下的煤层瓦斯压力；煤层残余瓦斯压力是指煤层受采动、瓦斯抽采及人为卸压等影响后残存的瓦斯呈现的压力，煤层瓦斯压力单位为 MPa。

煤层瓦斯压力一般指的是绝对瓦斯压力，绝对瓦斯压力值以绝对真空作为起点。用压力表等仪器测出来的瓦斯压力叫表压力（又叫相对瓦斯压力），相对瓦斯压力以大气压力为起点。绝对瓦斯压力等于相对瓦斯压力与大气压力之和。

1.3.4　煤层瓦斯压力分布的一般规律

根据国内外对瓦斯煤层大量的测定结果，在甲烷带内，煤层的瓦斯压力随深度的增加而增加，多数煤层呈线性增加，瓦斯压力梯度随地质条件而异，在地质条件相近的块段内相同深度的同一煤层具有大体相同的瓦斯压力，因此，可以根据下式预测深部煤层的瓦斯压力。

$$p = g_p(H - H_1) + p_1 \tag{1-5}$$

$$p = g_p(H - H_0) + p_0 \tag{1-6}$$

$$g_p = \frac{p_2 - p_1}{H_2 - H_1} \tag{1-7}$$

式中　p——预测的甲烷带内深 $H(\mathrm{m})$ 处的瓦斯压力，MPa；

　　　g_p——瓦斯压力梯度，MPa/m；

　p_1，p_2——甲烷带内深度为 H_1、H_2（m）处的瓦斯压力，MPa；

　　　p_0——甲烷带上部边界处瓦斯压力，取 0.2MPa；

　　　H_0——甲烷带上部边界深度，m。

煤层瓦斯压力的大小取决于煤生成后煤层瓦斯的排放程度。在漫长的地质年代中，煤层瓦斯排放与覆盖层厚度和透气性、煤层透气性、煤地质构造条件、覆盖层的含水性密切相关。当煤层瓦斯压力低于静水压力时，煤层瓦斯停止排放，瓦斯压力得以保存。对煤层瓦斯排放最不利的条件是覆盖层孔隙充满了水，这时煤层瓦斯压力最大，等于同水平静水压力。国内外实测瓦斯压力值多数情况小于同水平的静水压力值，造成此种情况的原因有三：一是测压地点由于受到采掘巷道集中应力的影响，煤的吸附能力已接近饱和，应力集中引起孔隙体积缩小，导致瓦斯压力增大；二是煤层中存在裂隙，与深部高压瓦斯联通，形成了瓦斯流动的通道；三是在地形适宜时，形成了类似喷泉的条件。煤层瓦斯运移的总趋势是瓦斯由地层深部逐渐向地表逸散，随着深度的增加，煤层瓦斯含量和煤层瓦斯压力逐渐增大。

1.4　煤矿瓦斯涌出

1.4.1　概述

煤矿瓦斯涌出量预测是煤矿瓦斯治理的基础性工作，它是矿井通风设计、瓦斯抽采系统设计和矿井及工作面产量确定的重要依据。新煤矿、新水平和新采区投产前，都应进行瓦斯涌出量预测，这是煤矿通风设计、瓦斯抽采设计和瓦斯管理必不可少的基础工作。现有的煤矿瓦斯涌出量预测方法可概括为两大类：一类是矿山统计法，另一类是根据煤层瓦斯含量进行预测的分源预测法。

对于新建煤矿，一般采用分源法预测煤矿瓦斯涌出量，确定煤矿瓦斯等级。对生产煤矿的新水平、新采区，因已具备较完整的瓦斯实测资料，可采用矿山统计法预测瓦斯涌出量。

1.4.2　基本概念

瓦斯涌出量是指在煤矿建设和生产过程中从煤层与岩层内涌出的瓦斯量。其表达方式有 2 种：绝对瓦斯涌出量和相对瓦斯涌出量。绝对瓦斯涌出量指单位时间内从煤层和岩层以及采落的煤（岩）体涌出的瓦斯量，单位为 m^3/d 或 m^3/min。

$$Q_j = \frac{Q \times C}{100} \tag{1-8}$$

式中　Q_j——绝对瓦斯涌出量，m^3/min；

　　　Q——风量，m^3/min；

　　　C——风流中的平均瓦斯浓度，%。

相对瓦斯涌出量指正常生产条件下，平均日产 1t 煤涌出的瓦斯量，单位是 m^3/t。

$$q_x = \frac{Q_j}{A_d} \tag{1-9}$$

式中　q_x——相对瓦斯涌出量，m^3/t；

　　　Q_j——绝对瓦斯涌出量，m^3/d；

　　　A_d——日产量，t/d。

瓦斯涌出量中除开采煤层涌出的瓦斯外，还有来自邻近层和围岩的瓦斯，所以相对瓦斯涌出量一般要比瓦斯含量大。

1.4.3　瓦斯涌出形式

瓦斯涌出形式指瓦斯涌出在时间与空间的分布形式，对此，可以分为普通（一般）涌出与特殊（异常）涌出。普通涌出是在时间与空间比较均匀、普遍发生的不间断涌出，它决定了矿井的瓦斯平衡与风量分配；特殊瓦斯涌出是在时间与空间上突然、集中发生，涌出量很不均匀的间断涌出。后者包括瓦斯喷出与煤和瓦斯突出。

瓦斯（CO_2）喷出是指从煤体或岩体裂隙、孔洞或炮眼中大量瓦斯（CO_2）异常涌出的现象。在 20m 巷道范围内，涌出瓦斯量不小于 $1.0m^3/min$，且持续时间在 8h 以上时，该采掘区即定为瓦斯（CO_2）喷出危险区域。

1.4.4　影响矿井瓦斯涌出量的因素

矿井瓦斯涌出量受自然因素和开采技术因素的综合影响。

1.4.4.1　自然因素

（1）煤层和围岩的瓦斯含量。煤层（包括可采层和邻近层）和围岩的瓦斯含量是影响瓦斯涌出量的最重要因素，含量越高，涌出量也越大。对单一的薄煤层和中厚煤层进行开采时，瓦斯主要来自煤层暴露面和采落的煤炭。开采煤层附近存在瓦斯含量大的夹层、煤层或岩层时，由于采动影响，邻近层中的瓦斯就会沿着开采形成的裂隙涌向开采煤层的采掘空间，使矿井瓦斯涌出量增加。

（2）地面大气压的变化。地面大气压力变化，必然引起井下空气压力的变化。根据测定，地面大气压力在 1 年内的变化量可达 $(5\sim8)\times10^{-3}MPa$，一天内的最大变化量可达

$(2\sim4)\times10^{-3}$MPa，但与煤层瓦斯压力相比，地面大气压的变化量是很微小的。地面大气压的变化对煤层暴露面的瓦斯涌出量没有太大影响，但对采空区瓦斯涌出有较大的影响。在生产规模较大、采空区瓦斯涌出量占很大比重的矿井，当气压突然下降时，采空区积存的瓦斯会更多地涌入风流中，使矿井瓦斯涌出量增大；当气压变大时，矿井瓦斯涌出量会明显减小。有资料表明，1910~1960年间美国有一半的瓦斯爆炸事故发生在大气压力急剧下降时。峰峰局羊渠河矿当气压由0.09976MPa增至0.1013MPa时，矿井瓦斯涌出量由11.61m³/min降至8.06m³/min。

1.4.4.2 开采技术因素

（1）开采规模。开采规模是指矿井的开采深度、开拓与开采的范围以及矿井产量。对某一矿井来说，开采规模越大，矿井的绝对瓦斯涌出量也就越大；开拓与开采范围越广，煤、岩的暴露面就越大，矿井瓦斯涌出量也就越大；在其他条件相同时，产量高的矿井瓦斯涌出量大。

但就矿井的相对瓦斯涌出量来说，情况比较复杂。如果矿井靠改进采煤工艺，提高工作面单产增大产量，则相对瓦斯涌出量会有明显减少，原因为：1）与采面无关的瓦斯源的瓦斯涌出量在产量提高时无明显增大；2）随着开采速度加快，邻近层及采落煤的残存瓦斯量将增大。如果矿井仅靠扩大开采规模增大产量，则矿井相对瓦斯涌出量或增大或保持不变。随着开采深度的增大，煤层的瓦斯含量将增大，因而矿井瓦斯涌出量也会相应增大。

（2）开采顺序与开采方法。在开采煤层群中的首采煤层或厚煤层分层开采时，由于其涌出的瓦斯不仅来源于开采层本身，而且还来源于上下邻近层，因此，开采首采煤层时的瓦斯涌出量往往比开采其他各层时大好几倍。为了使矿井瓦斯涌出量不发生大的波动，在开采煤层群时，应搭配好首采煤层和其他各层的比例。

在厚煤层分层开采时，不同分层的瓦斯涌出量也有很大的差别。一般来说，第一分层瓦斯涌出量最大，最后一个分层瓦斯涌出量最小。

机械化采煤时煤体破碎严重，有利于游离瓦斯的释放和吸附瓦斯的解吸，瓦斯涌出量较大。采空区丢煤多、回采率低的采煤方法，瓦斯涌出量较大，因为丢煤中所含瓦斯的绝大部分仍要涌入巷道。在开采煤层群时，由于采用垮落法管理顶板比采用充填法管理顶板时能造成顶板更大范围的破坏与松动，因而采用垮落法管理顶板的工作面的瓦斯涌出量比采用充填法管理顶板的工作面的瓦斯涌出量大。

（3）生产工序。无论采用何种采煤方法，煤层内的瓦斯大都是从煤体的暴露面和采落的煤炭中开始涌向采掘空间，并且其涌出量随着时间的延长而逐渐下降。因此，在生产过程的各工序中，落煤时的瓦斯涌出量最高。落煤时瓦斯涌出量增大，风镐落煤时，瓦斯涌出量可增大1.1~1.3倍；放炮时增大1.4~2.0倍；采煤机工作时，增大1.4~1.6倍；水采工作面水枪开动时，增大2~4倍。

（4）通风压力。采用负压通风（抽出式通风）的矿井，有利于煤体内的瓦斯释放，负压越高，瓦斯涌出量越大；采用正压通风（压入式通风）的矿井，不利于煤体内的瓦斯释放，风压越高，瓦斯涌出量越小，这主要是风压抵消了部分瓦斯涌出压力的结果。

（5）采空区管理。采空区内往往积存着大量高浓度瓦斯（可达60%~70%），如果未能及时封闭采空区或采空区封闭质量差，或采空区进、回风侧的通风压差较大，就会造成采空区瓦斯向外涌出，使矿井瓦斯涌出量增大。

总之，影响矿井瓦斯涌出量的因素是多方面的，煤层赋存状态和矿井生产条件不同，各个因素的影响程度也不尽相同。因此，对一个矿井而言，应确定影响瓦斯涌出量的主要因素，才能采取针对性的控制和防治措施。

1.4.5　煤矿瓦斯涌出量预测方法

1.4.5.1　一般要求

（1）对于新建、改扩建矿井或生产矿井的新水平、新采区，都必须进行瓦斯涌出量大小的预测，以便作为生产设计和通风瓦斯管理的依据。

（2）由于影响矿井瓦斯涌出量的因素较多且很复杂，要想做到十分准确预测，几乎是不可能的。几十年来，国内外各主要采煤国家投入了大量的人力、物力进行技术攻关，研究了适应不同矿井开采条件下的矿井瓦斯涌出量预测方法与技术。

（3）煤矿瓦斯涌出量预测应包括以下资料。

1）煤矿采掘设计说明书：①开拓开采系统图、采掘接替计划；②采煤方法、通风方式；③掘进巷道参数、煤巷平均掘进速度；④煤矿、采区、采煤工作面及掘进工作面产量。

2）煤矿地质报告：①地层剖面图、柱状图等；②各煤层和煤夹层的厚度、煤层间距及顶、底板岩性；③煤层瓦斯含量测定结果、风化带深度及瓦斯含量等值线图；④邻近煤矿和本煤矿已采水平、采区（盘区）以及采掘工作面瓦斯涌出测定结果；⑤煤的工业分析指标（灰分、水分挥发分和密度）以及煤质牌号。

3）新建煤矿或生产煤矿新水平瓦斯涌出量预测由具有国家规定资质的专业机构和生产单位共同完成，预测结果经专家审定后以报告形式提供给生产单位和有关部门。

1.4.5.2　分源预测法

分源预测法预测煤矿瓦斯涌出量也称为瓦斯含量法预测煤矿瓦斯涌出量。该方法的实质是根据煤矿生产过程中瓦斯涌出源的多少、各瓦斯涌出源涌出瓦斯量的大小来预计煤矿各个时期（如投产期、达标期、萎缩期等）的瓦斯涌出量。各个瓦斯涌出源涌出瓦斯量的大小是以煤层瓦斯含量、煤层开采技术条件和瓦斯涌出规律为基础进行计算确定的。

1.4.5.3　煤矿瓦斯涌出的构成关系

煤矿瓦斯涌出的源、汇关系如图1-4所示。

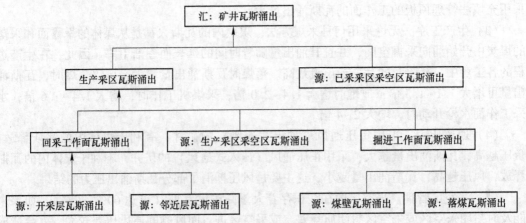

图1-4　矿井瓦斯涌出源、汇关系

（1）采煤工作面瓦斯涌出量。采煤工作面瓦斯涌出量预测用相对瓦斯涌出量表达，以 24h 为一个预测圆班，采用式（1-10）进行计算。

$$q_采 = q_1 + q_2 \qquad (1-10)$$

式中　$q_采$——回采工作面相对瓦斯涌出量，m^3/t；

　　　q_1——开采层相对瓦斯涌出量，m^3/t；

　　　q_2——邻近层相对瓦斯涌出量，m^3/t。

1）薄及中厚煤层不分层开采时，煤层瓦斯涌出量按式（1-11）计算：

$$q_1 = k_1 \cdot k_2 \cdot k_3 \frac{m_0}{m_1} \cdot (X_0 - X_1) \qquad (1-11)$$

式中　q_1——开采煤层（包括围岩）相对瓦斯涌出量，m^3/t；

　　　k_1——围岩瓦斯涌出系数，其值取决于回采工作面顶板管理方法；

　　　k_2——工作面丢煤瓦斯涌出系数，其值为工作面回采率的倒数；

　　　k_3——准备巷道预排瓦斯对工作面煤体瓦斯涌出影响系数；

　　　m_0——煤层厚度（夹矸层按层厚 1/2 计算），m；

　　　X_0——煤层原始瓦斯含量，m^3/t；

　　　X_1——煤的残存瓦斯含量，m^3/t，与煤质和原始瓦斯含量有关，需实测；如无实测数据，可参考表 1-1 取值。

表 1-1　纯煤的残存瓦斯含量取值

煤的挥发分含量 V_{daf}/%	6~8	8~12	12~18	18~26	26~35	35~42	42~56
纯煤残存瓦斯含量 $X_1/m^3 \cdot t^{-1}$	9~6	6~4	4~3	3~2	2	2	2

采用长壁后退式回采时，系数 k_3 按式（1-12）确定：

$$k_3 = \frac{L - 2h}{L} \qquad (1-12)$$

式中　L——回采工作面长度，m；

　　　h——巷道瓦斯预排等值宽度，m；不同透气性的煤层其值可能不同，需实测；无实测时，其值可按表 1-2 参考选取。

表 1-2　巷道预排瓦斯等值宽度 h

巷道煤壁暴露时间/d	不同煤种巷道预排瓦斯等值宽度/m					
	无烟煤	瘦煤	焦煤	肥煤	气煤	长焰煤
25	6.5	9.0	9.0	11.5	11.5	11.5
50	7.4	10.5	10.5	13.0	13.0	13.0
100	9.0	12.4	12.4	16.0	16.0	16.0
160	10.5	14.2	14.2	18.0	18.0	18.0
200	11.0	15.4	15.4	19.7	19.7	19.7
250	12.0	16.9	16.9	21.5	21.5	21.5
300	13.0	18.0	18.0	23.0	23.0	23.0

采用长壁前进式方法回采时，如上部相邻工作面已采，则 $k_3=1$；如上部相邻工作面未采，则可按式（1-13）计算 k_3 值：

$$k_3 = \frac{L + 2h + 2b}{L + 2b} \tag{1-13}$$

式中　b——巷道宽度，m。

表 1-1 中残存瓦斯含量的单位为每 1t 煤（即无灰干燥煤）的瓦斯体积，在应用式（1-11）时，应按式（1-14）换算为原煤残存瓦斯含量：

$$X_1 = \frac{100 - A_{ad} - M_{ad}}{100} X_1' \tag{1-14}$$

式中　X_1'——表 1-1 中查出的纯煤残存瓦斯含量，m^3/t；

　　　A_{ad}——原煤中灰分含量，%；

　　　M_{ad}——原煤中水分含量，%。

2）厚煤层分层开采时，煤层瓦斯涌出量按式（1-15）计算：

$$q_1 = k_1 \cdot k_2 \cdot k_3 \cdot k_4 \cdot k_{fi}(X_0 - X_1) \tag{1-15}$$

式中　k_{fi}——取决于煤层分层数量和顺序的分层开采瓦斯涌出系数，k_{fi} 可按表 1-3、表 1-4 选取。

表 1-3　厚煤层分层开采瓦斯涌出系数 k_f

两分层开采		三分层开采		
k_{f1}	k_{f2}	k_{f1}	k_{f2}	k_{f3}
1.504	0.496	1.820	0.692	0.488

表 1-4　分层（四层）开采时 k_f 取值

分层	1	2	3	4
k_{fi}	1.80	1.03	0.70	0.47

（2）邻近层瓦斯涌出量。

$$q_2 = \sum_{i=1}^{n} \frac{m_i}{m_1} k_i \cdot (X_{0i} - X_{1i}) \tag{1-16}$$

式中　q_2——邻近层相对瓦斯涌出量，m^3/t；

　　　m_i——第 i 个邻近层厚度，m；

　　　m_1——开采层的开采厚度，m；

　　　X_{0i}——第 i 邻近层原始瓦斯含量，m^3/t；

　　　X_{1i}——第 i 邻近层残存瓦斯含量，m^3/t，可按表 1-1 查取；

　　　k_i——受多种因素影响但主要取决于层间距离的第 i 邻近层瓦斯排放率。抚顺分院推荐按图 1-5 取值，或用下列公式计算各个邻近层的 k_i 值。

邻近层瓦斯排放率与层间距存在如下关系：

$$k_i = 1 - \frac{h_i}{h_p} \tag{1-17}$$

式中　k_i——第 i 邻近层瓦斯排放率，%；

h_i——第 i 邻近层至开采层垂直距离，m；

h_p——受开采层采动影响顶底板岩层形成贯穿裂隙、邻近层向工作面释放卸压瓦斯的岩层破坏范围，m。

（3）掘进工作面瓦斯涌出量。掘进工作面瓦斯涌出量包括掘进时煤壁瓦斯涌出和落煤瓦斯涌出两部分：

$$q_{掘} = q_3 + q_4 \qquad (1\text{-}18)$$

式中 $q_{掘}$——掘进工作面绝对瓦斯涌出量，m^3/min；

q_3——掘进工作面巷道煤壁绝对瓦斯涌出量，m^3/min；

q_4——掘进工作面落煤绝对瓦斯涌出量，m^3/min。

1）掘进巷道煤壁瓦斯涌出量 q_3：

$$q_3 = n \cdot m_0 \cdot v \cdot q_0 (2\sqrt{L/v} - 1) \qquad (1\text{-}19)$$

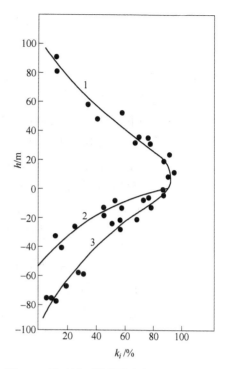

图 1-5 邻近层瓦斯排放率与层间距的关系
1—上邻近层；2—缓倾斜下邻近层；
3—倾斜、急倾斜下邻近层

式中 q_3——掘进巷道煤壁瓦斯涌出量，m^3/min；

n——煤壁暴露面个数，单孔送道时，$n=2$；

m_0——煤层厚度，m；

v——巷道平均掘进速度，m/min；

L——巷道长度，m；

q_0——煤壁瓦斯涌出初速度，$m^3/(m^2 \cdot min)$。按下式计算：

$$q_0 = 0.026(0.0004V_{daf}^2 + 0.16)X_0$$

V_{daf}——煤中挥发分含量，%；

X_0——煤层原始瓦斯含量，m^3/t。

2）掘进落煤的瓦斯涌出量：

$$q_4 = S \cdot v \cdot \gamma (X_0 - X_1) \qquad (1\text{-}20)$$

式中 q_4——掘进巷道落煤瓦斯涌出量，m^3/min；

S——掘进巷道断面积，m^2；

v——巷道平均掘进速度，m/min；

γ——煤的密度，t/m^3；

X_0——煤层原始瓦斯含量，m^3/t；

X_1——煤层残存瓦斯含量，m^3/t。

（4）生产采区瓦斯涌出量。生产采区瓦斯涌出量系采区内所有回采工作面、掘进工作面及采空区瓦斯涌出量之和，其计算公式为：

$$q_{区} = \frac{k'\left(\sum_{i=1}^{n} q_{采i}A_i + 1440\sum_{i=1}^{n} q_{掘i}\right)}{A_0} \tag{1-21}$$

式中　$q_{区}$——生产采区瓦斯涌出量，m^3/t；

　　　k'——生产采区内采空区瓦斯涌出系数；

　　　$q_{采i}$——第 i 回采工作面瓦斯涌出量，m^3/t；

　　　A_i——第 i 回采工作面平均日产量，t；

　　　$q_{掘i}$——第 i 掘进工作面瓦斯涌出量，m^3/min；

　　　A_0——生产采区平均日产量，t。

（5）矿井瓦斯涌出量。矿井瓦斯涌出量为矿井内全部生产采区和已采采区（包括其他辅助巷道）瓦斯涌出量之和，其计算公式为：

$$q_{井} = k'' \cdot \left(\sum_{i=1}^{n} q_{区i} \cdot A_{0i}\right) / \left(\sum_{i=1}^{n} A_{0i}\right) \tag{1-22}$$

式中　$q_{井}$——矿井相对瓦斯涌出量，m^3/t；

　　　k''——已采采区采空区瓦斯涌出系数，取 1.25；

　　　$q_{区i}$——第 i 个生产采区的相对瓦斯涌出量，m^3/t；

　　　A_{0i}——第 i 个生产采区平均日产量，t。

1.4.5.4　瓦斯涌出不均衡系数

正常生产过程中，矿井绝对瓦斯涌出量受各种因素的影响其数值是经常变化的，但在一段时间内只在一个平均值上下波动，峰值与平均值的比值称为瓦斯涌出不均衡系数。

矿井瓦斯涌出不均衡系数表示为：

$$k_g = Q_{max}/Q_a \tag{1-23}$$

式中　k_g——给定时间内瓦斯涌出不均衡系数；

　　　Q_{max}——给定时间内的最大瓦斯涌出量，m^3/min；

　　　Q_a——给定时间内的平均瓦斯涌出量，m^3/min。

确定瓦斯涌出不均衡系数的方法是：根据需要，在待确定区域（工作面、采区、翼或全矿）的进、回风流中连续测定一段时间（一个生产循环、一个工作班、一天、一月或一年）的风量和瓦斯浓度，一般以测定结果中的最大一次瓦斯涌出量和各次测定的算术平均值代入式（1-23），即为区域在该时间间隔内的瓦斯涌出不均衡系数。

通常，工作面的瓦斯涌出不均衡系数总是大于采区的，采区大于一翼，一翼大于全矿井。进行风量计算时，应根据具体情况选用恰当的瓦斯涌出不均衡系数。

总之，任何矿井的瓦斯涌出在时间上与空间上都是不均匀的，在生产过程中要根据不同煤层、不同区域采取不同的措施，使瓦斯涌出比较均匀和稳定。

1.5　瓦斯爆炸及其预防

矿井瓦斯爆炸是煤矿一种极其严重的灾害，一旦发生，不仅造成大量人员伤亡，而且还会严重摧毁矿井设施、中断生产。有的还会引起煤尘爆炸、矿井火灾、井巷垮塌和顶板冒落等二次灾害，从而加重灾害后果，使生产难以在短期内恢复。例如，1942年日本侵占我国东北时期，在本溪煤矿由电气火花引起瓦斯爆炸，进而导致严重的煤尘连续爆炸，共有1549人死亡。又如，日本夕张煤矿1981年10月16日发生煤和瓦斯突出，突出煤约4000m³，瓦斯60万米³，10h后，发生瓦斯爆炸，接着又引起井下火灾，造成93人死亡，矿井被迫关闭。所以预防矿井瓦斯爆炸是一项重大的任务，研究与掌握瓦斯爆炸的机理、发生条件和防治技术，对煤矿安全生产具有重要意义。

1.5.1 爆炸的分类

物质从一种状态迅速变成另一种状态，并在瞬间放出大量能量的同时产生巨大声响的现象称为爆炸。爆炸可以分为物理性爆炸和化学性爆炸，前者是由物理变化引起的，物质因状态或压力发生突然变化而形成的爆炸现象称为物理性爆炸，例如锅炉爆炸，液化、气体超压爆炸等。物理性爆炸前后物质的性质及化学成分均不改变。化学性爆炸是由于物质发生迅速的化学反应，产生高温、高压而引起的爆炸。化学爆炸前后物质的性质和成分均发生了变化，矿井瓦斯爆炸属于化学性爆炸。

根据爆炸传播速度与声速关系，可将瓦斯爆炸分为以下三类：

爆燃——传播速度为每秒数十厘米至数米，马赫数≤1.0，为亚声速；

爆炸——传播速度为每秒数十米至数百米，1.0<马赫数<5.0，为超声速；

爆轰——传播速度超过声速，可达每秒数千米，马赫数>5.0，为超高声速。

1.5.2 矿井瓦斯爆炸及其机理

瓦斯爆炸的实质是一定浓度的甲烷与空气中的氧气遇高温热源发生的剧烈氧化反应。其化学反应过程十分复杂，最终的化学反应式为：

$$CH_4 + 2O_2 \longrightarrow CO_2 + 2H_2O + 833.6J/mol$$
$$CH_4 + 2(O_2 + 79/21N_2) \longrightarrow CO_2 + 2H_2O + 7.52N_2 + 833.6J/mol$$

如果煤矿井下O_2不足，反应的最终式为：

$$CH_4 + O_2 \Longrightarrow CO + 2H_2O$$

由上式可知，1个体积的甲烷要同2个体积的氧气化合，当空气中氧气浓度为21%时，相当于$2 \times (100/21) = 9.52$个体积的空气。所以，当空气中甲烷浓度为$1/(1+9.52) \times 100\% = 9.5\%$时，从理论上讲，这个浓度是爆炸最强烈的甲烷浓度。

研究表明，矿井瓦斯爆炸是一种热-链反应过程（也称连锁反应）。当爆炸混合物吸收一定能量后，反应分子的链即断裂，裂解成两个或两个以上的游离基（也称自由基）。这类游离基具有很大的化学活性，成为反应连续进行的活化中心。在适合的条件下，每一个游离基又可以进一步分解，再产生两个或两个以上的游离基。这样循环不已，游离基越来越多，化学反应速度也越来越快，最后可以发展为燃烧或爆炸式的氧化反应。

1.5.3 瓦斯爆炸的传播及其危害

1.5.3.1 瓦斯爆炸的产生与传播过程

甲烷与空气混合物可简称为烷空气体，假如在可爆炸甲烷浓度的烷空气体中出现了火源，则此气体就会在火源点被点燃形成最初火焰（即爆源）。初燃（初爆）产生以一定速度移动的焰面，焰面后的爆炸产物具有很高的温度，由于热量集中而使爆源气体产生高温和高压，并急剧膨胀而形成冲击波。如果巷道顶板附近或冒落孔内积存瓦斯，或者巷道中有沉落的煤尘，在冲击波作用下就能均匀分布，形成新的爆炸混合物，使爆炸得以继续下去。

1.5.3.2 瓦斯爆炸的后果

爆炸前存在于巷道中的以及冲击波作用后产生的爆炸性混合气体均被火焰锋面引燃。在火焰锋面传播过程中，留下爆炸产物。因此，在瓦斯爆炸时会产生 3 个致命的因素：火焰锋面、冲击波和矿井空气成分变化，从而造成人员伤亡、巷道和设备被毁坏等恶果。

（1）火焰锋面。火焰锋面是指沿巷道运动的化学反应带和烧热的气体，其传播速度为 $1 \sim 2.5 \mathrm{m/s}$（正常燃烧速度）至 $2500 \mathrm{m/s}$（爆轰速度），一般为 $500 \sim 700 \mathrm{m/s}$。火焰锋面沿巷道运动好似活塞，在运动过程中收集越来越多数量的空气和可燃组分。这种"活塞"的长度为零点几米（正常燃烧）到几十米（爆轰）。

（2）冲击波。冲击波是传播的压力突变。冲击波沿巷道传播时，在冲击波经过的前后，压力等于 $101.325 \mathrm{kPa}$，随着冲击波的接近，压力很快升高到最大值，之后又降低（可降到 $101.325 \mathrm{kPa}$ 以下）。在正向冲击波传播时，其波峰的压力可达 $0.10 \sim 0.20 \mathrm{MPa}$（相对压力）；在正向冲击波叠加或返回时，可形成高达 $10 \mathrm{MPa}$ 的压力。

（3）矿井空气成分发生改变。瓦斯爆炸可使矿井空气成分发生下列变化：

1）在氧化反应中消耗，造成氧浓度降低。瓦斯爆炸后的气体成分为：氧气 6% ~ 10%，氮气 82% ~ 88%，二氧化碳 4% ~ 8%，一氧化碳 2% ~ 4%。

2）释放对人身健康有害的气体。瓦斯爆炸后生成的一氧化碳往往是造成井下人员大量伤亡的主要原因。如果有煤尘参与爆炸，一氧化碳的生成量更多，危害性就更大。据统计资料，在瓦斯煤尘爆炸事故中，死于一氧化碳中毒的人数占死亡总人数的 70% 以上。例如，1963 年日本三池煤矿发生特大瓦斯煤尘爆炸，死亡 1200 余人，其中 90% 以上为一氧化碳中毒致死。

3）形成爆炸性气体。

瓦斯爆炸冲击波还可引起煤尘扬起，引发煤尘爆炸，引起更大的灾难。

1.5.4 瓦斯爆炸条件

瓦斯爆炸必须同时具备三个条件：（1）瓦斯浓度在爆炸范围内；（2）高于最低点燃能量的热源，且存在的时间大于瓦斯的引火感应期；（3）瓦斯-空气混合气体中的氧气浓度大于 12%。

1.5.4.1 瓦斯浓度

理论分析和试验研究表明，在正常的大气环境中，瓦斯只在一定的浓度范围内爆炸，这个浓度范围称瓦斯的爆炸界限，其最低浓度界限叫爆炸下限，其最高浓度界限叫爆炸上限，瓦斯在空气中的爆炸下限为 5%，上限为 16%。

瓦斯浓度低于爆炸下限时，遇高温火源并不爆炸，只能在火焰外围形成稳定的燃烧层。浓度高于爆炸上限时，在该混合气体内不会爆炸，也不燃烧，如有新鲜空气供给时，可以在混合气体与空气的接触面上进行燃烧。

在正常空气中，瓦斯浓度为9.5%时，化学反应最完全，产生的温度与压力也最大，因此，瓦斯浓度为9.5%时瓦斯爆炸威力最强。瓦斯浓度7%~8%时最容易爆炸，这个浓度称为最优爆炸浓度。

1.5.4.2 火源

能够点燃瓦斯所需的最低温度称为引火温度。一般来说，瓦斯爆炸的引火温度为650~750℃。瓦斯的最小点燃能量为0.28mJ，是常温常压环境下使用电容放电的方法测试得到的。煤矿井下的明火、煤炭自燃、电气火花、吸烟和撞击或摩擦火花都能点燃瓦斯。

影响瓦斯点燃温度和点燃能量的主要因素有瓦斯浓度、混合气体压力和温度以及火源性质等。

不同的瓦斯浓度，引火温度不同，见表1-5。由表中可见，瓦斯浓度为7%~8%时，其引火温度最低。混合气体压力越大，点燃温度越低。正常大气压力下瓦斯点燃温度为700℃；当混合气体压力增加到2.8MPa时，点燃温度降低为460℃。当混合气体瞬间被压缩到原体积的1/20时，自身的压缩热便能使其发生爆炸。混合气体温度越高，点燃温度越低。

表 1-5　瓦斯浓度与引火温度的关系

瓦斯浓度/%	2.0	3.4	6.5	7.6	8.1	9.5	11.0	14.5
引火温度/℃	810	665	512	510	514	525	539	565

由于热链式反应时大量活化中心的产生与形成需要一定的时间，达到爆炸浓度的瓦斯遇到高温火源并不能立即发生爆炸，而是要经过一个很短的间隔时间才爆炸，这种现象称为引火延迟性，间隔的这段时间称为感应期。瓦斯爆炸感应期的长短取决于火源温度、瓦斯浓度、混合气体压力等因素。表1-6为瓦斯爆炸感应期实测数据，从表中可看出，随着火源温度的升高和瓦斯浓度的降低，感应期在逐渐缩短。

表 1-6　瓦斯爆炸感应期与火源温度及瓦斯浓度的关系

瓦斯浓度/%	火源温度/℃						
	775	825	875	925	975	1075	1175
	感应期/s						
6	1.08	0.58	0.35	0.20	0.12	0.039	
7	1.15	0.60	0.36	0.21	0.13	0.041	0.010
8	1.25	0.62	0.37	0.22	0.14	0.042	0.012
9	1.30	0.65	0.39	0.23	0.14	0.044	0.015
10	1.40	0.68	0.41	0.24	0.15	0.049	0.018
12	1.64	0.74	0.44	0.25	0.16	0.055	0.020

如果瓦斯与空气的混合气体压力增高，瓦斯爆炸的感应期就会缩短或消失。同样，爆破冲击压缩作用也可使瓦斯爆炸的感应期缩短，如井下爆破作业时瓦斯爆炸的感应期就比表1-6所列的感应期要短。

1.5.4.3 氧的浓度

正常大气压和常温时，瓦斯爆炸浓度与氧浓度的关系如柯瓦德爆炸三角形所示（图1-6）。

氧浓度低于 12% 时，混合气体就失去爆炸性。图中的 3 个顶点 B、C、E 分别表示瓦斯爆炸下限、上限，爆炸临界点时混合气体中瓦斯和氧气的浓度。爆炸下限点 B（5% CH_4、19.88% O_2）、爆炸上限点 C（16% CH_4、17.58% O_2）。当氧浓度降低时，爆炸下限变化不大（图中 BE 线），爆炸上限则明显降低（图中 CE 线）。混入的惰性气体不同，爆炸临界点 E 的位置也不同，图 1-6 中所示是掺入 CO_2 时的爆炸临界点（5.96% CH_4、12.32% O_2）。

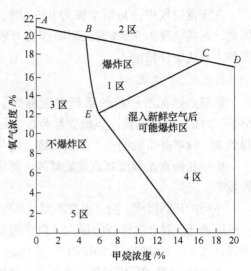

图 1-6 柯瓦德爆炸三角形

B、C、E 构成通常所称的瓦斯爆炸三角形，加上氧浓度的起始点 A 可以将整个区域分为 5 部分。1 区为瓦斯爆炸危险区，遇到能量足够的点火源就会发生爆炸；2 区是不可能存在的混合气体区，因为不可能向空气中加入过量的氧，ABC 线是氧浓度的顶线；3 区是瓦斯浓度不足区，该区内瓦斯的浓度还没有达到爆炸界限；4 区是瓦斯浓度过高失爆区，处于该区的混合气体若有新鲜风流掺入，就会进入爆炸危险区；5 区是贫氧失爆区，混合气体中氧含量的不足使混合气体失爆。实验表明，混合气体中氧浓度的降低不仅使爆炸范围缩小，而且爆炸冲击的压力也明显减小。

1.5.5 预防瓦斯爆炸的技术措施

尽管矿井瓦斯爆炸事故时有发生，且危害大，但并不是不可预防的。只要做到"通风可靠、抽采达标、监控有效、管理到位"，在现有的技术条件下，瓦斯爆炸事故完全是可防可治的。瓦斯爆炸必须同时具备三个条件。在正常生产的矿井，所有作业地点和井巷中氧气浓度始终大于 12%，所以预防瓦斯爆炸应从以下三个方面着手：一是防止瓦斯积聚，二是防止引爆火源，三是防止瓦斯爆炸灾害扩大。

1.5.5.1 防止瓦斯积聚

A 加强通风管理

通风是治理瓦斯的基础，矿井和采掘工作面必须建立完善合理、稳定可靠的通风系统。防止瓦斯积聚最主要的措施是加强通风管理，使井下各采掘工作面和巷道空气中的瓦斯浓度符合《煤矿安全规程》规定。尤其对于未进行抽采瓦斯的矿井，加强通风管理是防止瓦斯积聚的唯一手段。

通风系统的状况决定着整个矿井的安全程度。完善可靠的通风系统主要包括四个方面的内容，即系统合理、设施完好、风量充足、风流稳定。

（1）系统合理。矿井必须有完整的独立通风系统。生产水平和采（盘）区必须实行分区通风。采掘工作面采用独立通风。高瓦斯矿井、突出矿井的每个采（盘）区和开采容易自燃煤层的采（盘）区，必须设置至少一条专用回风巷。低瓦斯矿井开采煤层群和分层开采采用联合布置的采（盘）区，必须设置一条专用回风巷。

新建高瓦斯矿井、突出矿井、煤层容易自燃矿井及有热害的矿井应当采用分区式通风或者对角式通风；初期采用中央并列式通风的只能布置一个采区生产。

（2）设施完好。矿井所有通风构筑物的质量必须符合要求，并能保障通风系统的稳定可靠。

（3）风量充足。矿井、采区、采掘工作面、硐室等主要用风地点的配风量和风速符合要求，不存在无风、微风等风量不足造成瓦斯超限的情况。

（4）风流稳定。按《煤矿安全规程》规定及时测风、调风，保证采掘工作面及其他供风地点的风量。加强局部通风管理，局部通风机安设位置符合要求，杜绝循环风及不符合规定的串联通风；临时停工地点不得停风。

B　加强瓦斯检查与监控

严格按照要求进行瓦斯检查与监测是及时发现和处理瓦斯积聚的前提。《煤矿安全规程》规定，矿井必须建立瓦斯检查制度。低瓦斯矿井的采掘工作面，每班至少检查2次；高瓦斯矿井的采掘工作面每班至少检查3次；突出煤层、有瓦斯喷出危险或者瓦斯涌出较大、变化异常的采掘工作面，必须有专人经常检查。所有矿井必须装备安全监控系统，其中，甲烷传感器的设置地点和报警、断电、复电浓度及断电范围必须符合《煤矿安全规程》的要求。

C　及时处理局部积聚的瓦斯

所谓瓦斯积聚，是指体积不超过0.5m³的空间内积聚的瓦斯浓度超过2%的现象。凡井下瓦斯涌出量大、通风不良的地点，都很容易发生局部瓦斯积聚。国内外的煤矿瓦斯爆炸事故分析表明，其中约3/4的爆炸事故是在巷道有局部瓦斯积聚的情况下发生的。因此，应严格执行《煤矿安全规程》有关瓦斯检查与管理的规定，防止和及时发现处理局部积聚的瓦斯，严禁超限作业。

通常，停风盲巷、顶板冒落空洞、采煤工作面上隅角、采煤机附近、低风速的巷道顶板附近以及有瓦斯喷出的地方，均易积聚瓦斯。防止瓦斯积聚的主要措施是加强矿井通风。瓦斯矿井必须做到：采用机械通风，风流稳定连续；分区通风，且通风系统尽量简单，以便于调节风量；有足够的风量；减少漏风，避免循环风；掘进巷道的局部通风，风筒末端要靠近工作面，爆破时不能停止通风等。

目前，处理局部瓦斯积聚的方法，主要有稀释排出、封闭隔绝和抽排瓦斯3种。

（1）采煤工作面上隅角积聚瓦斯的处理方法。采煤工作面的上隅角是否积聚瓦斯，与工作面的通风系统密切相关。采煤工作面的通风系统中，U形通风系统类型的上隅角容易积聚瓦斯，而W形、Y形、双U形通风系统不易积聚瓦斯，因此，预防采煤工作面上隅角积聚瓦斯的最根本措施是选择合理的通风系统。W形、Y形、双U形通风系统因采空区的瓦斯受通风负压的作用会向回风巷方向涌出，不会向工作面上隅角涌出，故避免了上隅角瓦斯积聚。但回风巷易引起采空区漏风，有自燃危险，应慎用。采煤工作面上隅角瓦斯积聚的处理应遵循"抽采为主，风排为辅"的原则，常用措施有以下几类。

1）采空区埋管抽采。预先在回风巷安装金属抽采管路与矿井抽采系统相连，直径为200~300mm。随着工作面向前推进，管路的末端（吸气口）进入采空区5m后打开阀门开始抽采瓦斯，瓦斯抽采管路的吸气口逐渐进入采空区深处，在距吸气口40m远的位置在主管路上再连接20m长的一支管路，先使支管路处于关闭状态。由于吸气口处于采空区底板，底板瓦斯浓度较低，因此，这种方法抽采的瓦斯浓度较低，一般在3%~10%之间。

2）引导风流稀释。引导风流稀释的实质是把新鲜风引入采煤工作面的上隅角，将该处积聚的瓦斯稀释并带走。引导风流方法应根据瓦斯来源、涌出量大小和通风方式等具体情况进行选择，引导风流的方法有：

① 风障法。当采煤工作面上隅角积聚瓦斯速度不大（2~3m/min）和瓦斯浓度不太高（3%左右）的情况下应用。风障法的优点是安设简单、经济；缺点是引入的风量较少，尚需随工作推进而前移，会使作业环境变窄和增加通风阻力。

② 空气引射器。空气引射器的基本原理是"孔达效应"。它以压缩空气作为能源，压缩空气进入一个径向的环形空间，而这个特殊设计的环形空间能使流速提高，在此作用下可产生低压和负压而进入设备的空腔，压缩空气和诱导吸进的瓦斯混合后在增压管内扩散，然后以高速喷射出去，如图1-7所示。诱导进入的气体可以达到18~20倍的压缩空气体积，从而以较高的速度冲散和稀释上隅角瓦斯。

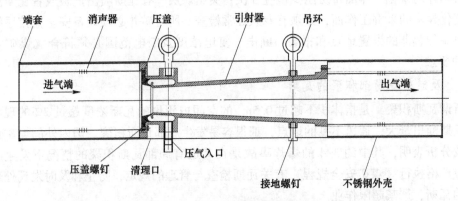

图1-7　空气引射器示意图

③ 移动抽采泵抽采上隅角瓦斯。解决上隅角瓦斯超限问题最方便、可靠的方法是移动抽采泵抽采上隅角瓦斯。移动抽采泵设在工作面风巷与采区回风巷交叉处或专用瓦斯排放巷内，抽采管路沿工作面回风巷布置，抽采的瓦斯排至采区回风巷或专用瓦斯排放巷。

（2）巷道顶板冒落空洞内积聚瓦斯的处理方法。在不稳定的煤、岩层中，不论是掘进巷道还是采煤工作面，冒顶经常发生，在巷道顶部形成空洞（俗称冒高）。由于冒顶处通风不良，往往积聚着较高浓度的瓦斯，处理该处积聚瓦斯的方法有充填法、风流吹散法和封闭抽采法。

（3）顶板附近瓦斯层状积聚的处理。在巷道周壁不断涌出瓦斯的情况下，或者巷道本身虽无瓦斯涌出，但是风流中含有瓦斯，如果风速很低，瓦斯与空气很难紊流混合，瓦斯就会上升，积聚于巷道顶板附近，形成瓦斯层，层厚由几厘米到几十厘米，层长由几米到几十米。层内瓦斯浓度由下向上逐渐增大。瓦斯层状积聚指瓦斯悬浮于巷道顶板附近并形成较稳定的带状分布，可在不同支护形式和任意断面的巷道中形成。一般在顶板10m的范围内有高瓦斯涌出源，石门接近煤层或夹煤层，巷道穿过地质破坏带，巷道底板或巷帮有瓦斯涌出源等情况下较易出现。

瓦斯层状积聚的形成与巷道风速密切相关，在瓦斯正常涌出的条件下，当巷道风速小于

0.5m/s 时，就能形成瓦斯层状积聚；若巷道顶板有瓦斯涌出，绝对涌出量大于 0.5m³/min 时，即使风速超过 1m/s，也会出现瓦斯层状积聚。

预防和处理瓦斯层状积聚的方法有：

1）加大巷道风量，使瓦斯与空气充分混合。一般认为，防止瓦斯层状积聚的平均风速不得低于 0.5m/s。

2）加大顶板附近风速。可在顶梁下设置导风板，将风流引向顶板附近。也可沿顶板铺设铁风筒，每隔一定距离接出一短管，或者沿顶板铺设钻有小孔的压风管等，都能将积聚的层状瓦斯吹散。

3）隔绝瓦斯来源。如果顶板裂隙发育并有大量瓦斯涌出，可用木板和黏土将其填实。

4）钻孔抽采瓦斯。如果顶板有集中的瓦斯来源，可向顶板打钻孔并接管路抽采瓦斯。

（4）链板输送机底槽积聚瓦斯的处理。工作面回采时，链板输送机底槽往往积聚着高浓度瓦斯，主要是底槽内滞留落煤涌出的瓦斯所致。防止和处理链板输送机底槽瓦斯积聚的措施主要有：

1）机头和机尾尽量避免堆积煤炭，减少底槽中的遗留落煤量，保持底槽畅通。

2）有压风管路的工作面，可用压风吹散底槽中的积聚瓦斯。

3）在链板上安装专用钢丝刷，以清除底槽中的落煤，钢丝刷的间距不大于 6m。

4）厚煤层上分层回采时，运输机底槽的槽底应密封。

（5）采煤机附近积聚瓦斯的处理。当煤层回采时，采煤机附近经常出现高浓度瓦斯积累，容易积聚瓦斯的地点是截盘附近和机体与煤壁之间、急倾斜煤层上行通风的工作面，采煤机上方的机道内也易积聚瓦斯。通常，在采煤机上安装瓦斯自动检测仪，一旦瓦斯超限立刻停止采煤。根据瓦斯积聚形成的不同原因，应采取相应的处理方法：

1）增大工作面风速或采煤机附近风速。在采取煤层注水湿润煤体和采煤机喷雾降尘措施后，可适当加大风速，但不得超过 5m/s。

2）当采煤机附近（或工作面其他部位）出现局部瓦斯积聚时，可安装水力引射器，吹散排出积聚的瓦斯。

（6）停风盲巷积聚瓦斯的处理。

1）停风盲巷积聚瓦斯的排放方法。局部通风机停电，可能造成该巷道瓦斯积聚。恢复通风前，必须按《煤矿安全规程》有关规定处理，停风区中的甲烷浓度不超过 1% 或 CO_2 浓度不超过 1.5%，且局部通风机及其开关附近 10m 风流中甲烷浓度都不超过 0.5% 时，方可人工开启局部通风机，恢复正常通风。如果停风区中，甲烷浓度超过 1% 或 CO_2 浓度超过 1.5%，必须制定排除瓦斯的安全措施。只有经过瓦斯检查，恢复通风的巷道风流中 CH_4 浓度不超过 1% 和 CO_2 浓度不超过 1.5%，方可人工恢复局部通风机。

排除盲巷积聚瓦斯时，必须限制向盲巷内送入的风量，以控制排出的瓦斯量，严禁"一风吹"。经过多年的研究和发展，调节风量的方法有盲巷外风筒接头断开调风法、三通风筒调风法及稀释筒调风法。

2）密闭巷道积聚瓦斯的排放方法。长期停掘的巷道，因巷道口构筑了密闭墙，局部通风设施被拆除，其内积聚了大量高浓度瓦斯。在排除瓦斯之前，必须安装风机和风筒。根据巷道的长度准备风筒，其中应有 1~2 节 3~6m 长的短节。

1.5.5.2　防止瓦斯引燃的措施

火源是瓦斯引燃或爆炸的必要条件，杜绝井下火源是防止瓦斯爆炸的关键。防止井下出现引爆火源的原则是禁止一切非生产火源，对生产中可能产生的火源要严格管理和控制。防止引爆火源的措施主要有以下四个方面。

A　严格爆破的管理

(1) 井下严禁使用产生火焰的爆破器材和爆破工艺。

(2) 井下爆破作业，应按《煤矿安全规程》的规定选用炸药和雷管，不合格或变质的炸药不准使用；炮眼深度和装药量要符合作业规程规定；按要求进行爆破作业，炮孔装填要满、要实，坚持使用水炮泥，严禁在井下存放炸药。

(3) 禁止使用明接头或裸露的爆破母线；爆破母线与发爆器的连接要牢固，防止产生电火花；爆破工尽量在进风流中起爆。

(4) 禁止放明炮、糊炮，防止炮眼打枪；严格执行"一炮三检"制度。

B　电气设备的防爆管理

在瓦斯和煤尘爆炸事故中，由于电火花等电气设备失爆引起的瓦斯和煤尘事故占有较大比例，因此，必须加强电气设备的防爆管理。

(1) 井下电气设备选用本质安全型和矿用隔爆型，下井前必须进行防爆性能检查，使用中应对电气设备的防爆性能定期、经常检查，不符合要求的及时更换和维修。

(2) 井口、井下电气设备应有防雷、防短路的保护装置，采取有效措施防止杂散电流。

(3) 井下所有电缆连接使用专用防爆接线器，禁止采用"鸡爪子""明接头""羊尾巴"；特别要注意电钻电缆压线嘴处，使用 15 天内应重做切头，以防绝缘损坏。

(4) 严禁带电作业；严禁带电检修、移动电气设备，尤其是煤电钻。

(5) 矿灯严禁井下拆卸、敲打和撞击。

(6) 坚持使用漏电继电器和煤电钻综合保护装置。

(7) 严格执行送电管理制度，机电设备安装试送电前必须跟踪检查瓦斯。

(8) 瓦斯矿井要使用风电闭锁，保证只有在局部通风机送风后，工作面才能送电。

C　防止静电、撞击、摩擦火花

(1) 为了防止静电产生，井下使用的塑料、橡胶、树脂等高分子材料制品，其表面电阻应低于规定值，矿井环境湿度应保持在40%以上，在发热的部件上安设过热保护装置。

(2) 工作服使用天然棉织品，禁止使用化纤衣物。

(3) 切割、撞击的金属工具表面熔敷活性低的金属及合金，防止撞击火花、摩擦火花的产生；尽量不使用铝制品。

(4) 在移设机械设备过程中要轻搬轻运，防止摩擦、撞击出现火花；采煤机必须设外喷雾装置，割煤过程中要喷雾洒水；采煤机一般不准割顶或割底，以防止截齿与夹石产生摩擦火花；采取针对性安全措施，防止金属、岩石等坚硬物体高处落下，以防产生撞击火花等。

D　严格井下火源管理

(1) 井下明火的管理。禁止在井口房、主要通风机房和瓦斯泵站附近 20m 范围内使用明火、吸烟；严禁携带烟草及点火物品入井；井下禁止使用电炉；井下和井口房内不准进行电焊、气焊和使用喷灯焊接，如必须在井下施焊时，必须制定专门安全措施，严格审批手续；严禁井下存放汽油、煤油、变压器油等；井下存放棉纱、布头、润滑油等易燃物品必须存放在有盖的铁桶内。

（2）煤炭自燃的管理。采空区、废弃老巷必须建立永久性密闭封闭，固定人员定期检查，设立栅栏、警示标志牌，发现密闭压坏必须立即修理或重建；每个火区建立管理卡片，绘制火区位置关系图，记录火灾原因、发火时间、发展过程、防火措施及处理经过等。

井下火区进行封闭时，先建立临时密闭，隔断风流，然后在临时密闭外面建立永久密闭；防止煤炭氧化自燃，加强火灾预测和监测，加强火区管理，定期采样分析，防止复燃。对火区栅栏附近的瓦斯浓度和温度，要指定人员每天检查 1 次，对防火墙内的气体成分和温度应每季度分析化验 1 次。

1.5.5.3 防止瓦斯爆炸灾害扩大

一旦发生瓦斯爆炸事故，应迅速、安全、有效地实施抢险救灾，控制和缩小事故影响范围及其危害程度，将事故造成的损失减小到最低限度。为此，必须采取防止灾害扩大的措施。

A 技术措施

（1）实行分区通风。分区通风是把井下各个水平、各个采（盘）区以及各个采煤工作面、掘进工作面和其他用风地点的回风各自直接排入采（盘）区的回风巷或总回风巷的通风方式。分区通风安全可靠，当一个采区、工作面或硐室发生瓦斯爆炸、煤尘爆炸或火灾时，所产生的有害气体直接排入回风巷，不会波及其他作业地点。生产水平和采（盘）区必须实行分区通风。高瓦斯、突出矿井的每个采（盘）区和开采容易自燃煤层的采（盘）区，必须设置至少一条专用回风巷；低瓦斯矿井开采煤层群和分层开采联合布置的采（盘）区，必须设置一条专用回风巷。

（2）简化通风系统

1）矿井通风系统应力求简单可靠，通风巷道越短、越少越好，封闭无用的巷道，及时简化通风系统。

2）矿井进、回风井之间和主要进、回风巷之间的每个联络巷中，必须砌筑永久性风墙；需要使用的联络巷，必须安设 2 道连锁的正向风门和 2 道反向风门。

3）通风设施和巷道状态保持良好，风流稳定可靠。

4）严禁出现废巷、盲巷，尤其回风系统中不准存在盲巷，以防盲巷内瓦斯积聚而引起连续爆炸。

（3）我国 88% 的国有重点煤矿的煤尘都具有爆炸性，而且井下巷道内无处不存在煤尘。一旦发生瓦斯爆炸，产生的爆炸冲击波很容易把沉积煤尘吹扬起来形成煤尘云并将其引燃，形成煤尘爆炸。煤尘爆炸往往具有连续传播的特点，可以使受灾范围扩大，造成更大的损害。因此，应考虑防止瓦斯爆炸范围扩大的技术措施。在我国防止瓦斯煤尘爆炸范围扩大的技术措施主要有撒布岩粉法、被动式隔爆技术和自动隔爆技术。

（4）增设安全出口。对于通风风路较远、发生事故时人员撤出困难的矿井，要增设安全出口，确保遇险人员能够利用最短路线、在最短时间内安全逃生。

（5）编制灾害预防和处理计划。结合矿井实际，每年编制周密的矿井灾害预防和处理计划，每季度根据矿井生产变化情况进行修改与补充，组织职工学习贯彻，使每一个入井人员都能熟悉灾变时的撤离路线和躲避地点。矿井发生瓦斯爆炸事故后，按照灾害预防和处理计划开展抢险救灾，防止灾害扩大，降低灾害程度。

B　安全装置

（1）防爆门。装有主要通风机的出风井口，必须安设防爆门或防爆井盖，防止瓦斯爆炸时主要通风机受到损坏。

（2）反风设施。主要通风机必须装有反风设施，并做到每季度至少检查一次反风设施，每年进行一次反风演习，操作时间和反风风量应符合《煤矿安全规程》要求，保证在处理事故需要紧急反风时能灵活使用。

（3）自救器。每个入井人员必须携带自救器，并要懂原理、会使用，以便在发生爆炸时能够安全逃生。

（4）隔爆设施。隔爆设施是根据瓦斯或煤尘爆炸时产生的冲击波与火焰速度差的原理设计的。爆炸发生后，隔爆设施动作，可阻隔爆炸火焰的传播，限制爆炸灾害范围的扩大。

（5）井下紧急避险设施。是指在井下发生灾害事故时，为无法及时撤离的遇险人员提供生命保障的密闭空间。该设施对外能够抵御高温烟气，隔绝有毒有害气体，对内提供氧气、食物、水，去除有毒有害气体，创造生存基本条件，为应急救援创造条件、赢得时间。紧急避险设施主要包括永久避难硐室、临时避难硐室、可移动式救生舱。

复习思考题

1-1　矿井瓦斯组分有哪些？

1-2　简述瓦斯在煤体内存在的状态。

1-3　简述影响煤体瓦斯含量的主要影响因素。

1-4　瓦斯爆炸的条件有哪些，其危害主要表现在哪些方面？

1-5　预防瓦斯爆炸的措施有哪些？

2 瓦斯喷出、煤与瓦斯突出及其防治

2.1　瓦斯喷出及其预防

大量处于承压或卸压状态的瓦斯从煤岩裂缝或孔洞中快速喷出的动力现象叫瓦斯喷出。喷出瓦斯量的多少和持续时间的长短，取决于蓄积的瓦斯量和瓦斯压力。

瓦斯喷出是瓦斯特殊涌出的一种形式，由于在短时间内喷出大量高浓度的瓦斯，故对矿井安全生产构成严重威胁。井下一旦发生瓦斯喷出就会造成局部瓦斯积聚，导致人员窒息，还可能引起瓦斯爆炸或煤尘爆炸等事故。因此，采取有效措施，预防瓦斯喷出和减小其危害，是矿井瓦斯治理的一项重要工作。

2.1.1　瓦斯喷出分类及规律

按瓦斯喷出的原因和瓦斯来源的不同，瓦斯喷出可分为两类，即煤岩裂缝或孔洞承压瓦斯喷出和煤层卸压瓦斯喷出。

2.1.1.1　煤岩孔洞承压瓦斯喷出

煤岩孔洞承压瓦斯喷出即高压瓦斯沿原始地质构造孔洞或裂隙喷出。这类喷出大多发生在地质破坏带（包括断层带）、石灰岩溶洞及裂缝区、背斜或向斜轴部储存瓦斯区以及其他地质构造附近与原始洞缝相通的区域。其特点是瓦斯流量大、持续时间长，没有明显的地压现象预兆；喷瓦斯的裂缝多属于开放型裂缝（张性或张扭性断裂），裂缝与储气层（煤层、砂岩层等）、溶洞或断层带相通。

承压瓦斯喷出一般发生在掘进工作面或钻探过程中。例如，中梁山煤矿南井+390m 水平北茅口灰岩大巷掘进中，在北一石门北 56m 处与石灰岩溶洞裂缝贯通发生瓦斯喷出。随炮声响起一声轰鸣，大量瓦斯喷出，"雾"气弥漫，充满整个回风巷道。2h 后测得流量为 486m³/min，喷出的持续时间为 2 周，共喷出瓦斯 36 万立方米，此处正处在背斜轴部，距断层约 40m。

2.1.1.2　煤层卸压瓦斯喷出

煤层卸压瓦斯喷出即高压瓦斯沿采掘卸压生成的裂缝喷出。这类喷出也往往与地质构造有关，因为在地质构造应力破坏影响区内，在采掘地压和瓦斯压力联合作用下，原来处于封闭状态的构造裂隙很容易张开、扩展，成为瓦斯喷出的通路；同时，在采掘地压和瓦斯压力的作用下，吸附状态瓦斯会转变为游离状态的承压瓦斯喷出。

卸压喷出的瓦斯来源主要是煤层卸压区内存储的瓦斯，卸压区的裂隙由封闭型变为开放型，成为瓦斯喷出的通道。这类瓦斯喷出一般发生在上保护层的采煤工作面回采至距开切眼 1~3 倍层间距（开采层与下方卸压煤层垂直间距）时。

2.1.1.3　瓦斯喷出的规律

（1）瓦斯喷出与地质变化有密切关系。瓦斯喷出的统计资料表明，瓦斯喷出常发生在地质构造、溶洞、裂隙的位置，此外与开采层和邻近层之间的岩石厚度、岩性、邻近层瓦斯压力等密切相关。

（2）瓦斯喷出前有明显预兆。瓦斯喷出前有预兆，如地压显现加剧，支架来压破坏，煤层变软、湿润，瓦斯发出流动声响等。掘进工作面发生的瓦斯喷出一般都发生在距掘进工作面一定范围（如 20~30m）内，表明瓦斯喷出是发生在一定卸压面积的条件下。影响该面积值的因素有层间岩石力学性质、层间距大小、喷出源的瓦斯压力、地质构造破坏程度以及地应力大小等。

（3）瓦斯喷出后一般有明显的喷出口或裂缝。中梁山煤矿南井发生的瓦斯喷出，溶洞口有两条宽为 10~100mm 的横向裂缝；南桐煤矿 0307 上段工作面发生瓦斯喷出后，底板全部鼓起，最大裂缝顺倾斜方向，宽度在 100mm 以上。

2.1.2　瓦斯喷出的预防和处理

预防与处理瓦斯喷出可根据瓦斯喷出的类型、喷出瓦斯量的大小和瓦斯压力的高低确定。常用方法可归纳为"探、排、引、堵、风"五个方面，也可根据瓦斯喷出的类型采取相应措施。

2.1.2.1　综合预防处理

一些发生过瓦斯喷出的矿井，在深刻吸取教训的基础上总结出了"探、排、引、堵、风"的综合技术措施。"探"就是探明地质构造与瓦斯储存情况；"排"则是排放或抽采瓦斯；"引"就是把瓦斯引至回风流或工作面后方 20m 以外的区域；"堵"则是将裂缝、裂隙等封堵阻止瓦斯喷出；"风"则是加大瓦斯喷出地点的供风量。

（1）探：探明地质情况。预防瓦斯喷出，首先要加强地质工作，查明采掘工作面附近地质构造（如断层、裂隙、溶洞等）的位置、走向，以及瓦斯储量、范围和压力等情况，采取相应的预防和处理措施。

前探钻孔的要求是：巷道掘进时，若瓦斯由裂隙、溶洞以及破坏带喷出时，前探钻孔直径不小于 75mm，钻孔超前距不小于 5m，孔数不少于 2 个；在有瓦斯喷出的煤层中掘巷时，在掘进工作面前方和两侧打超前钻孔，钻孔超前距不小于 5m，孔数不少于 3 个；在立井和石门掘进揭开有喷出危险的煤层时，在该煤层 10m 以外向煤层打钻，钻孔直径不小于 75mm，孔数不少于 3 个，并且全部穿透煤层。

（2）排：排（抽）放瓦斯。如果探明断层、裂隙、溶洞不大或瓦斯量不大时，则可通过自然排放的方式排放；如果溶洞体积较大、范围广、瓦斯量较大、瓦斯喷出强度较大和持续时间较长，则可通过钻孔抽采的方式进行；若掘进工作面及巷道存在较多细小裂隙，且分布较广时，可暂时停止掘进，封闭巷道，通过接管抽采的方式抽放瓦斯。

（3）引：引导瓦斯。如果喷出瓦斯的裂隙范围较小且喷出瓦斯量不大，可用金属罩或帆布罩将喷瓦斯的裂隙盖住，然后在罩上接风筒或管路，将瓦斯引到回风巷道或引到距离工作面 20m 以外的巷道中，以保证工作面安全生产。

（4）堵：封堵裂隙。如果喷出瓦斯的裂隙较广、喷出瓦斯量很小，可用黄泥或水泥堵堵裂隙，阻止瓦斯喷出，以保证掘进工作面安全。

（5）风：加强通风。对于有瓦斯喷出危险的工作面，无论采用什么方式，都要有独立的通风系统，实行独立通风，并应加大供风量，以保证工作面瓦斯不超限，不影响其他区域。

2.1.2.2 卸压瓦斯喷出预防处理

（1）做好地质工作。除查清地质构造外，还应掌握层间岩石性质及其厚度的变化、邻近层的瓦斯压力和煤层瓦斯含量以及地压的大小等，以便根据喷出的危险性制定预防措施（包括防止瓦斯爆炸和瓦斯窒息事故的措施）。

（2）加大对卸压瓦斯的抽采强度。利用初期卸压面积计算卸压瓦斯量，根据卸压瓦斯量及瓦斯喷出危险程度，确定预排初期卸压瓦斯钻孔的数量及孔位。应尽可能提高瓦斯抽采负压，以求增大预排瓦斯量。

（3）加强职工安全教育。全体职工，尤其在有瓦斯喷出区域作业的人员，必须进行专业技术培训，人人掌握瓦斯喷出的预兆，熟悉避灾路线，并携带隔离式自救器。

（4）加强顶板管理。支护形式和质量要符合开采设计和作业规程的要求，并加强支架质量检查，必要时可采取人工卸压措施，以防止发生大面积突然卸压而导致瓦斯喷出。

（5）搞好工作面通风。有瓦斯喷出危险的工作面，必须实行独立通风，在其回风侧不得设置通风设施；供风量须符合规定，加强瓦斯检查，掌握瓦斯涌出动态与抽采状况，及时预报瓦斯喷出。

2.2 煤（岩）与瓦斯突出规律及分类

在极短时间内，从煤（岩）壁内部向采掘工作空间突然喷出煤（岩）和瓦斯（二氧化碳）的动力现象，即煤（岩）与瓦斯（二氧化碳）突出。它是一种伴有声响和猛烈力能效应的动力现象，可能摧毁井巷设施、破坏矿井通风系统，使井巷充满瓦斯和煤（岩）抛出物，造成人员窒息、煤流埋人，甚至可能引起瓦斯爆炸与火灾事故，导致生产中断。因此，煤与瓦斯突出是煤矿最严重的自然灾害之一。

2.2.1 煤与瓦斯动力现象的分类及其危险程度的划分

2.2.1.1 按动力现象的力学特征分类

根据动力现象的力学特征不同，将煤与瓦斯突出动力现象分为煤与瓦斯突然喷出（简称突出）、煤的压出伴随瓦斯涌出（简称压出）和煤的倾出伴随瓦斯涌出（简称倾出）3种类型。

（1）煤与瓦斯突出。煤与瓦斯突出是在地应力和瓦斯压力共同作用下，采掘工作面的煤体遭到破坏，破碎的煤以极快的速度向采掘空间抛出，并伴随急剧涌出大量的瓦斯。这种煤和瓦斯混合流具有强大的动力效应，可使井巷设施和通风系统受到严重破坏。其主要特征有：

1）突出的煤向外抛出的距离较远，具有明显的分选现象。

2）抛出煤的堆积角小于煤的自然安息角。

3）抛出煤的破碎程度高，含有大量的碎煤粉。

4）有明显的动力效应，破坏支架，推倒矿车，破坏和抛出安装在巷道内的设施。

5）有大量的瓦斯涌出，瓦斯涌出量远超过突出煤的瓦斯含量，有时会使风流逆转。

6）突出的孔洞呈口小腔大的梨形、舌形、倒瓶形及其他分岔形。

（2）煤的突然倾出。煤的突然倾出是由于采掘工作面在地应力作用下，煤体受到破坏后，当其煤体自身重力超过了煤层的凝聚力和煤层与围岩接触局部摩擦力，加之瓦斯在一定程度上参与作用及煤的机械强度降低，导致破碎而松散的煤体突然向采掘空间倾出，并伴随涌出大量瓦斯。其主要特征有：

1）倾出煤就地堆积，坡度近似或等于煤的自然安息角，无分选现象。

2）主要是碎煤块，粉末状煤少。

3）巷道瓦斯涌出量明显增加，但波及范围小，不出现瓦斯逆流现象，时间较短，强度小，无明显的动力效应。

4）多发生在煤质松散、煤层倾角大和煤层厚度大的情况下。

5）孔洞多为口大腔小，孔洞轴线多沿煤层倾斜或铅垂（厚煤层）方向延伸。主要是地应力和煤自重及煤岩的位能和弹性变形能共同作用的结果。

（3）煤的突然压出。煤的突然压出是由于地应力（尤其是开采过程中的集中应力）的作用，使得采掘工作面的煤体被抛出或发生位移，瓦斯和煤的自重因素基本上不参与作用。其主要特征有：

1）压出有两种形式，即煤的整体位移和煤有一定距离地抛出，但位移和抛出的距离都较小。

2）压出后，在煤层与顶板之间的裂隙中常留有细煤粉，整体位移的煤体上有大量的裂隙。

3）压出的煤呈块状，无分选现象。

4）巷道内的瓦斯涌出量增大，造成短时间内风流中瓦斯浓度超限。

5）压出可能无孔洞或呈口大腔小的模型孔洞、半圆形孔洞，主要是地应力和煤岩的弹性变形能共同作用的结果。

（4）岩石与瓦斯突出。岩石与瓦斯突出是由于在较高的地应力和外界动力的作用下，岩体瞬间被破坏并向巷道空间抛出，同时涌出大量的瓦斯。其主要特征有：

1）几乎都是由爆破引起的，它与正常爆破崩落岩石的区别在于突出的岩石量比正常爆破时要多，抛出距离远。

2）突出岩石一般为砂岩，有分选性现象。

3）突出瓦斯量较大，甚至出现风流逆转。

4）动力效应明显，破坏支架，推倒矿车。

5）突出后在岩体中形成极不规则的空洞，其位置多在巷道上方或上隅角。

2.2.1.2　按动力现象的强度分类

突出强度指每次动力现象抛出的煤（岩）数量（t 或 m^3）和瓦斯量（m^3）。由于瓦斯是流体，突出的数量较难准确计算，一般以突出煤（岩）量为依据，划分为：

（1）小型突出。强度小于 50 吨/次；突出后，经过几十分钟的排放，瓦斯浓度可恢复正常。

（2）中型突出。强度 50~99 吨/次；突出后，经过一个班以上的瓦斯排放，瓦斯浓度可逐步恢复正常。

（3）次大型突出。强度 100~499 吨/次；突出后，经过一天以上瓦斯排放，瓦斯浓度可逐步恢复正常。

（4）大型突出。强度 500~999 吨/次；突出后，经过几天的瓦斯排放，回风系统瓦斯浓度可逐步恢复正常。

（5）特大型突出。强度大于 1000 吨/次；突出后，经过长时间排放瓦斯后，回风系统瓦斯浓度才能逐步恢复正常。

2.2.1.3 按工作面类型分类

（1）石门揭煤突出。由于煤层较围岩透气性大，因此石门揭煤前，煤层内瓦斯未排出，仍保持原始高压状态，并且在煤岩交界面应力不连续，爆破瞬间煤体应力突变，强度降低，若隔离岩层承受不住高压瓦斯的冲击，便发生突出。石门突出的特点是突出危险性大、突出强度大。

（2）煤层平巷突出。煤层平巷突出次数最多，占突出总量的 47.3%，最大强度为5000 吨/次，平均强度为 55.6 吨/次。因为煤层平巷瓦斯压力和瓦斯梯度较石门小，工作面前方不具备应力突变条件，压出、倾出比重大、强度小，多为小型突出。

（3）上山掘进突出。上山掘进突出占突出总量的 24.9%。由于突出的动力主要是煤的自重，倾出比重增加，尤其是急倾斜煤层。倾斜、急倾斜煤层上山突出强度一般较平巷小，最大强度为 1267 吨/次，平均强度为 50 吨/次。

（4）下山掘进突出。下山掘进突出占突出总量的 3.8%，最大强度为 369 吨/次，平均强度为 86.3 吨/次。一般为突出和压出。由于煤的自重为突出的阻力，一般不见倾出。

（5）采煤工作面突出。采煤工作面突出占突出总量的 15.8%，最大强度为 900 吨/次，平均强度为 35.9 吨/次。突出主要发生在倾斜和近水平煤层，且大多数为压出类型。由于急倾斜煤层后退式回采易于瓦斯排放，地应力相应降低，因此很少发生突出。但地压力活跃，如周期来压、控顶距过大、悬顶面积过大等，又可诱发突出等。采煤工作面突出强度虽小，但由于人员集中，对安全的威胁大，一旦突出发生，往往造成重大伤亡事故。

2.2.1.4 按生产工序分类

按生产工序，煤与瓦斯突出分为爆破突出、割煤突出、打钻突出和水力落煤突出等。

2.2.1.5 按突出危险程度分类

根据《防治煤与瓦斯突出规定》的相关要求，可将突出危险程度划分如下：

（1）突出煤层。在矿井井田范围内发生过突出的煤层、经鉴定有突出危险性的煤层或按突出煤层管理的煤层。

（2）突出矿井。在矿井的开拓、生产范围内有突出煤层的矿井。

（3）突出危险区和无突出危险区。突出矿井应当对突出煤层进行区域突出危险性预测；区域预测分为新水平、新采区开拓前的区域预测（开拓前区域预测）和新采区开拓完成后的区域预测（开拓后区域预测）；突出煤层经区域预测后可划分为突出危险区和无突出危险区；未进行区域预测的区域视为突出危险区。

（4）突出危险工作面。位于突出危险区内的工作面为突出危险工作面，其必须采取区域性瓦斯治理措施，并经论证区域性措施有效后才能进入采掘工作程序；在工作面采掘过程中，经工作面预测为有突出危险的工作面是突出危险工作面，这时需采取局部综合防突措施，并经论证有效后才能转化为无突出危险工作面。

（5）无突出危险工作面。位于无突出危险区的工作面或由突出危险工作面转化而来的工作面。无突出危险工作面需在安全防护措施保护的条件下进行采掘工作。

2.2.2　煤与瓦斯突出发生的条件及过程

2.2.2.1　煤与瓦斯突出发生的条件

煤与瓦斯突出是在地应力、包含在煤中的瓦斯及煤的物理力学性质等综合作用下产生的复杂动力现象。地应力、瓦斯压力和煤的结构性能在突出的各个阶段所起的作用是不同的。一般情况下，突出煤体最初破碎的主导力是地应力，因为它的大小通常比瓦斯压力高几倍以上；而实现煤与瓦斯突出的主要能量是煤体内所含的高压瓦斯能。压出和倾出煤体最初破碎的主导力也是地应力，在极少数突出实例中也能看到瓦斯压力发动突出的现象，这时需要很大的瓦斯压力梯度。

（1）地应力条件。地应力在煤与瓦斯突出中的作用主要有三点：一是围岩或煤层的弹性变形潜能做功，使煤体产生突然破坏和位移；二是地应力场对瓦斯压力场起控制作用，围岩中的地应力决定了煤层的高瓦斯压力，从而促进瓦斯压力梯度在破坏煤体中的作用；三是地应力作用于煤层透气性。当地应力增加时，煤层透气性按负指数规律降低，故围岩中地应力增加，煤层的低透气性减小，使巷道前方的煤体不易排放瓦斯，造成较高的瓦斯压力梯度；当煤体一旦破坏，则呈现较高的瓦斯放散能力，这对突出十分有利。

一般来说，导致应力状态的突然变化使潜能有可能释放的主要原因通常有以下几点：

1）石门揭开煤层时。

2）巷道进入地质破坏区。

3）巷道从硬煤带进入软煤带。

4）煤层突然加载，如巷道顶板下沉等。

5）煤层突然来压，如悬臂梁的突然断裂。

6）工作面迅速推进时，如爆破、打钻等。

7）煤的冒落等。

（2）瓦斯条件。以游离状态和吸附状态存在于煤裂隙和孔隙中的瓦斯，对于煤体作用主要有三点：一是全面压缩煤的骨架促使煤体弹性能增加；二是吸附在微孔表面的瓦斯分子，对微孔起楔子作用，因而降低了煤的强度；三是具有很大的瓦斯压力梯度，从而降低了作用于压力方向的力。这个方向上，压力不是作用于煤层全断面上，而只作用于部分断面上，该断面与脱离接触的面积与煤结构单元的表面积的比值成比例。

因此，无论是游离瓦斯还是吸附瓦斯，均参与突出的发展。发生突出时，煤层依靠潜能的释放，使煤体破碎并发生移动，瓦斯的解吸使破碎和移动进一步加强，并由瓦斯流不断把破碎煤抛出，使突出空洞壁始终保持着一个较大的地应力梯度和瓦斯压力梯度，致使煤的破碎不断向深部发展。因此，突出通道是否畅通在某种程度上决定了突出过程的继续发展或终止，也决定了破碎煤被瓦斯搬走的程度。

煤与瓦斯突出发展的另一个充要条件是：有足够的瓦斯流把碎煤抛出，并且突出孔道要畅通，以便在空洞壁形成较大的地应力梯度和瓦斯压力梯度，从而使煤的破碎向深部扩展。

（3）煤的物理力学条件。煤的物理力学性质与发生突出有很大关系，因为煤体强度、透气性、煤体中瓦斯的解吸能力与放散能力等均对突出的发生与发展起着重要作用。当外界的瓦斯压力增大时，游离瓦斯转化为吸附瓦斯的量增多。煤体吸附瓦斯后，在自由状态下会膨胀，体积变大、硬度下降。一般来说，煤越硬、裂隙越小，所需的破坏力越大，要求的地应力和瓦斯压力越高；反之亦然。因此，在地应力和瓦斯压力一定的情况下，软分层的煤容易被破坏，即突出往往只沿软分层发展。同时，由于软分层内裂隙的连通性差，因而煤的透气性也差，致使软分层容易引起较高的瓦斯压力梯度，从而又促进了突出的发生和发展。

2.2.2.2 煤与瓦斯突出的发展过程

煤与瓦斯突出的发展过程一般可分为 4 个阶段，即准备、激发、发展和终止阶段。

（1）准备阶段。在此阶段煤体经历两个过程：一是能量积聚的过程，如地应力的形成使弹性能增加，孔隙压缩使瓦斯压缩能增高；二是阻力降低过程，如落煤工序使煤体由三向受压状态转变为两向甚至单向受压状态，煤的强度突然下降。由于弹性能、压缩能的增高和应力状态的改变，煤体进入不平衡状态，外部表现为煤面外鼓、掉渣、支架压力增大、瓦斯忽大忽小、发出劈裂及闷雷声等有声或无声的各种突出预兆。

（2）激发阶段。该阶段的特点是地应力状态突然改变，即极限应力状态的部分煤体突然破坏，卸载（卸压）并发生巨响和冲击，向巷道方向作用的瓦斯压力的推力因煤体的破裂顿时增加几倍到十几倍，伴随着裂隙的生成与扩张，膨胀瓦斯流开始形成，大量吸附瓦斯进入解吸过程而参与突出。大量的突出实例表明，工作面的多种作业都可以引起应力状态的突变而激发突出。例如各种方式的落煤、打眼、修整工作面煤壁等都可以人为激发突出。统计表明，应力状态变化越剧烈，突出的强度越大，震动爆破是最易引发突出的工序。

（3）发展阶段。突出发展过程可大致描述如下：当应力状态突然改变使瓦斯压力增大，且解吸瓦斯初速度较快的煤体破碎时，瓦斯涌出量增大，形成足以携带碎煤的瓦斯流，瓦斯煤流由已破碎煤区段喷出，从而在煤层中形成最初的突出空洞。煤抛出后，空洞周围煤体的破碎向煤体深部发展，由于结构破坏的软煤分层容易破碎且在重力作用下，煤自下向上垮落，因此，破碎多沿软煤分层向上发展。当煤层强度非均质时，孔洞沿软煤发展，突出孔洞形成带有分岔的奇异形状，这是瓦斯压力参与煤破碎的良好证明。随着煤体破坏范围的增大和瓦斯涌出加剧，已形成的空洞内再次聚集大量的瓦斯，再一次形成瓦斯煤流向巷道喷出，这种煤破碎和喷出可能循环多次。当抛入巷道的煤足够多、瓦斯量足够大时，有可能在整个巷道形成足以携带大量碎煤的被称为"瓦斯风暴"的瓦斯流，它可以将煤搬运几十米或上百米距离。突出发展阶段的持续时间一般为几十秒。

（4）终止阶段。突出的终止有以下两种情况：一是在剥离与破碎煤体的扩展中遇到了较硬的煤体或地应力与瓦斯压力降低不足以破坏煤体；二是突出孔道被堵塞，其孔壁由突出物支撑建立起新的拱平衡或孔洞瓦斯压力因其被堵塞而升高，地应力与瓦斯压力梯度不足以剥离于破碎煤体。这时突出虽然停止了，但是，突出孔周围的卸压区与突出的煤涌出瓦斯的过程并没有停止，异常的瓦斯涌出还要持续相当长时间。

2.2.3 煤与瓦斯突出机理

煤与瓦斯突出机理是指煤与瓦斯突出的发动、发展和终止的原因、条件及过程。煤与瓦斯突出是一种非常复杂的动力现象，影响因素众多，发生原因复杂。到目前为止，对各种地质、开采条件下突出发生的机理还没有完全掌握，大部分是根据现场统计资料及实验研究提出的各种假说。归纳起来，可分为四类，即"以瓦斯为主导作用的假说（瓦斯作用说）""以地应力为主导作用的假说（地应力作用说）""化学本质说""综合作用假说"，其中"综合作用假说"由于全面考虑了突出发生的作用力和介质两个方面的主要因素，得到了国内外多数学者的认可。

2.2.3.1　瓦斯为主导作用的假说

瓦斯作用说认为煤内存贮的高压瓦斯是突出起主要作用的因素。这些假说主要包括"瓦斯包"说、粉煤带说、突出波说、煤透气性不均匀说、裂缝堵塞说、闭合孔隙瓦斯释放说、瓦斯膨胀说、火山瓦斯说、瓦斯解吸说等，其中"瓦斯包"说占重要地位。"瓦斯包"说认为在煤层中存在着瓦斯压力与瓦斯含量比邻近区域高得多的煤窝，即瓦斯包，其中煤松软、孔隙裂隙发育，具有较大的存贮瓦斯的能力，它被透气性差的煤（岩）所包围，储存着高压瓦斯，其压力超过煤层强度减弱地区煤的强度极限。当工作面接近这种"瓦斯包"时，煤壁会发生破坏，瓦斯将松软的煤窝破碎并抛出煤炭形成突出。

另一类瓦斯作用说认为，甲烷在煤中以不稳定的化合物形式存在，例如，有多聚甲烷或结晶水化物存在，或者煤可以自然分解并放出大量瓦斯，当巷道揭开饱含不稳定化合物煤区时，因温度上升或瓦斯压力下降，促使它们急剧分解，放出大量瓦斯并夹带煤喷出。

2.2.3.2　地应力说

该假说认为，突出主要是高地应力作用的结果。然而对高地应力的构成又有不同说法，一种认为除自重应力外还存在着地质构造应力，当巷道接近存储构造应变能高的硬而厚的岩层时，后者将像弹簧一样伸张，将煤破坏和粉碎，从而引起瓦斯剧烈涌出而形成突出；另一种认为采掘工作面前方存在应力集中区，当弹性厚顶板悬顶过长或突然冒落时，可能产生附加应力，在集中应力作用下，煤发生破坏和破碎时，伴随大量瓦斯涌出而形成突出。

2.2.3.3　化学本质说

这类假说主要有"爆炸的煤"说、地球化学说和硝基化学物说。"爆炸的煤"说认为突出是由于煤在地下深处变质时发生的化学反应引起的；即由于煤的变质，在爆炸性转化的物质（"爆炸的煤"）的介稳区，能呈现连锁反应过程，并迅速形成大量的 CO_2 和 CH_4，从而引起爆炸——煤与瓦斯突出。地球化学说认为瓦斯突出是煤层中不断进行的地球化学过程——煤层的氧化-还原过程；由于活性氧及放射性气体的存在而加剧生成一些活性中间物，导致瓦斯高速形成。中间产物和煤中有机物质的相互作用，使煤分子得到破坏。硝基化学物说认为突出煤中积蓄有硝基化合物，只要有一定量的活化能量（如岩石应力分布不均，瓦斯压力等），就能产生发热反应；当其热量超过分子间活性能时，反应将自发地加速，从而发生突出。

2.2.3.4　综合作用说

该假说认为突出是地应力、瓦斯压力、煤的力学性质等因素综合作用的结果。因为它较全面地考虑了动力与阻力两个方面的因素，因而得到各界学者的普遍认可。在综合作用说的多种说法中，以苏联 B. B. 霍多特的能量假说影响最大，该假说认为，只有当煤中应力状态突然改变时，煤层才可能产生高速破碎，引起煤中应力状态的突然改变；煤层中坚硬区段或坚硬包裹体的承载能力因脆性破坏而消失；爆破落煤时，巷道迅速进入煤层，爆破揭开煤层。

2.2.3.5 其他假说

我国学者还提出了中心扩散说、流变说、二相流体说、固流耦合失稳理论、球壳失稳理论等。

（1）中心扩散说。该假说认为煤与瓦斯突出是从离工作面某一距离处的中心开始，然后向周围扩展，由发动中心周围的"煤-岩石-瓦斯"体系提供能量并参与活动，在煤与瓦斯突出地点地应力、瓦斯压力、煤体结构和煤质是不均匀的，突出发动中心就处在应力集中点，煤体的低透气性有助于产生大的瓦斯压力梯度。

（2）流变说。该假说认为煤与瓦斯突出是含瓦斯煤体在采动影响后地应力与孔隙瓦斯气体耦合的一种流变过程，在突出的准备阶段，含瓦斯煤体发生蠕变破坏形成裂隙网，随后瓦斯能量冲垮破坏的煤体发生突出。该观点对延期突出给予了很好的解释。

（3）二相流体说。该假说认为突出的本质是在突出中形成煤粒和瓦斯的二相流体，二相流体受压积蓄能量，卸压膨胀放出能量，冲破阻碍区形成突出，强调突出的动力源是压缩积蓄、卸压膨胀能量，而不是煤岩弹性能。

（4）固流耦合失稳理论。该理论认为突出是含瓦斯煤体在采掘活动影响下，局部发生迅速、突然破坏而产生的现象，采深和瓦斯压力的增加都将使突出发生的危险性增加。

（5）球壳失稳理论。该理论认为突出的过程实质是地应力破坏煤体、煤体释放瓦斯、瓦斯使煤体裂隙扩张并使形成的煤壳失稳破坏，煤体的破坏以球盖状煤壳的形成、扩展及失稳抛出为主要特点。

总之，在煤与瓦斯突出机理中，地应力与瓦斯为突出动力，煤的物理力学性质为突出阻力。同时，地应力、瓦斯、煤的性质是相互联系、相互影响的。如地应力、瓦斯随着开采深度的增加而增加，突出危险性增加；煤体排放瓦斯后，瓦斯压力下降，煤体强度上升，地应力下降，突出危险性降低等。

2.2.4 煤与瓦斯突出的一般规律

2.2.4.1 突出发生在一定深度以下，且突出危险性随深度增加而增加

由于各个矿井、煤层的瓦斯及地质条件不同，采掘方法不同，发生突出的深度也不同，对同一矿区的同一煤层，由于随着开采深度的增加，地应力和瓦斯压力也相应增大，因此，突出危险性也相应增加。一般地，一个矿井或煤层在某一深度开始发生突出，当开采深度小于该深度时不会发生突出，而当大于该深度时，就有发生突出的危险，该深度称为始突深度，一般地，它比瓦斯风化带的深度深一倍以上。随着深度的增加，突出的危险性增高，这表现在突出的次数增多、突出的强度增大、突出煤层数增加、突出危险区域扩大（从浅部的"点"突出，发展到中部的"多点"突出，甚至再发展到深部的几乎点点突出）。但煤层的突出危险程度和开采深度并不存在线性关系，这主要是因为与突出危险性同样有关的水平应力普遍大于垂直应力，且与垂直应力的比值并不是恒定不变的，而是随深度增加而减小。另外，突出矿井大多构造复杂，主应力大小和方向的决定因素在于区

域构造应力场，即矿区及煤层的应力水平由构造因素决定，而不单单取决于开采深度。

2.2.4.2 突出次数、强度及始突深度随煤层厚度的增加而增加

突出煤层越厚，特别是软分层的厚度越厚，其突出危险性越大，表现为突出次数多、突出强度大、始突深度浅。厚煤层或相互接近的煤层群的突出危险性比单一薄煤层大。对同一煤层而言，当其厚度由薄变厚时，突出危险性有增大趋势。此外，突出危险性随煤层倾角的增大而增大。

2.2.4.3 同一个突出煤层，瓦斯压力越高，突出危险性越大

应该指出，不同煤层的瓦斯压力与突出危险性没有直接关系。因为决定突出的因素除了瓦斯压力以外还有地应力和煤结构，因此不能单凭瓦斯压力来判断突出危险性。例如，北票矿务局无突出危险煤层的瓦斯压力为 3445.05kPa，而红卫煤矿为 1215.9kPa 的煤层就有严重突出危险，甚至个别矿井煤层的瓦斯压力小于 1013.25kPa 就能发生突出。

2.2.4.4 在应力集中带内进行采掘工作，突出危险性明显增加

因为应力叠加，在突出煤层中进行采掘工作时，同一煤层的同一阶段，在应力集中的影响范围内，不得布置两个工作面相向回采和掘进。

2.2.4.5 突出危险与采掘工序

采掘工作往往可激发突出，特别是落煤与震动作业，不仅可引起应力状态的变化，而且可使动载荷作用在新暴露煤体突然破碎。随着采煤机械化水平的提高，采煤工作面机组采煤时的突出危险性越来越大，已超过风镐落煤。支护、打钻和手镐落煤作业也可能造成煤与瓦斯突出。

2.2.4.6 突出大多数发生在地质构造带

尽管在地质条件简单的地点也发生突出，但是多数典型的煤和瓦斯突出及大强度突出均发生在构造破坏带：同一矿井、同一煤层在不同地点的突出危险性不同。一般来说，突出危险区呈带状分布，这是因为影响突出的主要因素受地质构造控制的缘故，而地质构造具有带状分布的特征。向斜轴部地区，向斜构造中局部隆起地区，向斜轴部与断层或褶曲交汇地区，火成岩侵入形成变质煤与非变质煤交混或邻近地区，煤层扭转地区，煤层倾角骤变地区，走向拐弯、变厚地区，特别是软分层变厚地区，压性、压扭性断层地带及煤层构造分岔地区，顶、底板阶梯状凸起地区等都是突出点密集地区，也是大型甚至特大型突出地区。

在采掘形成的应力集中地带，例如邻近层留有煤柱、相向采掘的两工作面互相接近、巷道开口或两巷贯通之前在采煤工作面的集中应力带内（特别是当采煤工作面遇断层推不过去而在其前方靠近断层重新掘开切眼时）掘进巷道（上山）等，其危险性倍增，不仅突出次数频繁而且强度也随之加大。

另外，发生特大型突出的煤层几乎都有厚度不等的软分层存在或是煤层本身就比较松软，尤其是软分层结构分散，多呈粒状或粉末状，易于破碎，在地质构造变化带，往往形成强的揉皱煤，层理和节理遭到破坏，更容易发生煤和瓦斯突出。

2.2.4.7 从突出的巷道类型看，石门揭穿煤层的全过程突出危险性最大

虽然石门揭煤的突出次数不多，但突出发生概率最高，突出强度最大，为平巷突出强度的 5.7 倍。绝大多数特大型突出发生在石门揭开突出危险煤层。巷道或采煤工作面发生突出概率由大到小为：平巷、采煤工作面、上山、石门、下山、大直径钻孔及其他。

2.2.4.8　突出孔洞形状各异

煤与瓦斯突出孔洞的位置及形状是各式各样的，大部分孔洞位于巷道上山方向及工作面上隅角。典型突出的孔洞口小腹大（压出和倾出例外），呈梨形或椭圆形，或者呈不规则拉长的椭球形，有时还有奇异的外形。孔洞中心线通常和煤层仰斜呈一定角度，或与仰斜的煤同一方向而深入煤体。沿巷道推进方向，孔洞倾角（中心线与水平面的夹角）为40°~50°，倾出孔洞必大于40°，很少有水平方向。有时候并不能看到明显的孔洞，只见有位移的虚煤区。

2.2.4.9　绝大多数突出都有预兆

虽然突出的发生具有突然性，但在突出前大都有预兆，是突出准备阶段的外部表现。
预兆主要有三个方面：地压显现、瓦斯涌出、煤力学性能与煤体结构变化。

（1）地压显现方面的预兆有煤炮声、支架声响、掉渣、岩煤开裂、底鼓、岩与煤自行剥落、煤壁外鼓、来压、煤壁颤动、钻孔变形、垮孔夹钻、顶钻、钻粉量增大、钻机过负荷等。

（2）瓦斯涌出方面的预兆有瓦斯涌出异常，瓦斯浓度忽大忽小，煤尘增大，气温与气味异常，打钻喷瓦斯、喷煤，哨声、蜂鸣声，煤壁或工作面温度降低，也有少数实例发现煤壁温度升高等。

（3）煤力学性能与煤体结构方面的预兆有层理紊乱、煤强度松软或软硬不均、煤暗淡无光泽、煤厚变化大、倾角变陡、波状隆起、褶曲、顶板和底板阶状凸起、断层、煤干燥等。

除上述外，突出预兆中有多种物理（如声、电、磁、震、热等）异常效应，随着现代电子技术及测试技术的高速发展，这些异常效应已被应用于突出预报。因此，总结和掌握突出预兆，对矿井的正常生产和工人的生命安全具有十分重要的意义。

2.3　防治煤与瓦斯突出的工作程序

2.3.1　防治煤与瓦斯突出的理念

《防治煤与瓦斯突出规定》明确提出了：防突工作坚持"区域防突措施先行、局部防突措施补充"的原则。突出矿井采掘工作应做到"不掘突出头、不采突出面"。未按要求采取区域综合防突措施的，严禁进行采掘活动。区域防突工作应当做到"多措并举、可保必保、应抽尽抽、效果达标"。

有突出矿井的煤矿企业、突出矿井应当根据突出矿井的实际状况和条件，制定区域综合防突措施和局部综合防突措施。

（1）区域综合防突措施包括下列内容：

1）区域突出危险性预测。

2）区域防突措施。

3）区域措施效果检验。

4）区域验证。

（2）局部综合防突措施包括下列内容：

1）工作面突出危险性预测。

2）工作面防突措施。

3）工作面措施效果检验。

4）安全防护措施。

2.3.2　防治煤与瓦斯突出的总体工作程序

煤与瓦斯突出防治总体工作程序如图 2-1 所示。矿井在建设和生产期间必须按《防治煤与瓦斯突出规定》要求进行煤层和矿井的突出危险性鉴定工作，突出矿井的突出煤层必须采取区域综合防突措施并经区域措施效果检验达到规定指标后方可进行采掘作业。在采掘作业过程中还必须对煤层的突出危险性进行区域措施效果验证，验证为无突出危险的工作面，可直接执行安全防护措施后进行采掘作业；对局部仍存在突出危险的煤层，必须补充局部防突措施并达到规定指标，在执行安全防护措施后方可继续进行采掘作业。

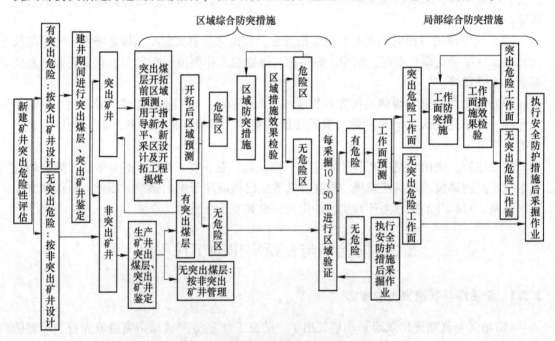

图 2-1　煤与瓦斯突出防治总体工作程序

2.3.3　突出煤层和突出矿井鉴定

2.3.3.1　新建矿井突出危险性评估

新建矿井在可行性研究阶段，应当对矿井内采掘工程可能揭露的所有平均厚度在 0.3m 以上的煤层进行突出危险性评估。评估结果作为矿井立项、初步设计和指导建井期间揭煤作业的依据。由于建井前缺少井下的实测数据，评价主要依据地质勘探资料及邻近煤矿的实测数据。地质勘探单位应当查明矿床瓦斯地质情况，并在井田地质报告中提供煤层突出危险性的基础资料。

基础资料应当包括下列内容：

（1）煤层赋存条件及其稳定性。

（2）煤的结构类型及工业分析。

（3）煤的坚固性系数、煤层围岩性质及厚度。

（4）煤层瓦斯含量、瓦斯成分和煤的瓦斯放散初速度等指标。

（5）标有瓦斯含量等值线的瓦斯地质图。

（6）地质构造类型及其特征、火成岩侵入形态及其分布、水文地质情况。

（7）勘探过程中钻孔穿过煤层时的瓦斯涌出动力现象。

（8）邻近煤矿的瓦斯情况。

经评估认为有突出危险的新建矿井，建井期间应当对开采煤层及其他可能对采掘活动造成威胁的煤层进行突出危险性鉴定。经评估认为无突出危险的新建矿井，在建井后生产过程中要对矿井和煤层进行突出危险性鉴定。

2.3.3.2 突出危险性鉴定

矿井有下列情况之一的，应当立即进行突出煤层鉴定；鉴定未完成前，应当按照突出煤层管理：

（1）煤层有瓦斯动力现象的。

（2）相邻矿井开采的同一煤层发生突出的。

（3）煤层瓦斯压力达到或者超过 0.74MPa。

突出煤层和突出矿井的鉴定由煤矿企业委托具有突出危险性鉴定资质的单位进行，鉴定单位应当在接受委托之日起 120 天内完成鉴定工作。

2.4 区域综合防突工作程序

2.4.1 区域综合防突措施基本程序和要求

突出矿井应当对突出煤层进行区域突出危险性预测（以下简称区域预测）。经区域预测后，突出煤层划分为突出危险区和无突出危险区。未进行区域预测的区域视为突出危险区。区域预测分为新水平、新采区开拓前的区域预测（以下简称开拓前区域预测）和新采区开拓完成后的区域预测（以下简称开拓后区域预测）。

（1）开拓前区域预测。新水平、新采区开拓前，当预测区域的煤层缺少或者没有井下实测瓦斯参数时，可以主要依据地质勘探资料、上水平及邻近区域的实测和生产资料等进行开拓前区域预测。开拓前区域预测结果仅用于指导新水平、新采区的设计和新水平、新采区开拓工程的揭煤作业。

（2）开拓后区域预测。开拓后区域预测应当主要依据预测区域煤层瓦斯的井下实测资料，并结合地质勘探资料、上水平及邻近区域的实测和生产资料等进行。开拓后区域预测结果用于指导工作面的设计和采掘生产作业。

对已确切掌握煤层突出危险区域的分布规律，并有可靠的预测资料的，区域预测工作可由矿技术负责人组织实施；否则，应当委托有煤与瓦斯突出危险性鉴定资质的单位进行区域预测。区域预测结果应当由煤矿企业技术负责人批准确认。

2.4.2　区域突出危险性预测

区域预测一般根据煤层瓦斯参数结合瓦斯地质分析的方法进行，根据煤层瓦斯压力或者瓦斯含量进行区域预测的临界值应当由具有突出危险性鉴定资质的单位进行试验考察。在试验前和应用前应当由煤矿企业技术负责人批准。区域预测新方法的研究试验应当由具有突出危险性鉴定资质的单位进行，并在试验前由煤矿企业技术负责人批准。

根据煤层瓦斯参数结合瓦斯地质分析的区域预测方法应当按照下列要求进行：

（1）煤层瓦斯风化带为无突出危险区域。

（2）根据已开采区域确切掌握的煤层赋存特征、地质构造条件、突出分布的规律和对预测区域煤层地质构造的探测、预测结果，采用瓦斯地质分析的方法划分出突出危险区域。当突出点及具有明显突出预兆的位置分布与构造带有直接关系时，则根据上部区域突出点及具有明显突出预兆的位置分布与地质构造的关系确定构造线两侧突出危险区边缘到构造线的最远距离，并结合下部区域的地质构造分布划分出下部区域构造线两侧的突出危险区；否则，在同一地质单元内，突出点及具有明显突出预兆的位置以上20m（埋深）及以下的范围为突出危险区（见图2-2）。

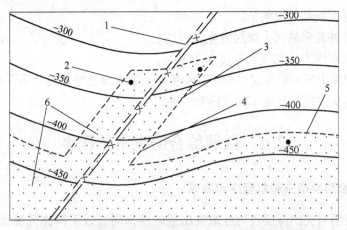

图 2-2　根据瓦斯地质分析划分的突出危险区域示意图

1—断层；2—突出点；3—上部区域突出点在断层两侧的最远距离线；
4—推测下部区域断层两侧的突出危险区边界线；5—推测的下部区域
突出危险区上边界线；6—突出危险区（阴影部分）

（3）在上述（1）、（2）项划分出的无突出危险区和突出危险区以外的区域，应当根据煤层瓦斯压力 p 进行预测。如果没有或者缺少煤层瓦斯压力资料，也可根据煤层瓦斯含量 W 进行预测。预测所依据的临界值应根据试验考察确定，在确定前可暂按表2-1预测。

表 2-1　根据煤层瓦斯压力或瓦斯含量进行区域预测的临界值

瓦斯压力 p/MPa	瓦斯含量 W/m³·t⁻¹	区域类别
$p<0.74$	$W<8$	无突出危险区
除上述情况以外的其他情况		突出危险区

2.4.3 区域防突措施

区域防突措施是指在突出煤层进行采掘前，对突出煤层较大范围采取的防突措施。区域防突措施包括开采保护层和预抽煤层瓦斯两类。

2.4.3.1 开采保护层

（1）保护层开采区域性消突技术原理。开采保护层分为上保护层和下保护层 2 种方式。在煤层群开采条件下，应首先选择保护层开采及被保护层卸压瓦斯抽采技术，区域性消除煤层的突出危险性。保护层是煤层群中的首采煤层，应首选瓦斯含量低或突出危险性相对较小的煤层，通过保护层开采的卸压作用抽采上下邻近煤层的卸压瓦斯，区域性消除邻近煤层的突出危险性，保护层的上下邻近煤层称为被保护层，如图 2-3 所示。保护层位于被保护层下部的称为下保护层，保护层位于被保护层上部的称为上保护层。

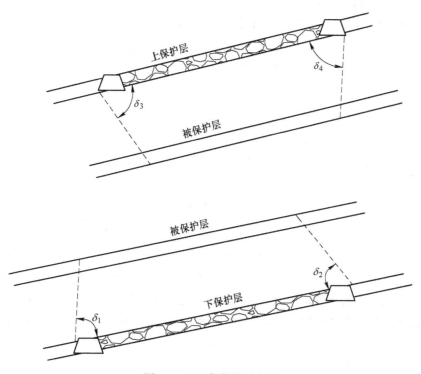

图 2-3 上下保护层示意图

保护层开采后，采场周围的煤岩体发生移动、变形，使得煤岩体的应力场、裂隙场重新分布。在采空区顶底板内的一定范围内地应力降低，出现卸压效果，处于顶底板内的煤层发生膨胀变形，煤层透气性呈数百倍至上千倍增加，煤层瓦斯解吸流动加强，这是保护层开采技术应用的理论基础。被保护层获得卸压增透效果后，再配合地面钻井或井下穿层钻孔等抽采工程及时抽采被保护层卸压瓦斯，可有效降低煤层瓦斯压力和含量，提高煤体的机械强度，彻底消除煤层的突出危险性，将高瓦斯突出煤层转变为低瓦斯无突出危险煤层，实现突出煤层的安全高效开采。被保护层的瓦斯抽采工程需要提前施工，保证保护层开采的同时能够有效抽采被保护层的卸压瓦斯。

（2）保护层开采的保护范围及分类。保护范围是指保护层开采并同时抽采被保护层卸压瓦斯后，在空间上使突出危险煤层的突出危险区域转变为无突出危险区域的有效范围，包括倾斜方向、走向方向和层间垂向 3 个方向的保护范围。

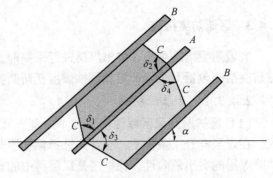

图 2-4　保护层工作面沿倾斜方向的保护范围

A—保护层；B—被保护层；C—保护范围边界

α—煤层倾角；$\delta_1 \sim \delta_4$—卸压角

1）沿倾斜方向的保护范围。在被保护层中，沿倾斜方向的保护范围可按卸压角划定，如图 2-4 所示。卸压角的大小与煤层倾角、煤系地层的岩石力学性质等因素有关，但主要取决于煤层倾角，应根据矿井实际考察结果确定，也可参考表 2-2 的数据进行划分倾向被保护层工作面的保护范围边界。

表 2-2　保护层沿倾斜方向的卸压角

煤层倾角 α/(°)	卸压角 δ/(°)			
	δ_1	δ_2	δ_3	δ_4
0	80	80	75	75
10	77	83	75	75
20	73	87	75	75
30	69	90	77	70
40	65	90	80	70
50	70	90	80	70
60	72	90	80	70
70	72	90	80	72
80	73	90	78	75
90	75	80	75	80

2）沿走向的保护范围。若保护层采煤工作面停采时间超过 3 个月且卸压比较充分，则该保护层采煤工作面对被保护层沿走向的保护范围对应于始采线、止采线及所留煤柱边缘位置的边界线可按照卸压角 $\delta_5 = 56° \sim 60°$ 划定，如图 2-5 所示。对于不规则煤柱，按照

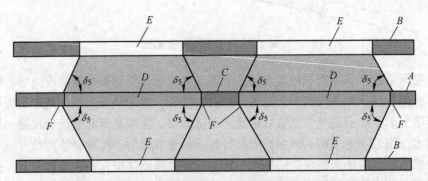

图 2-5　保护层工作面的采线、采止线和煤柱的影响范围

A—保护层；B—被保护层；C—煤柱；D—采空区；E—保护范围；F—始/终采线

α—煤层倾角；δ_5—卸压角

其最外缘的轮廓线划出平直轮廓线，并根据保护层与被保护层之间的层间距变化，确定煤柱的影响范围。

3）最大保护垂距。保护层与被保护层之间的最大保护垂距可参照表 2-3 选取。

表 2-3 保护层与被保护层之间的最大保护垂距

煤层类别	最大保护垂距/m	
	上保护层	下保护层
急倾斜煤层	<60	<80
缓倾斜和倾斜煤层	<50	<100

（3）被保护层未保护区的瓦斯治理。为消除被保护层工作面由于未获得卸压保护而形成的安全开采隐患，可以从两个方面着手解决：一是尽量减少被保护层工作面中的未保护范围；二是对被保护层中的未保护范围进行区域瓦斯治理。

1）减小被保护层工作面中的未保护范围。为减小被保护层工作面中的未保护范围，可以采取以下几项措施：

① 采用小煤柱护巷（区段煤柱宽度<4m）或是沿空留巷技术开采保护层，可消除区段煤柱在被保护层上形成的未保护范围。

② 采用保护范围的扩界技术，扩大卸压角，相应扩大保护层开采的保护范围，进而缩小或是消除被保护层工作面在走向上、倾向上的未保护范围。

③ 保护层采空区内不要随意留设煤柱，在无法避免煤柱留设的情况下应尽量减小留设煤柱的几何尺寸，以减小被保护层中的未保护范围。

2）被保护层工作面中未获得保护范围的消突措施。对于采空区煤柱在被保护层中形成的未保护范围和保护层工作面保护不到的被保护层区域，就需要采取区域性瓦斯治理措施消除其突出危险性，其技术措施主要是从工作面顶底板岩巷或附近巷道向未保护煤层施工密集穿层钻孔进行瓦斯预抽。由于为原始煤层抽采，透气性低，需要密集钻孔抽采，穿层钻孔间距设计为 5~10m，钻孔直径不小于 90mm，钻孔穿透煤层，还需保证一定的瓦斯预抽时间。预抽结束后需要根据煤层预抽的要求进行效果检验，并在开采过程中进行区域验证。图 2-6 所示为淮北朱仙庄煤矿被保护层 8 煤层上的未保护范围瓦斯抽采钻孔的布置图。

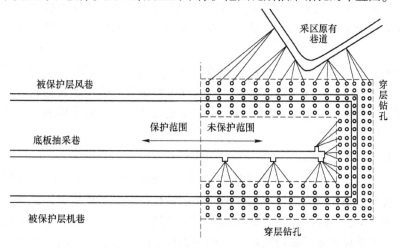

图 2-6 未保护范围煤巷条带的瓦斯抽采钻孔的布置图

3）倾斜远距离下保护层开采同水平上被保护层的连续卸压保护。在采用倾斜远距离下保护层开采时，按一定卸压角划出卸压边界，则可发现同水平标高保护层开采后，同水平被保护层只有浅部一部分煤体处于保护范围内，而同水平深部大片煤体未能得到卸压保护，采用保护层开采下延的方法可以很好地解决这一问题。

为全部保护到同水平的被保护煤层，在倾向上必须扩大保护层的开采范围，沿倾向延伸保护层的开采下限，保护层开采的下延深度以保护到同水平被保护层的开采下限为准，如图2-7所示。

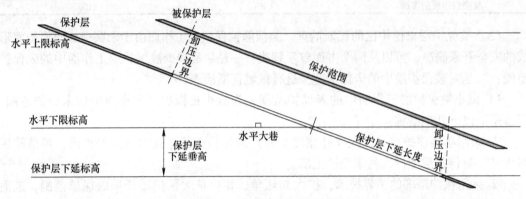

图 2-7　保护层下延示意图

（4）保护效果检验。《防治煤与瓦斯突出规定》规定，突出煤层首次开采某个保护层时，应当对被保护层进行区域措施效果检验。开采保护层的保护效果检验主要采用残余瓦斯压力、残余瓦斯含量和煤层膨胀变形量3个指标，也可以结合煤层的透气性系数变化率等辅助指标。当采用残余瓦斯压力、残余瓦斯含量检验时，应当根据实测的最大残余瓦斯压力或者最大残余瓦斯含量对预计被保护区域的保护效果进行判断。

当考察的最大残余瓦斯压力低于被保护层始突深度的瓦斯压力或残余瓦斯含量低于被保护层始突深度的瓦斯含量，则保护层开采的保护效果有效。若未能考察出被保护层始突深度的瓦斯压力或含量，则被保护层的残余瓦斯压力必须降到0.74MPa（表压）以下，或将被保护层瓦斯含量降到8m³/t以下。如果被保护层的残余瓦斯压力或残余瓦斯含量无法满足上述要求，则被保护层的保护效果无效，效果检验区域仍为突出危险区，需要继续采取措施。

在采用被保护层的膨胀变形量进行效果考察时，其最大膨胀变形量需大于3‰。若这一结果为某个保护层的首次考察，则这一检验和考察结果可适用于其他区域的同一保护层和被保护层，否则应当对每个预计的被保护区域进行区域措施效果检验，考察钻孔布置在抽采钻孔的几何中心位置。

2.4.3.2　预抽煤层瓦斯

（1）预抽煤层瓦斯。预抽煤层瓦斯的方式有：地面井（钻孔）预抽煤层瓦斯以及井下穿层钻孔或顺层钻孔预抽区段煤层瓦斯、穿层钻孔预抽煤巷条带煤层瓦斯、顺层钻孔或穿层钻孔预抽回采区域煤层瓦斯、穿层钻孔预抽石门（含立井、斜井等）揭煤区域煤层瓦斯、顺层钻孔预抽煤巷条带煤层瓦斯等，如图2-8~图2-14所示。预抽煤层瓦斯区域防突

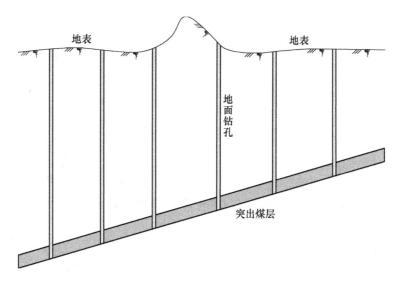

图 2-8 地面井（钻孔）预抽煤层瓦斯

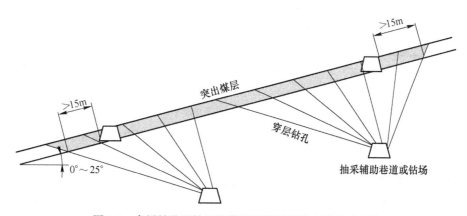

图 2-9 穿层钻孔预抽区段煤层瓦斯区域防突措施示意图

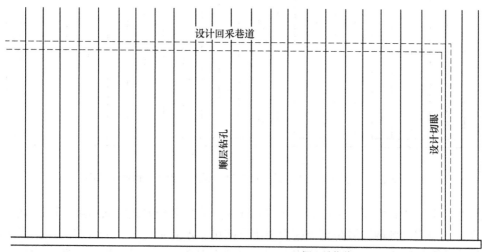

图 2-10 顺层钻孔预抽区段煤层瓦斯区域防突措施示意图

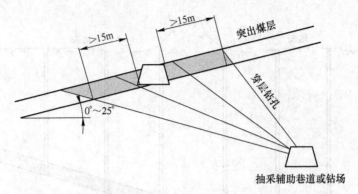

图 2-11　穿层钻孔预抽煤巷条带煤层瓦斯区域防突措施示意图

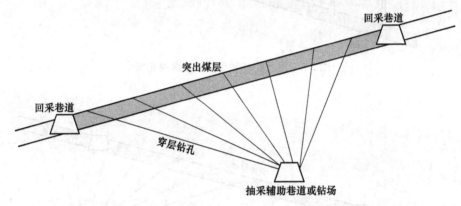

图 2-12　穿层钻孔预抽回采区域煤层瓦斯区域防突措施示意图

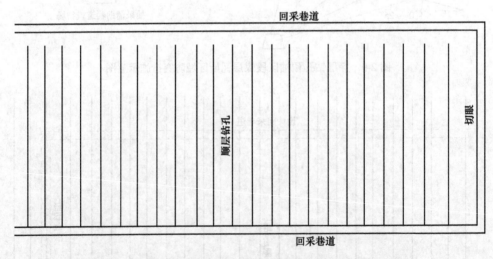

图 2-13　顺层钻孔预抽回采区域煤层瓦斯区域防突措施示意图

措施应当按上述所列方式的优先顺序选取，或一并采用多种方式的预抽煤层瓦斯措施。

　　在实践应用中各种区域防突措施需要组合使用，才能实现对整个区域的完整保护。卸压瓦斯抽采和煤层瓦斯预抽钻孔应当在整个保护范围和预抽区域内均匀布置，钻孔间距应当根据实际考察的煤层有效抽采半径确定。

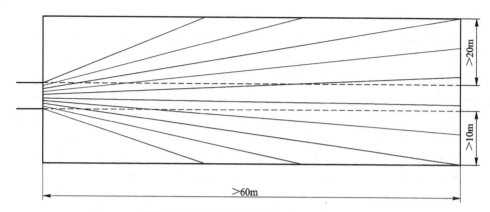

图 2-14 顺层钻孔预抽煤巷条带煤层瓦斯区域防突措施示意图

对于厚煤层，如果掘进或采煤工作面位于煤层的底分层时，则预抽钻孔应控制掘进或回采的分层及其上部的分层。但若上部分层厚度很大，则至少要控制距采掘分层法向距离 20m 以内的煤层，如图 2-15 所示；同样，如果沿上部分层采掘，则应控制本分层及其下部分层，且当下部分层厚度很大时，至少应控制法向距离 10m 以内的下部煤层，如图 2-16 所示；当沿中间分层采掘时，应控制上下分层，若上下分层厚度很大时，应分别至少控制20m 和 10m。

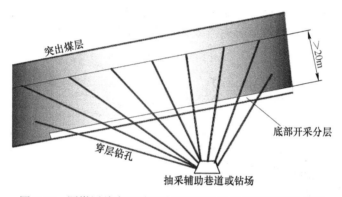

图 2-15 厚煤层首先开采下分层时预抽钻孔控制范围示意图

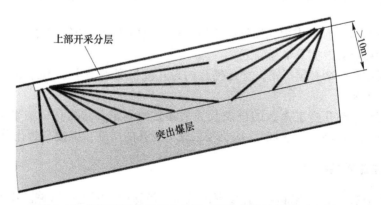

图 2-16 厚煤层首先开采上分层时预抽钻孔控制范围示意图

（2）区域防突措施的保护范围要求。用穿层钻孔或顺层钻孔预抽区段煤层瓦斯区域防突措施，就是能够同时对一个区段煤层范围的瓦斯进行预抽。这里的一个区段就包括该区段工作面回采区域的（开采块段）进风巷、回风巷和开切眼等回采巷道所在位置及其外侧一定范围的煤层，而这其中最能体现区域防突措施的关键要求就是钻孔控制回采巷道外侧煤层的范围大小。鉴于重力对突出的作用，所以在倾斜、急倾斜煤层中，要求钻孔控制回采巷道外侧的范围是巷道上帮轮廓线外至少20m，下帮至少10m；其他为巷道两侧轮廓线外至少各15m。钻孔控制范围均为沿层面。

采用顺层钻孔预抽煤巷条带煤层瓦斯区域防突措施的钻孔应控制的条带长度不小于60m，巷道两侧的控制范围与穿层钻孔控制回采巷道外侧的要求相同。

（3）石门、立井揭煤区域防突措施及保护范围。揭煤工程是很多工程的先导，尤其在开拓准备阶段，揭煤时往往还未采取任何其他区域防突措施。揭煤又是突出危险性最大的一项工作，更需要区域防突措施的保护。当采用穿层钻孔预抽石门（含立井、斜井等）揭煤区域煤层瓦斯时，应当在揭煤工作面距煤层的最小法向距离7m以前实施（在构造破坏带应适当加大距离）。钻孔的最小控制范围：石门和立井、斜井揭煤处巷道轮廓线外12m（急倾斜煤层底部或下帮6m），同时还应当保证控制范围的外边缘到巷道轮廓线与预计前方揭煤段巷道的轮廓线的最小距离不小于5m，且当钻孔不能一次穿透煤层全厚时，应当保持煤孔最小超前距15m。如果揭煤未能一次穿透煤层顶（底）板，则继续揭煤作业时，仍应保证巷道轮廓线外至少12m（或急倾斜下部6m）、前方至少15m的范围内进行有效的预抽煤层瓦斯，否则应立即补充实施预抽钻孔并检验效果。穿层钻孔预抽石门（含立井、斜井等）揭煤区域煤层瓦斯区域防突措施保护范围如图2-17所示。

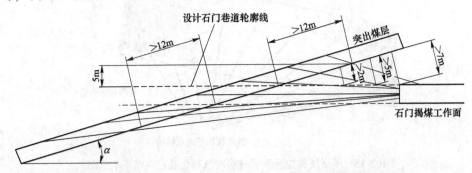

图2-17　穿层钻孔预抽石门（含立井、斜井等）揭煤区域煤层瓦斯

（4）其他要求。预抽煤层瓦斯钻孔应当在整个预抽区域内均匀布置，钻孔间距应当根据实际考察的煤层有效抽采半径确定。

预抽瓦斯钻孔封堵必须严密。穿层钻孔的封孔段长度不得小于5m，顺层钻孔的封孔段长度不得小于8m。

应当做好每个钻孔施工参数的记录及抽采参数的测定。钻孔孔口抽采负压不得小于13kPa。预抽瓦斯浓度低于30%时，应当采取改进封孔的措施，以提高封孔质量。

2.4.4　区域措施效果检验

当采用保护层开采或预抽煤层瓦斯等区域防突措施后，需进行区域防突效果检验、对保护层开采卸压瓦斯抽采和预抽煤层瓦斯区域防突措施进行效果检验时，应当首先分析检查抽采钻孔的分布是否符合设计要求，不符合设计要求的，不予检验。

2.4.4.1　区域效果检验的主要指标

开采保护层的保护效果检验主要采用残余瓦斯压力、残余瓦斯含量、顶底板位移量及其他经试验证实有效的指标和方法，也可以结合煤层的透气性系数变化率等辅助指标。

对预抽煤层瓦斯区域防突措施检验的主要指标为残余瓦斯压力和残余瓦斯含量。

对穿层钻孔预抽石门（含立井、斜井等）揭煤区域煤层瓦斯区域防突措施也可以采用钻屑瓦斯解吸指标进行措施效果检验。

当采用残余瓦斯压力、残余瓦斯含量检验时，应当根据实测的最大残余瓦斯压力或者最大残余瓦斯含量，按照区域预测的瓦斯参数法对预计被保护区域（预抽区域）的抽采效果进行判断。若检验结果仍为突出危险区，则防突措施效果为无效，需补充采取区域防突措施。

2.4.4.2　区域效果检验指标的测算

（1）效果检验指标的测试。在采用残余瓦斯压力或者残余瓦斯含量指标对穿层钻孔顺层钻孔预抽煤巷条带煤层瓦斯区域防突措施和穿层钻孔预抽石门（含立井、斜井等）揭煤区域煤层瓦斯区域防突措施进行检验时，必须依据实际的直接测定值。

对穿层钻孔预抽石门（含立井、斜井等）揭煤区域煤层瓦斯区域防突措施也可以采用钻屑瓦斯解吸指标进行措施效果检验。

采用实际直接测定的煤层残余瓦斯压力或残余瓦斯含量等参数对区域防突措施效果检验时，应当符合下列要求：

1）对穿层钻孔或顺层钻孔预抽区段煤层瓦斯区域防突措施进行检验时，若区段宽度（两侧回采巷道间距加回采巷道外侧控制范围）未超过120m，以及对预抽回采区域煤层瓦斯区域防突措施进行检验时，若采煤工作面长度未超过120m，则沿采煤工作面推进方向每间隔30~50m至少布置1个检验测试点；若预抽区段煤层瓦斯区域防突措施的区段宽度或预抽回采区域煤层瓦斯区域防突措施的采煤工作面长度大于120m时，则在采煤工作面推进方向每间隔30~50m，至少沿工作面方向布置2个检验测试点。如图2-18所示。

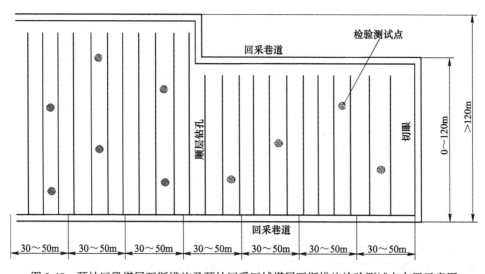

图2-18　预抽区段煤层瓦斯措施及预抽回采区域煤层瓦斯措施检验测试点布置示意图

当预抽区段煤层瓦斯的钻孔在回采区域和煤巷条带的布置方式或参数不同时，按照预抽回采区域煤层瓦斯区域防突措施和穿层钻孔预抽煤巷条带煤层瓦斯区域防突措施的检验要求分别进行检验。

2）对穿层钻孔预抽煤巷条带煤层瓦斯区域防突措施进行检验时，在煤巷条带每间隔30~50m至少布置1个检验测试点，如图2-19所示。

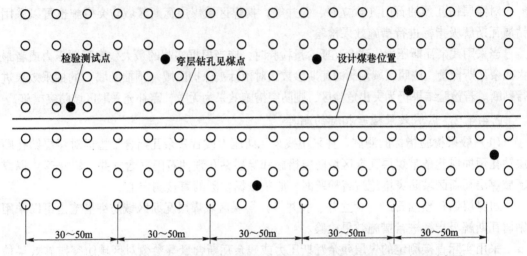

图2-19 穿层钻孔预抽煤巷条带煤层瓦斯区域防突措施检验测试点布置示意图

3）对穿层钻孔预抽石门（含立井、斜井等）揭煤区域煤层瓦斯区域防突措施进行检验时，至少布置4个检验测试点，分别位于要求预抽区域内的上部、中部和两侧，并且至少有1个检验测试点位于要求预抽区域内距边缘不大于2m的范围，如图2-20所示。

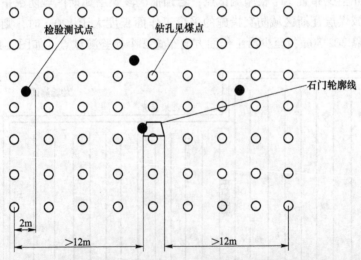

图2-20 穿层钻孔预抽石门（含立井、斜井等）揭煤区域措施检验测试点布置示意图

4）对顺层钻孔预抽煤巷条带煤层瓦斯区域防突措施进行检验时，考虑到钻机施工技术的限制以及掘进工作面顺层钻孔距工作面的不同密度差异较大，因此顺层钻孔条带预抽的检验测试点布置密度较穿层钻孔要求高。在煤巷条带每间隔20~30m至少布置1个检验

测试点，且每个检验区域不得少于 3 个检验测试点，如图 2-21 所示。

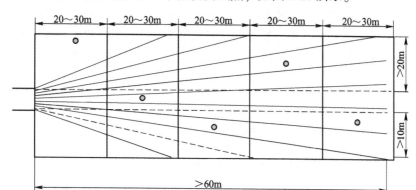

图 2-21 顺层钻孔预抽煤巷条带瓦斯区域措施检验测试点布置示意图

5）各检验测试点应布置于所在部位钻孔密度较小、孔间距较大、预抽时间较短的位置，并尽可能远离测试点周围的各预抽钻孔或尽可能与周围预抽钻孔保持等距离，且避开采掘巷道的排放范围和工作面的预抽超前距。在地质构造复杂区域适当增加检验测试点。

（2）效果检验指标的计算。对于采用地面井预抽煤层瓦斯以及井下穿层钻孔或顺层钻孔预抽区段煤层瓦斯、顺层钻孔或穿层钻孔预抽回采区域煤层瓦斯的区域防突措施，可采用直接测定值或根据预抽前的瓦斯含量及抽、排瓦斯量等参数间接计算的残余瓦斯含量值。

采用间接计算残余瓦斯含量进行预抽煤层瓦斯区域措施效果检验时，应当符合下列要求：

1）当预抽区域内钻孔的间距和预抽时间差别较大时，根据孔间距和预抽时间划分评价单元分别计算检验指标。

2）若预抽钻孔控制边缘外侧为未采动煤体，在计算检验指标时根据不同煤层的透气性及钻孔在不同预抽时间的影响范围等情况，在钻孔控制范围（a-b-c-d）边缘外适当扩大评价计算区域的煤层范围，如图 2-22 中虚线部分（A-B-C-D）。但检验结果仅适用于预抽钻孔控制范围。

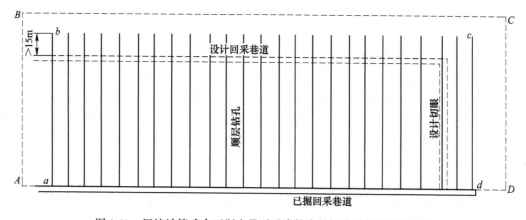

图 2-22 间接计算残余瓦斯含量时适当扩大的评价计算范围示意图

（3）区域效果检验有效性的判定。当采用煤层残余瓦斯压力或残余瓦斯含量的直接测定值进行检验时，若任何一个检验测试点的指标测定值达到或超过有突出危险的临界值而判定为预抽防突效果无效时，则此检验测试点周围半径100m内的预抽区域均判定为预抽防突效果无效，即为突出危险区。防突措施效果检验示意图如图2-23所示。

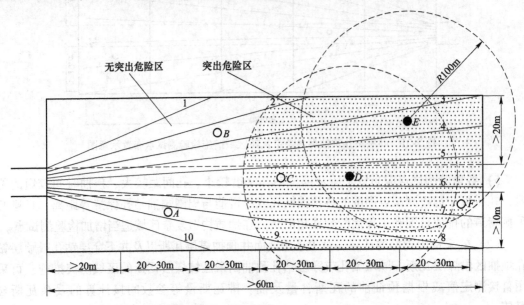

○ 指标无危险的检验测试点且无突出预兆
● 指标有危险的检验测试点或有突出预兆

图2-23　用直接测定参数或明显突出预兆检验预抽煤层瓦斯区域防突措施示意图

采用钻屑瓦斯解吸指标对穿层钻孔预抽石门（含立井、斜井等）揭煤区域煤层瓦斯区域防突措施进行检验，如果所有实测的指标值均小于临界值则为无突出危险区，否则，即为突出危险区，预抽防突效果无效。

检验期间还应当观察、记录在煤层中进行钻孔等作业时发生的喷孔、顶钻及其他突出预兆。发生明显突出预兆的位置周围半径100m内的预抽区域判定为措施无效，所在区域煤层仍属突出危险区。

2.4.5　区域验证

经区域措施效果检验有效后，方可进行采掘作业和石门（含立井、斜井）揭煤作业工作。在采掘作业和揭煤作业过程中需进行区域措施效果验证。在石门（含立井、斜井）揭煤工作面对无突出危险区进行的区域验证，可以采用综合指标法、钻屑瓦斯解吸指标法或其他经试验证实有效的方法。在煤巷掘进工作面和采煤工作面对无突出危险区进行的区域验证，可以采用钻屑指标法、复合指标法、R 值指标法及其他经试验证实有效的方法。

在煤巷掘进工作面和回采工作面分别采用工作面预测方法对无突出危险区进行区域验证时，应当按照下列要求进行：

（1）工作面进入该区域时，立即连续进行至少两次区域验证；

（2）工作面每推进10~50m（在地质构造复杂区域或采取了预抽煤层瓦斯区域防突措

施以及其他必要情况时宜取小值）至少进行两次区域验证；

（3）在构造破坏带连续进行区域验证；

（4）在煤巷掘进工作面还应当至少打1个超前距不小于10m的超前钻孔或者采取超前物探措施，探测地质构造和观察突出预兆。

当区域验证为无突出危险时，应当采取安全防护措施后进行采掘作业。但若为采掘工作面在该区域进行的首次区域验证时，采掘前还应保留足够的突出预测超前距。

只要有一次区域验证为有突出危险或超前钻孔等发现了突出预兆，则该区域以后的采掘作业均应当执行局部综合防突措施。

2.5 局部综合防突工作程序

2.5.1 局部综合防突措施基本程序和要求

突出煤层经区域性预测和区域效果检验判定为无突出危险后，采用工作面预测方法对工作面进行验证，在区域验证有危险时，进入局部综合防突工作程序。局部综合防突措施主要包括工作面突出危险性预测（以下简称工作面预测）、工作面防突措施、工作面效果检验和安全防护措施。

采掘（包括石门、立井、斜井）工作面经工作面预测后划分为突出危险工作面和无突出危险工作面，未进行工作面预测的采掘工作面，应当视为突出危险工作面。突出危险工作面必须采取工作面防突措施，并进行措施效果检验（与工作面预测方法相同）。经检验证实措施有效后，即判定为无突出危险工作面；当措施无效时，仍为突出危险工作面，必须采取补充工作面防突措施并再次进行措施效果检验，直到措施有效。无突出危险工作面必须在采取安全防护措施并保留足够的突出预测超前距或防突措施超前距的条件下进行采掘作业。

当石门或立井、斜井揭穿厚度小于0.3m的突出煤层时，可直接采用远距离爆破的方式。

2.5.2 局部综合防突措施工作程序执行说明

2.5.2.1 工作面突出危险性预测

工作面预测是预测工作面煤体的突出危险性，包括石门和立井、斜井揭煤工作面、煤巷掘进工作面和采煤工作面的突出危险性预测等，预测应当在工作面推进过程中进行。石门（含立井、斜井）揭煤工作面的预测应当选用综合指标法、钻屑瓦斯解吸指标法或其他经试验证实有效的方法进行；煤巷掘进和采煤工作面的突出危险性预测可选用钻屑指标法、复合指标法、R值指标法或其他经试验证实有效的方法。同时，应针对各煤层发生煤与瓦斯突出的特点和条件试验确定工作面预测的敏感指标和临界值，并作为判定工作面突出危险性的主要依据。

A 工作面突出危险性预测主要指标

（1）综合指标法。采用综合指标 D 和 K 预测煤层的突出危险性是通过测量及计算得出综合指标 D 和 K，与临界值相比较直接判断煤层是否有突出危险。综合指标 D 和 K 预测突出危险性，关键在于瓦斯放散初速度 Δp、煤的坚固性系数 f、煤层瓦斯压力 p 的测定。综合指标 D 和 K 的计算公式为：

$$D = \left(\frac{0.0075H}{f} - 3 \right) \times (p - 0.74) \tag{2-1}$$

$$K = \frac{\Delta p}{f} \tag{2-2}$$

式中　D——工作面突出危险性的 D 综合指标；

　　　K——工作面突出危险性的 K 综合指标；

　　　H——煤层埋藏深度，m；

　　　p——煤层瓦斯压力，取各个测压钻孔实测瓦斯压力的最大值，MPa；

　　　Δp——软分层煤的瓦斯放散初速度，mmHg；

　　　f——煤的坚固性系数。

各煤层石门揭煤工作面突出预测综合指标 D、K 的临界值应根据试验考察确定，在确定前可暂按照表 2-4 所列的临界值进行预测。

表 2-4　工作面突出危险性预测综合指标 D、K 参考临界值

综合指标 D	综合指标 K	
	无烟煤	其他煤种
0.25	20	15

当测定的综合指标 D、K 均小于临界值，或者 K 小于临界值且 D 计算公式中两个括号内计算均为负数时，若未出现其他异常情况，该工作面即为无突出危险工作面；否则，判定为突出危险工作面。

（2）钻屑瓦斯解吸指标法。采用钻屑瓦斯解吸指标法预测采掘、石门（及其他岩石巷道）揭煤工作面突出危险性时，由工作面向煤层的适当位置打钻采集孔内排出的粒径 1~3mm 的煤钻屑，测定其瓦斯解吸指标 K 或 Δh_2 值。各类工作面钻屑瓦斯解吸指标的临界值应根据试验考察确定，在确定前可暂按表 2-5 中所列的指标临界值预测突出危险性。采用钻屑瓦斯解吸指标 K 或 Δh_2 值预测工作面的突出危险性是判断瓦斯解吸指标是否超过其临界值。一旦指标超过临界值，该工作面预测为突出危险工作面，反之为无突出危险工作面。

表 2-5　钻屑瓦斯解吸指标法预测石门揭煤工作面突出危险性的参考临界值

煤样	Δh_2 指标临界值/Pa	K_1 指标临界值/mL · (g · min$^{0.5}$)$^{-1}$
干煤样	200	0.5
湿煤样	160	0.4

（3）钻屑指标法。钻屑指标法测定工作面突出危险性时，测试的指标主要包括钻屑瓦斯解吸指标和钻屑量 S。钻屑指标法预测煤巷掘进工作面的突出危险性，是同时考虑了工作面的应力状态、物理力学性质和瓦斯含量，即考虑了决定突出危险的主要因素的综合性突出预测方法。

钻屑量可用重量法或容量法测定。

1）重量法：每钻进 1m 钻孔，收集全部钻屑，用弹簧秤称重。

2）容量法：每钻进 1m 钻孔，收集全部钻屑，用量袋或量杯计量钻屑容积。

各煤层采用钻屑指标法预测煤巷掘进工作面突出危险性的指标临界值应根据试验考察确定，在确定前可暂按表 2-6 的临界值确定工作面的突出危险性。

表 2-6　钻屑指标法预测煤巷掘进工作面突出危险性的参考临界值

钻屑瓦斯解吸指标 Δh_2/Pa	钻屑瓦斯解吸指标 K_1 /mL·(g·min$^{0.5}$)$^{-1}$	钻屑量 S	
		kg/m	L/m
200	0.5	6	5.4

如果实测得到的 S、K_1 或 Δh_2 的所有测定值均小于临界值，并且未发现其他异常情况，则该工作面预测为无突出危险工作面；否则，为突出危险工作面。

（4）复合指标法。采用复合指标法预测工作面突出危险性时，测试的指标主要包括钻孔瓦斯涌出初速度 q 和钻屑量 S 指标。复合指标法预测工作面突出危险性反映了工作面的应力状态、物理力学性质、煤层的破坏程度、瓦斯压力和瓦斯含量、煤体的应力状态及透气性，提高了突出危险性预测的准确性。

各煤层采用复合指标法预测煤巷掘进（回采）工作面突出危险性的指标临界值应根据试验考察确定，在确定前可暂按表 2-7 的临界值进行预测。

表 2-7　复合指标法预测煤巷掘进工作面突出危险性的参考临界值

钻孔瓦斯涌出初速度 q/L·min^{-1}	钻屑量 S	
	kg/m	L/m
5	6	5.4

如果实测得到的指标 q、S 的所有测定值均小于临界值，并且未发现其他异常情况，则该工作面预测为无突出危险工作面；否则，为突出危险工作面。

（5）R 值指标法。用钻孔瓦斯涌出初速度与钻屑量综合指标（R 值）法相结合预测煤层突出危险性，根据沿孔深测出最大瓦斯涌出初速度和最大钻屑量，计算综合指标 R 值，与突出危险性的临界指标 R_m 比较，当任何一个钻孔中的 $R \geqslant R_m$ 时，该工作面预测为突出危险工作面。

根据每个钻孔最大钻屑量和最大钻孔瓦斯涌出初速度，按式（2-3）计算各孔的 R 值：

$$R = (S_{max} - 1.8)(q_{max} - 4) \tag{2-3}$$

式中　S_{max}——每个钻孔沿孔长的最大钻屑量，L/m；

　　　q_{max}——每个钻孔的最大钻孔瓦斯涌出初速度，L/min。

判断煤巷掘进工作面突出危险性的临界指标 R_m 应根据实测资料分析确定；如无实测资料时，取 $R_m = 6$。

任何一个钻孔中实测的 R 值等于或大于临界值 R_m 时，工作面预测为突出危险工作面；实测的 R 值小于突出危险临界值时 R_m，该工作面应预测为无突出危险工作面。

采用 R 值指标法预测煤巷掘进工作面突出危险性时，如预测为无突出危险工作面，每个循环应留有 2m 超前距，采用安全防护措施进行掘进作业。

需要指出的是，当 R 值为负数时，应采用单项指标进行工作面突出危险性预测。

在主要采用敏感指标进行工作面预测的同时，可以根据实际条件测定一些辅助指标（如瓦斯含量、工作面瓦斯涌出量动态变化、声发射、电磁辐射、钻屑温度、煤体温度等），采用物探、钻探等手段探测前方地质构造，观察分析工作面揭露的地质构造、采掘作业及钻孔等发生的各种现象，实现工作面突出危险性的多元信息综合预测和判断。

工作面地质构造、采掘作业及钻孔等发生的各种现象主要包括以下几个方面：

（1）煤层的构造破坏带，包括断层、剧烈褶曲、火成岩侵入等。

（2）煤层赋存条件急剧变化。

（3）采掘应力叠加。

（4）工作面出现喷孔、顶钻等动力现象。

（5）工作面出现明显的突出预兆。

在突出煤层，当出现上述第（4）、（5）情况时，应判定为突出危险工作面；当有上述第（1）、（2）、（3）情况时，除已经实施了工作面防突措施以外，应视为突出危险工作面，并实施相关措施。

B　各种工作面突出预测的主要指标及测定要求

（1）石门揭煤工作面。石门揭煤工作面的突出危险性预测应当选用综合指标法、钻屑瓦斯解吸指标法或其他经试验证实有效的方法进行。立井、斜井揭煤工作面的突出危险性预测按照石门揭煤工作面的各项要求和方法执行，如图 2-24 所示。

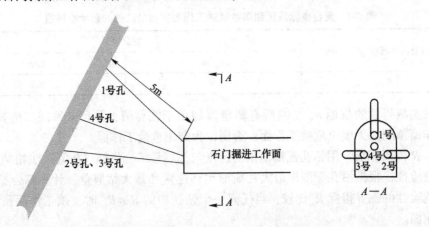

图 2-24　石门掘进工作面预测方法及布孔原则

1）综合指标法。采用综合指标法预测石门揭煤工作面突出危险性时，应当由工作面向煤层的适当位置至少打 3 个钻孔测定煤层瓦斯压力 p。近距离煤层群的层间距小于 5m 或层间岩石破碎时，应当测定煤层群的综合瓦斯压力。

测压钻孔在每米煤孔取一个煤样测定煤的坚固性系数 f，把每个钻孔中坚固性系数最小的煤样混合后测定煤的瓦斯放散初速度 Δp，则此值及所有钻孔中测定的最小坚固性系数 f 值作为软分层煤的瓦斯放散初速度和坚固性系数参数值。

2）钻屑指标法。采用钻屑瓦斯解吸指标法预测石门揭煤工作面突出危险性时，由工作面向煤层的适当位置至少打 3 个钻孔，一般预测钻孔在石门中央、石门上部应至少布置一个钻孔，在石门两侧应布置一个或两个钻孔。在钻孔钻进煤层时，每钻进 1m 采集一次孔口排出的粒径 1~3mm 的煤钻屑，测定瓦斯解吸指标 K 或 Δh_2 值。测定时，应考虑不同钻进工艺条件下的排渣速度，并尽量远离石门附近的其他钻孔。

（2）采掘工作面突出预测。煤巷掘进工作面的突出危险性预测可采用下列方法：钻屑指标法；复合指标法；R 值指标法；其他经试验证实有效的方法。

对采煤工作面的突出危险性预测，应沿采煤工作面每隔 10~15m 布置一个预测钻孔，深度 5~10m，除此之外的各项操作等均与煤巷掘进工作面突出危险性预测相同。

判定采煤工作面突出危险性的各指标临界值应根据试验考察确定，在确定前可参照煤巷掘进工作面突出危险性预测的临界值。

1）钻屑指标法。采用钻屑指标法预测煤巷掘进工作面突出危险性时，在近水平、缓倾斜煤层工作面应向前方煤体至少施工 3 个、在倾斜或急倾斜煤层至少施工 2 个直径 42mm、孔深 8~10m 的钻孔，测定钻屑瓦斯解吸指标和钻屑量，如图 2-25 和图 2-26 所示。

钻孔应尽可能布置在软分层中，一个钻孔位于掘进巷道断面中部，并平行于掘进方向，其他钻孔的终孔点应位于巷道断面两侧轮廓线外 2~4m 处。

钻孔每钻进 1m 测定该 1m 段的全部钻屑量 S，每钻进 2m 至少测定一次钻屑瓦斯解吸指标 K_1 或 Δh_2 值。

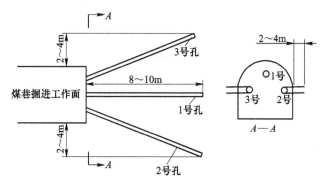

图 2-25　近水平、缓倾斜煤层煤巷掘进工作面钻屑指标法预测钻孔布置示意图

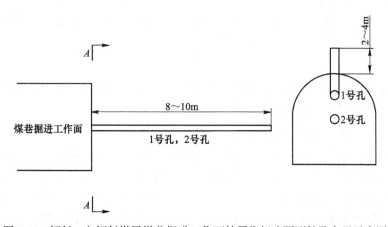

图 2-26　倾斜、急倾斜煤层煤巷掘进工作面钻屑指标法预测钻孔布置示意图

2）复合指标法。采用复合指标法预测煤巷掘进工作面突出危险性时，在近水平、缓倾斜煤层工作面应当向前方煤体至少施工 3 个、在倾斜或急倾斜煤层至少施工 2 个直径

42mm、孔深 8~10m 的钻孔，测定钻孔瓦斯涌出初速度和钻屑量指标。

钻孔应尽量布置在软分层中，一个钻孔位于掘进巷道断面中部，并平行于掘进方向，其他钻孔开孔口靠近巷道两帮 0.5m 处，终孔点应位于巷道断面两侧轮廓线外 2~4m 处，如图 2-27 所示。钻孔每钻进 1m 测定该 1m 段的全部钻屑量 S，并在暂停钻进后 2min 内测定钻孔瓦斯涌出初速度 q。测定钻孔瓦斯涌出初速度时，测量室的长度为 1.0m。

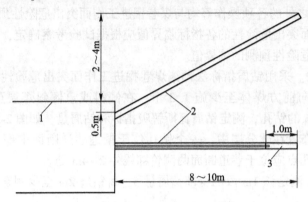

图 2-27　复合指标法和 R 值指标法预测钻孔布置示意图

1—巷道；2—预测钻孔；3—测量室

3）R 值指标法。采用 R 值指标法预测煤巷掘进工作面突出危险性时，在近水平、缓倾斜煤层工作面应向前方煤体至少施工 3 个、在倾斜或急倾斜煤层至少施工 2 个直径 42mm、孔深 8~10m 的钻孔，测定钻孔瓦斯涌出初速度和钻屑量指标。

钻孔应当尽可能布置在软分层中，一个钻孔位于掘进巷道断面中部，并平行于掘进方向，其他钻孔的终孔点应位于巷道断面两侧轮廓线外 2~4m 处。

钻孔每钻进 1m 收集并测定该 1m 段的全部钻屑量 S，并在暂停钻进后 2min 内测定钻孔瓦斯涌出初速度 q。测定钻孔瓦斯涌出初速度时，测量室的长度为 1.0m。

R 值指标法与复合指标法从原理到施工布置是一样的，唯一差异在于根据测定数据进行判断的模型不同，复合指标法其临界值为复合临界值，而 R 值指标法其临界值为综合指标 R 值的单一临界值。

2.5.2.2　工作面防突措施

工作面防突措施是针对经工作面预测尚有突出危险的局部煤层实施的防突措施。其有效作用范围一般仅限于当前工作面周围的较小区域。

A　石门（斜井）揭煤工作面的防突措施

石门（斜井）揭煤工作面的防突措施包括预抽瓦斯、排放钻孔、水力冲孔、金属骨架、煤体固化或其他经试验证明有效的措施。立井揭煤工作面可以选用石门揭煤中除水力冲孔以外的各项措施。在石门（斜井）和立井揭煤工作面应以预抽瓦斯、排放钻孔为主要防突措施。金属骨架和煤体固化为加强型措施，金属骨架、煤体固化措施应当在采用了其他防突措施并检验有效后方可在揭开煤层前实施。水力冲孔作为石门（斜井）揭煤的强化措施，一般适用于打钻时具有自喷（喷煤、喷瓦斯）现象的煤层。

在石门和立井揭煤工作面采用预抽瓦斯、排放钻孔防突措施时，钻孔直径一般为 75~

120mm。石门揭煤工作面钻孔的控制范围是，石门的两侧和上部轮廓线外至少5m，下部至少3m。立井揭煤工作面钻孔控制范围是，近水平、缓倾斜、倾斜煤层为井筒四周轮廓线外至少5m；急倾斜煤层沿走向两侧及沿倾斜上部轮廓线外至少5m，下部轮廓线外至少3m。钻孔的孔底间距应根据实际考察情况确定，如图2-28所示。

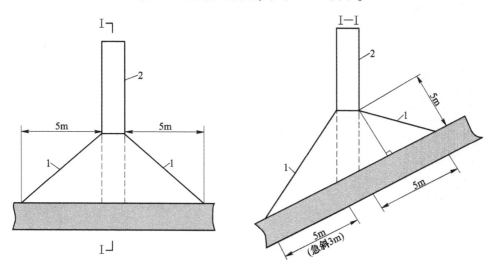

图2-28 立井井筒揭煤预抽或排放钻孔控制范围示意图
1—预抽或排放孔；2—立井

揭煤工作面施工的钻孔应当尽可能穿透煤层全厚。当不能一次打穿煤层全厚时，可分段施工，但第一次实施的钻孔穿煤长度不得小于15m，且进入煤层掘进时，必须至少留有5m的超前距离（掘进到煤层顶或底板时不在此限）。

预抽瓦斯和排放钻孔在揭穿煤层之前应当保持自然排放或抽采状态。

石门和立井揭煤工作面金属骨架措施一般在石门上部和两侧或立井周边外0.5~1.0m范围内布置骨架孔，如图2-29所示。骨架钻孔应穿过煤层并进入煤层顶（底）板至少0.5m，当钻孔不能一次施工至煤层顶板时，则进入煤层的深度不应小于15m。钻孔间距一般不大于0.3m，对于松软煤层要架两排金属骨架，钻孔间距应小于0.2m。骨架材料可选用8kg/m的钢轨、型钢或直径不小于50mm钢管，其伸出孔外端用金属框架支撑或砌入碹内。插入骨架材料后，应向孔内灌注水泥砂浆等不燃性固化材料。

揭开煤层后，严禁拆除金属骨架。

石门和立井揭煤工作面煤体固化措施适用于松软煤层，用以增加工作面周围煤体的强度。向煤体注入固化材料的钻孔应施工至煤层顶板0.5m以上，一般钻孔间距不大于0.5m，钻孔位于巷道轮廓线外0.5~2.0m的范围内，根据需要也可在巷道轮廓线外布置多排环状钻孔。当钻孔不能一次施工至煤层顶板时，则进入煤层的深度不应小于10m。

各钻孔应当在孔口封堵牢固后方可向孔内注入固化材料。可以根据注入压力升高的情况或注入量决定是否停止注入。

固化操作时，所有人员不得正对孔口。

在巷道四周环状固化钻孔外侧的煤体中，预抽或排放瓦斯钻孔自固化作业到完成揭煤前应保持抽采或自然排放状态；否则，应打一定数量的排放瓦斯钻孔。从固化完成到揭煤

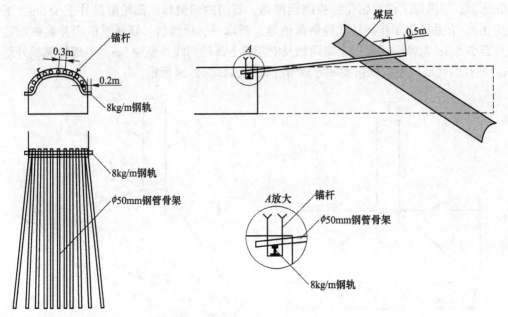

图 2-29　石门揭煤金属骨架布置示意图

结束的时间超过 5 天时，必须重新进行工作面突出危险性预测或措施效果检验。

　　B　煤巷掘进工作面防突措施

　　有突出危险的煤巷掘进工作面应当优先选用超前钻孔（包括超前预抽瓦斯钻孔、超前排放钻孔）防突措施。如果采用松动爆破、水力冲孔、水力疏松或其他工作面防突措施时，必须经试验考察确认防突效果有效后方可使用。前探支架措施应当配合其他措施一起使用。

　　下山掘进时，不得选用水力冲孔、水力疏松措施。倾角 8° 以上的上山掘进工作面不得选用松动爆破、水力冲孔、水力疏松措施。

　　煤巷掘进工作面在地质构造破坏带或煤层赋存条件急剧变化处不能按原措施设计要求实施时，必须打钻孔查明煤层赋存条件，然后采用直径为 42~75mm 的钻孔排放瓦斯。

　　若突出煤层煤巷掘进工作面前方遇到落差超过煤层厚度的断层，应按石门揭煤措施执行。

　　C　采煤工作面防突措施

　　采煤工作面可采用的工作面防突措施有超前排放钻孔、预抽瓦斯、松动爆破、注水湿润煤体或其他经试验证实有效的防突措施。

　　采煤工作面采用超前排放钻孔和预抽瓦斯作为工作面防突措施时，钻孔直径一般为75~120mm，钻孔在控制范围内应当均匀布置，在煤层的软分层中可适当增加钻孔数；超前排放钻孔和预抽钻孔的孔数、孔底间距等应当根据钻孔的有效排放或抽放半径确定。

　　采煤工作面的松动爆破防突措施适用于煤质较硬、围岩稳定性较好的煤层。松动爆破孔间距根据实际情况确定，一般 2~3m，孔深不小于 5m，炮泥封孔长度不得小于 1m。应当适当控制装药量，以免孔口煤壁垮塌。

　　松动爆破时，应当按远距离爆破的要求执行。

采煤工作面浅孔注水湿润煤体措施可用于煤质较硬的突出煤层。注水孔间距根据实际情况确定，孔深不小于 4m，向煤体注水压力不得低于 8MPa。当发现水由煤壁或相邻注水钻孔中流出时，即可停止注水。

2.5.2.3 工作面措施效果检验

在实施钻孔法防突措施效果检验时，分布在工作面各部位的检验钻孔应当布置于所在部位防突措施钻孔密度相对较小、孔间距相对较大的位置，并远离周围的各防突措施钻孔或尽可能与周围各防突措施钻孔保持等距离。在地质构造复杂地带应根据情况适当增加检验钻孔。

A 石门和岩石井巷揭煤效果检验

对石门和其他揭煤工作面进行防突措施效果检验时，应当选择钻屑瓦斯解吸指标法或其他经试验证实有效的方法，但所有用钻孔方式检验的方法中检验孔数均不得少于 5 个，分别位于石门的上部、中部、下部和两侧，如图 2-30 所示。

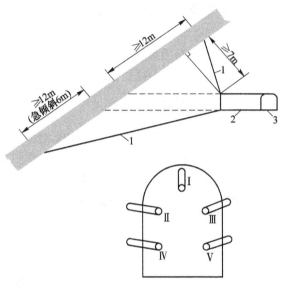

图 2-30 石门揭煤、煤巷掘进工作面效检孔布置示意图
1—控制范围最外处钻孔；2—石门；3—运输大巷；Ⅰ～Ⅴ—效检孔

如检验结果的各项指标都在该煤层突出危险临界值以下，且未发现其他异常情况，则措施有效；反之，判定为措施无效。

B 煤巷掘进工作面效果检验

煤巷掘进工作面执行防突措施后的效果检验方法与预测方法相同，可以采用钻屑指标法、复合指标法、R 值指标法及其他经试验证实有效的方法。

效果检验孔应当不少于 3 个，深度应当小于或等于防突措施钻孔，如图 2-31 所示。

如果煤巷掘进工作面措施效果检验指标均小于指标临界值，且未发现其他异常情况，则措施有效；否则，判定为措施无效。

当检验结果措施有效时，若检验孔与防突措施钻孔向巷道掘进方向的投影长度（简称投影孔深）相等，则可在留足防突措施超前距（一般情况下不小于 5m，在地质构造破坏

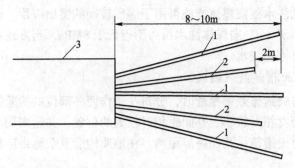

图 2-31　掘进工作面措施效果检验孔布置示意图

1—措施孔；2—效果检验孔；3—掘进巷道

严重地带不小于 7m）并采取安全防护措施的条件下掘进。当检验孔的投影孔深小于防突措施钻孔时，则应当在留足所需的防突措施超前距并同时保留有至少 2m 检验孔投影孔深超前距的条件下，采取安全防护措施后实施掘进作业。

C　采煤工作面效果检验

采煤工作面防突措施效果检验应参照采煤工作面突出危险性预测的方法和指标实施。但应当沿采煤工作面每隔 10~15m 布置一个检验钻孔，深度应小于或等于防突措施钻孔。

如果采煤工作面检验指标均小于指标临界值，且未发现其他异常情况，则措施有效；否则，判定为措施无效。

当检验结果措施有效时，若检验孔与防突措施钻孔深度相等，则可在留足防突措施超前距（一般情况下不小于 3m，在地质构造破坏严重地带不小于 5m），并采取安全防护措施的条件下回采。当检验孔的深度小于防突措施钻孔时，则应当在留足所需的防突措施超前距并保留有 2m 检验孔超前距的条件下，采取安全防护措施后实施回采作业。

回采工作面预测钻孔布置如图 2-32 所示。

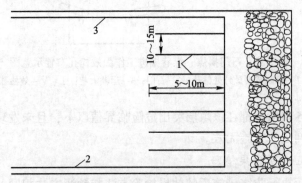

图 2-32　回采工作面预测钻孔布置图

1—煤壁预测钻孔；2—运输顺槽；3—回风顺槽

2.5.2.4　安全防护措施

A　避难硐室

有突出煤层的采区必须设置采区避难硐室。避难硐室的位置应当根据实际情况确定。避难硐室应当符合下列要求：

（1）避难硐室设置向外开启的隔离门，隔离门设置标准按照反向风门标准安设。室内净高不得低于 2m，深度满足扩散通风的要求，长度和宽度应根据可能同时避难的人数确定，但至少能满足 15 人避难，且每人使用面积不得少于 0.5m²。避难所内支护保持良好，并设有与矿（井）调度室直通的电话。

（2）避难硐室内应放置足量的饮用水、安设供给空气的设施，每人供风量不得少于 0.3m³/min。如果用压缩空气供风时，应设有减压装置和带有阀门控制的呼吸嘴。

（3）避难硐室内应根据设计的最多避难人数配备足够数量的隔离式自救器。井下避难所布置如图 2-33 所示。

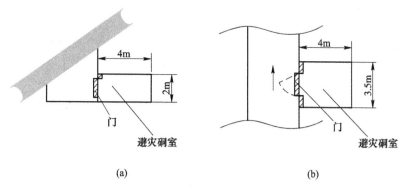

图 2-33　井下避难所布置示意图
（a）立面；（b）平面

B　反向风门

反向风门安全保护措施是震动爆破和远距离爆破时必不可少的措施，是为防止突出时逆流的煤与瓦斯进入进风道而设置的风门。因此，平时反向风门是敞开的，在爆破时关闭。爆破后，矿山救护队和有关人员进入检查时，必须把风门打开顶牢。反向风门设置必须符合《防治煤与瓦斯突出规定》第一百零三条规定：在突出煤层的石门揭煤和煤巷掘进工作面进风侧，必须设置至少 2 道牢固可靠的反向风门。风门之间的距离不得小于 4m。

反向风门距工作面的距离和反向风门的组数，应当根据掘进工作面的通风系统和预计的突出强度确定，但反向风门距工作面回风巷不得小于 10m，与工作面的最近距离一般不得小于 70m，如小于 70m 时应设置至少三道反向风门。

反向风门墙垛可用砖、料石或混凝土砌筑，嵌入巷道周边岩石的深度可根据岩石的性质确定，但不得小于 0.2m；墙垛厚度不得小于 0.8m。在煤巷构筑反向风门时，风门墙体四周必须掏槽，掏槽深度要求见硬帮硬底。通过反向风门墙垛的风筒、水沟、刮板输送机道等，必须设有逆向隔断装置。

防逆流装置布置如图 2-34 所示。

C　安设防突挡栏

为降低爆破诱发突出的强度，可根据情况在炮掘工作面安设挡栏。挡栏可以用金属、矸石或木垛等构成。金属挡栏一般是由槽钢排列成的方格框架，框架中槽钢的间隔为 0.4m，槽钢彼此用卡环固定，使用时在迎工作面的框架上再铺上金属网，然后用木支柱将框架撑成 45° 的斜面。一组挡栏通常由两架组成，间距为 6~8m。可根据预计的突出强度在设计中确定挡栏距工作面的距离。

防突挡栏布置分别如图 2-35、图 2-36 所示。

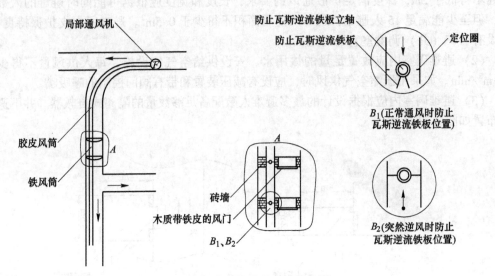

图 2-34　防逆流装置布置示意图

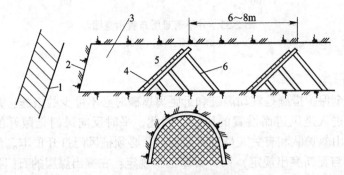

图 2-35　金属挡栏示意图

1—突出危险煤层；2—掘进工作面；3—石门；4—框架；5—金属网；6—斜撑木支柱

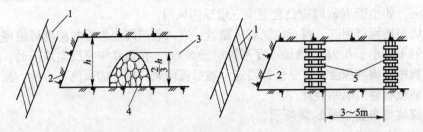

图 2-36　矸石堆和木垛挡栏示意图

1—突出危险煤层；2—掘进工作面；3—石门；4—矸石堆；5—木垛

D　远距离爆破

远距离爆破是指在突出煤层中进行采掘作业时，为保证安全，爆破地点要距采掘工作面较远。远距离爆破与震动爆破的区别在于，震动爆破具有诱导突出的意义；远距离爆破无诱导突出的意义，但能在发生突出时确保人员安全。

煤巷掘进工作面采用远距离爆破时，爆破地点必须设在进风侧反向风门之外的全风压通风的新鲜风流中或避难所内，爆破地点距工作面的距离由矿技术负责人根据曾经发生的最大突出强度等具体情况确定，但不得小于300m；采煤工作面爆破地点到工作面的距离由矿技术负责人根据具体情况确定，但不得小于100m。

远距离爆破时，回风系统必须停电、撤人。爆破后进入工作面检查的时间由矿技术负责人根据情况确定，但不得少于30min。

E 压风自救系统

压风自救系统由空气压缩机、井下压风管路及固定式永久性自救装备组成。当发生煤与瓦斯突出或突出前有预兆出现时，工作人员就近进入自救站，打开压气阀避灾。《防治煤与瓦斯突出规定》第一百零六条规定：突出煤层的采掘工作面应设置工作面避难硐室或压风自救系统。应根据具体情况设置其中之一或混合设置，但掘进距离超过500m的巷道内必须设置工作面避难硐室。压风自救装置如图2-37所示。

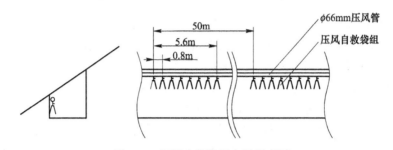

图 2-37 压风自救装置布置示意图

F 自救器

《煤矿安全规程》规定，突出矿井的入井人员必须携带隔离式自救器。自救器是一种供矿工随身携带的防毒器具，是矿工在井下遇到火灾、瓦斯或煤尘爆炸、煤（岩）与瓦斯突出等灾害事故时进行自救的一种重要装备。自救器按作用原理可分为过滤式自救器和隔离式自救器两种。隔离式自救器又分为化学氧型和压缩氧型（含压缩空气型）两种。

复习思考题

2-1 煤与瓦斯突出的危害性主要表现在哪些方面？
2-2 煤与瓦斯突出有哪些一般规律？
2-3 防治煤与瓦斯突出的主要技术措施有哪些？

3 矿井瓦斯抽采

随着矿井开采深度的增加与原煤产量的提升，采区和工作面瓦斯涌出量增大，单纯依靠通风方式很难将井下瓦斯浓度控制在安全浓度范围之内。因此，采用瓦斯抽采措施解决瓦斯涌出问题成为处理煤矿井下瓦斯最为有效的措施。

3.1 瓦斯抽采概述

3.1.1 瓦斯抽采的发展阶段

总结我国煤矿瓦斯抽采技术的发展，大体可分为4个阶段。

（1）高透气性煤层瓦斯抽采阶段。20世纪初期，抚顺龙凤矿首次在高透气性条件下进行的煤层瓦斯抽采技术试验成功了，解决了抚顺矿区向深部开采的安全问题，抽出的瓦斯作为民用燃料得到利用。但由于是抽采煤层瓦斯的初期阶段，所以在全国对于透气性比抚顺矿区煤层低的矿区瓦斯抽采技术没有取得真正突破和进展。

（2）邻近层卸压瓦斯抽采阶段。20世纪50年代中期，阳泉矿区采用井下穿层钻孔抽采上邻近层瓦斯获得成功，解决了煤层群开采中首采工作面瓦斯涌出量较大的问题。在之后的10多年中，此种方法在我国不同煤层赋存条件下的上下邻近层的瓦斯抽采技术中，得到广泛应用并取得较好效果。

（3）低透气性煤层瓦斯强化抽采阶段。我国科研院校与煤矿生产单位合作，自20世纪60年代开始先后试验研究了强化抽采方法，如高压注水、水力压裂、松动爆破、水力割缝、大直径钻孔、网格式和交叉式密集布孔等。多数方法取得了一定效果，提高了低透气性煤层瓦斯抽采效率。

（4）20世纪80年代以来的瓦斯综合抽采阶段。瓦斯综合抽采的实质是将煤层开采前的瓦斯抽采、邻近层卸压瓦斯的边采边抽和开采后的采空区瓦斯抽采等多种方法，在一个采区（或工作面）内综合应用。在抽采方式和工艺方面，采用了钻孔抽采与巷道抽采相结合、常规抽采与强化抽采相结合、井下抽采与地面抽采相结合、水平钻孔抽采与垂直（倾斜）钻孔抽采相结合等综合抽采技术。瓦斯综合抽采方法，可以最大限度地利用时间和空间上的便利条件，增加瓦斯抽采量和提高抽采效果，从而降低抽采瓦斯成本，缓解掘、抽、采的紧张状态并使其保持平衡协调关系。瓦斯综合抽采方法已经成为当前和今后高产高效矿井瓦斯抽采技术的发展方向。

3.1.2 瓦斯抽采的原则

瓦斯抽采是一项集技术、装备和效益于一体的工作。因此，要做好瓦斯抽采工作应注意如下几条原则：

（1）抽采瓦斯应具有目的性。瓦斯抽采的主要目的是降低风流中的瓦斯浓度，改善矿井生产的安全状况，并使通风处于合理和良好状况。因此，应尽可能在瓦斯进入矿井风流之前将其抽采出来。同时，瓦斯抽采还可作为一项防治煤与瓦斯突出的措施单独应用，且抽出的瓦斯还是一种优质能源，只要保持一定的瓦斯抽采量和浓度，就可加以利用，从而形成"以抽促用，以用促抽"的良性循环。

（2）抽采瓦斯应具有针对性。瓦斯抽采是指针对矿井瓦斯来源，采取相应措施对井下不同位置瓦斯源进行抽采。目前，矿井瓦斯来源主要包括本煤层瓦斯涌出（掘进和回采时的瓦斯涌出）、邻近层瓦斯涌出（上下邻近层的可采和不可采煤层涌向开采空间的瓦斯）、围岩瓦斯涌出和采空区瓦斯涌出（本煤层开采后遗留的煤柱、丢煤以及邻近层、围岩的瓦斯在已采区的继续涌出），这些瓦斯来源是构成矿井或采区瓦斯涌出量的组成部分。在瓦斯抽采中应根据瓦斯来源，并考虑抽采地点和空间条件，采取不同的抽采原理和方法，以便进行有效的瓦斯抽采。

（3）抽采瓦斯应具有科学合理性。应认真做好抽采设计、施工和管理工作等，以便获得好的瓦斯抽采效果。因此，在设计时，首先应了解清楚矿井地质、煤层赋存及开采等条件，矿井瓦斯方面的有关参数，预测矿井瓦斯涌出量及其组成来源。在此基础上，选择合适的抽采方法，确定可靠的抽采规模，设计合理的抽采系统。其次，在抽采瓦斯的开始阶段，还应进行必要的有关参数测定，以确定合理的抽采工艺和参数；在正常抽采时，要全面加强管理，积累资料，不断总结经验，从而使抽采瓦斯工作得到不断改进和提高。

3.1.3 煤层瓦斯抽采的方法

瓦斯抽采工作经过几十年的发展和提高，根据不同地点、不同煤层及巷道布置方式，提出了各种各样瓦斯抽采方法。但是，到目前为止，尚无统一的分类方法。各采煤国家提出了各种各样的瓦斯抽采方法，其名称大体相似，一般按不同条件进行不同的分类。其主要有以下几类：

（1）按抽采瓦斯的来源分类。这种分类方法有本煤层瓦斯抽采、邻近层瓦斯抽采、采空区瓦斯抽采和围岩瓦斯抽采，各类瓦斯抽采方法的适用条件及抽采率见表3-1。

表3-1　各类瓦斯抽采方法的适用条件及抽采率

抽采分类			抽采方法	适用条件	工作抽采率/%
本煤层抽采瓦斯	未卸压抽采	岩巷揭煤预抽 煤巷掘进预抽	由岩巷向煤巷打穿层钻孔，煤巷工作面打超前钻孔	突出危险煤层 高瓦斯煤层	30~60 20~60
		采空区大面积预抽	由开采层机巷、风巷或煤门打上向、下向顺层钻孔	有预抽时间的高瓦斯煤层、突出危险煤层	20~60
			由石门、岩巷或邻近层煤巷向开采层打穿层钻孔	属"勉强抽采煤层"	20，个别超过50
			地面钻孔	高瓦斯"容易抽采"煤层	20~30
			密封开采巷道	高瓦斯"容易抽采"煤层埋深较浅	20~30

续表 3-1

抽采分类			抽采方法	适用条件	工作抽采率/%
本煤层抽采瓦斯	卸压抽采	边掘边抽	由煤巷两侧或岩巷向煤层周围打防护钻孔	高瓦斯"容易抽采"煤层	20~30
		边采边抽	由开采层机巷、风巷等向工作面前方卸压区打钻	高瓦斯煤层	20~30
			由岩巷、煤门等向开采分层的上部或下部未采分层打穿层或顺层钻孔	高瓦斯煤层	20~30
		水力割缝、松动爆破、水力压裂（预抽）	由开采层机巷、风巷等打顺层钻孔，由岩巷或地面打钻孔	高瓦斯煤层	20~30 <30
邻近层瓦斯抽采	卸压抽采	开采工作面推过后抽采上下邻近煤层	由开采层机巷、风巷、中巷或岩巷向邻近层打钻	高瓦斯"难以抽采"煤层	40~80
			由采层机巷、风巷、中巷等向采空区方向打斜交钻孔		40~80
			由煤门打沿邻近层钻孔	邻近层瓦斯涌出量大，影响开采层安全时	40~80
			在邻近层掘汇集瓦斯巷道	邻近层瓦斯涌出量大，钻孔的通过能力不能满足抽采要求时	40~80
			地面打钻	地面打钻优于井下时	30~70
采空区瓦斯抽采			密封采空区插管抽采	无自然危险或采取防火措施时	50~60
			采空区设密闭墙插管或向采空区打钻抽采、预埋管抽采		20~60
围岩瓦斯抽采			由岩巷两侧或正前向溶洞或裂隙带打钻、密闭岩巷进行抽采、封堵岩巷喷瓦斯区并插管抽采	围岩有喷出危险，瓦斯涌出量大或有溶洞、裂隙带储存高压瓦斯时	

（2）按抽采瓦斯的煤层是否卸压分类。这种分类方法主要有未卸压煤层抽采瓦斯和卸压煤层抽采瓦斯。

（3）按抽采瓦斯与采掘时间关系分类。主要分为煤层预抽瓦斯、边采（掘）边抽和采后抽采瓦斯。

（4）按抽采工艺分类。这种分类方法主要有钻孔抽采、巷道抽采和钻孔巷道混合抽采。

西欧各国根据开采关系划分的抽采瓦斯方法主要有煤层预抽瓦斯、工作面抽采瓦斯、采空区抽采瓦斯和地面钻孔抽采煤层瓦斯。

3.2 本煤层瓦斯抽采

本煤层瓦斯抽采又称开采煤层瓦斯抽采，是在煤层开采之前或采掘的同时，用钻孔进行该煤层的瓦斯抽采工作。煤层回采前的抽采属于未卸压抽采，在受到采掘工作面影响范围内的抽采属于卸压抽采。决定未卸压煤层抽采的关键性因素是煤层渗透率。本煤层瓦斯抽采的目的主要是减少煤层中的瓦斯含量和回风流中瓦斯浓度，以确保矿井的安全生产；在此基础上，通过提高抽采瓦斯浓度及抽采量，又可为抽采瓦斯的利用创造一定的条件。

3.2.1 本煤层瓦斯抽采方法

本煤层瓦斯抽采主要抽采本煤层中的瓦斯，根据抽采时间与采掘关系，本煤层瓦斯抽采又可分为预抽煤层瓦斯和边采（掘）边抽煤层瓦斯。

预抽煤层瓦斯一般属于未卸压煤层的瓦斯抽采，虽然掘进巷道或打钻孔都会造成局部卸压，但其范围一般是有限的，特别是钻孔引起的松动和卸压范围也只是数倍钻孔直径的距离，因此，在预抽煤层瓦斯时，基本上仍按原始煤层条件下的瓦斯流动状态考虑。

3.2.1.1 钻孔预抽本煤层瓦斯

钻孔预抽本煤层瓦斯是国内外目前抽采开采层瓦斯的主要方式。1954 年，抚顺矿务局龙凤矿继试验成功巷道法（见图 3-1）预抽本煤层瓦斯之后，又试验成功了预抽本煤层的

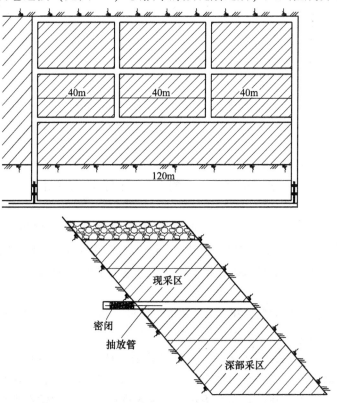

图 3-1　煤巷网阻截深部瓦斯抽采巷道布置图

钻孔法。钻孔法预抽本煤层瓦斯由于具有施工简便、成本低、抽采瓦斯浓度较高的优点，在我国煤矿中得到广泛推广和应用。目前，有地面钻孔抽采和井下钻孔抽采两种。

A 地面钻孔抽采

地面钻孔抽采瓦斯方式即由地面向开采煤层打钻抽采瓦斯，美国还试验成功了定向拐弯钻孔新工艺，在国外以美国和苏联采用的较多；我国只是少数矿区采用。如淮北矿业集团有限公司的临涣煤矿 9111 工作面利用地面钻井穿层抽采被保护层 7 煤与保护层 9、8 煤瓦斯。随着 9111 工作面不断推进，采空区因采动影响形成"采动三带"。即保护层 9 煤的上覆岩层中裂隙带和弯曲下沉带内均产生大量离层裂隙和竖向裂隙，使被保护层 7 煤与保护层 9 煤形成煤层间裂隙沟通的通道，且在裂隙中积聚大量瓦斯，若此时施工地面钻井进行瓦斯抽采，就可有效将采空区瓦斯抽采至地面，减少涌入保护层回采工作面几率和避免上隅角瓦斯浓度超限。地面钻井穿透被保护层 7 煤进入保护层 9 煤底板，在保护层开采期间，地面钻井对被保护层 7 煤卸压区域瓦斯进行高负压抽采。根据工作面走向长度及抽采半径，共施工了 3 口地面井，钻井开孔直径 311mm，终孔直径 91mm。沿工作面走向第一个钻井距 9111 工作面切眼 30m，之后的钻井间距为 150m。第一口地面井距风巷距离为 30m，第二、三口地面井距风巷距离为 50m，地面钻井工程量为 2100m。地面钻井布置如图 3-2 所示。

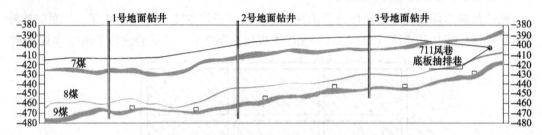

图 3-2   地面钻孔抽采卸压瓦斯原理与结构示意图

B 井下钻孔抽采

本法适用于渗透率较大的地质条件下预抽开采煤层的瓦斯。按钻孔与煤层的关系分为穿层钻孔和顺层钻孔；按钻孔角度分为上向孔、下向孔和水平孔。我国多采用穿层上向钻孔。

（1）穿层钻孔。穿层钻孔是在开采煤层的顶板或底板岩巷（或煤巷），每隔一段距离开一长约 10m 的钻场。从钻场向煤层打 3~5 个穿透煤层的钻孔，封孔或将整个钻场封闭起来，装上抽瓦新管并与抽采系统连接。图 3-3 所示为淮北矿业海孜煤矿穿层钻孔抽采瓦斯钻孔布置示意图。

此方法的优点是施工方便，可以预抽的时间较长。如果是厚煤层下行分层开采，第一层开采后，还可在卸压的条件下抽采未采分层的瓦斯。

（2）顺层钻孔。在巷道进入煤层后，再沿煤层打钻孔抽采本煤层中瓦斯的方式为顺层钻孔抽采瓦斯。该方式可用于石门见煤处、煤巷和回采工作面。在我国煤矿中，采用较多的是在回采工作面，主要是在采面准备好后，在采面的切眼、运输巷和回风巷均匀布置钻孔，抽采一段时间后再进行回采，以减少回采过程中的瓦斯涌出量。如图 3-4 所示。

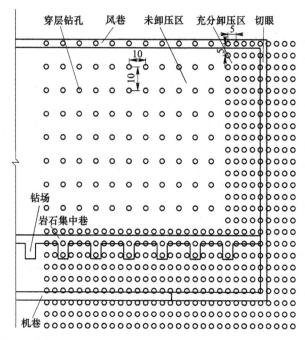

图 3-3 淮北海孜煤矿密集条带（5m×5m）+穿层网格钻孔（10m×10m）示意图

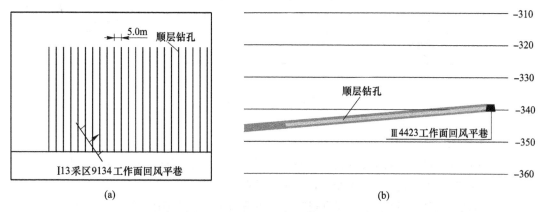

图 3-4 淮北朱庄煤矿Ⅲ4423 工作面顺层钻孔布置

（a）淮北朱庄煤矿Ⅲ4423 工作面顺层钻孔布置平面示意图；（b）朱庄煤矿Ⅲ4423 工作面顺层钻孔剖面示意图（A—A）

适应条件：

1）单一煤层。

2）煤层透气性较小但有抽采的可能。

3）煤层赋存条件稳定，地质变化小。

4）钻孔提前施工好，有较长时间预抽。

3.2.1.2 边采（掘）边抽本煤层瓦斯

受采动影响，煤层和围岩应力重新分布，形成卸压区和应力集中区。在卸压区内煤层膨胀变形，渗透率增加，如果在这个区域进行抽采瓦斯，抽出量大大提升，并阻截瓦斯流向作业空间。此种方法叫边采边抽和边掘边抽。

A　边采（掘）边抽本煤层瓦斯的钻孔布置方式

（1）边采边抽布置方式。在具体实施中，应根据不同煤层的具体的赋存状态进行，如对于厚煤层，可采用上抽上截式或顶板钻孔布置式，其顶板钻孔可根据巷道布置的方式不同在煤巷或岩巷内开孔。这些钻孔抽采时间一般较长，只要钻孔未被采穿均可一直抽采。回采工作面布置的顺层预抽瓦斯钻孔在工作面开始回采后，其前方钻孔仍可继续抽采，这时可视为边采边抽；并且在实际抽采中往往会有一段因卸压而使钻孔瓦斯涌出量显著增加，其原因是工作面前方一定距离（10m 左右）处，由于受采场应力作用过后而呈卸压状态，故增加了瓦斯排出；当工作面接近钻孔时，又因煤体过分破碎，造成裂隙沟通，使钻孔进入大量空气，易使抽采瓦斯浓度过低而失去抽采作用。

（2）边掘边抽布置方式。边掘边抽本煤层瓦斯的钻孔布置方式如图 3-5 所示。在煤巷掘进中，为了解决掘进工作面瓦斯涌出量大的问题，可采用边掘边抽的方式，利用巷道两帮的卸压条带，向巷道前方打钻抽采瓦斯，其孔径一般为 $\phi 50 \sim 100mm$，孔深在 200m 之内。利用这种边掘边抽方式，一方面可减少掘进工作面的瓦斯涌出量；另一方面通过抽采，也可达到防治瓦斯突出的目的，因此，在局部防突措施中往往也加以应用。

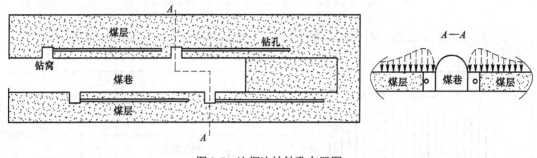

图 3-5　边掘边抽钻孔布置图

B　边采（掘）边抽本煤层瓦斯的适用条件

（1）由于该方法是在回采或掘进的同时抽采煤层瓦斯，因此受开采时间的限制，可适用于瓦斯涌出大、时间紧、用预抽法不能满足要求的区域。

（2）抽采过程中，可借助于回采过程中的卸压作用，使抽采区域煤体松动，增大煤层透气性，提高煤层瓦斯抽采效果。

（3）该方法在采区掘进准备工作完成后（或掘进过程中）进行，因此，在实际应用中，可根据采区局部地点的瓦斯量大小，投入相应的边采（掘）边抽工程。

3.2.2　提高本煤层瓦斯抽采量的方法

对于低透气性煤层，采用常规的钻孔布置方式及参数预抽本煤层瓦斯难以达到预期效果。为了解决开采层采掘工作面瓦斯涌出量大的问题，需通过一些增加煤层透气性的手段，人为沟通煤层内的原有裂隙网络或产生新的裂隙网络。

A　增加钻孔暴露煤面

（1）加大钻孔直径。增加钻孔的比表面积，扩大瓦斯抽采空间，降低钻孔抽采阻力，加大钻孔抽采半径，增加钻孔间距，减少钻孔数量，提高钻孔单孔瓦斯抽采量；防止塌孔堵塞钻孔通道，加大钻孔直径，通常为100mm左右。

（2）增加钻孔穿煤长度。穿层钻孔应穿透整个煤层，顺层钻孔尽可能增加钻孔长度。

（3）增加钻孔密度。一般是指缩短钻孔间距，增加瓦斯抽采钻孔数量，即缩小每一个钻孔的瓦斯流动场控制范围。某个钻孔在某一流动时间内均有对应的流动场，因此，只有在流动场内相互不受干扰的情况下增加钻孔密度，才能有效提高煤层瓦斯抽采量。

B 人为改变瓦斯流动场的边界条件

（1）提高煤层原始瓦斯压力，增加钻孔瓦斯抽采量。原始的想法是煤层注高压水，实现用水驱赶煤层瓦斯、增加瓦斯抽采量；可是试验结果表明，注水湿润煤体后，不但没有增加钻孔瓦斯流量，反而抑制了煤层瓦斯的涌出，究其原因是注水后瓦斯与水在煤体内呈二相流动，当煤体内的空隙被水湿润饱和后，气相流动的渗透率系数反而变小。

（2）提高钻孔瓦斯抽采负压。理论分析认为，提高抽采负压对钻孔瓦斯流量的影响不会很大；但一系列测试表明，煤体受负压影响，瓦斯被排出后，煤体会发生收缩变形。如果煤的各向物理机械性质不同，在收缩过程中，会导致煤体裂隙网络的变化，可能改变煤的透气性系数，增加钻孔瓦斯抽采量。因此，不同煤层的抽采负压是不同的，各煤层各钻孔均有各自的"负压–流量"特性曲线。

3.3 邻近层瓦斯抽采

邻近层瓦斯抽采即卸压瓦斯抽采。在煤层群中，因开采层的采动影响，使其上部或下部煤层移动、卸压，渗透率增加，邻近层的瓦斯向开采层采掘空间运移（涌出）。为了防止和减少邻近层瓦斯通过层间裂隙大量涌向开采层，可通过瓦斯抽采方式进行处理。

邻近层瓦斯抽采是指在有瓦斯赋存的邻近层内预先开凿抽采瓦斯的巷道，或预先从开采层或围岩大巷向邻近层打钻，将邻近层内涌出的瓦斯汇集抽出。

3.3.1 邻近层瓦斯流动及涌出特征

邻近层瓦斯之所以会涌入采掘空间，主要是由于开采层采掘活动引起邻近层煤岩体的膨胀变形，且层间裂隙发展并沟通所致。含煤地层中，由于其中一个煤层的先行开采，引起上部煤岩体冒落、下沉和变形，形成一定的卸压区；上覆岩层发生离层，煤岩体孔隙和裂隙增加且形成层间孔隙；同时，下部地层也改变了承压状态，由原先承受整个上覆地层变为仅承受开采层以下的部分地层，相应地，岩层的自重应力大为降低，导致在一定范围内的煤层产生不同程度的膨胀变形，形成下部岩体的卸压区。

随着开采层采动作用，上部煤岩体冒落、弯曲下沉和移动，沿走向和倾斜方向将发生一系列变化，应力重新分布，岩层与煤层发生离层，煤岩体中孔隙率和裂隙增加，空隙体积的增大又形成层间空隙，为瓦斯的储存和运移提供了条件。

邻近层瓦斯涌出量主要取决于邻近层原始瓦斯含量、邻近层的残余瓦斯含量、邻近层距开采层的厚度及回采工作面的推进进度等。

3.3.2 邻近层瓦斯抽采方法

邻近层瓦斯抽采方法大致可分为地面钻孔抽采法、井下钻孔抽采法和顶板巷道结合钻孔抽采法。由于地面钻孔抽采法和顶板巷道结合钻孔抽采法的应用受到煤层赋存及开拓巷道布置等条件限制，因此，目前主要采用井下钻孔抽采法和顶板巷道抽采邻近层瓦斯。

3.3.2.1　井下钻孔抽采法

在采用井下钻孔抽采邻近层煤层瓦斯时，应考虑煤层的赋存状况和开拓巷道布置方式。根据煤层赋存状态和开拓巷道布置方式不同，钻孔布置方式有两种。

A　开采层内巷道布置瓦斯抽采钻孔

该方式的适应条件为缓倾斜或倾斜煤层的走向工作面；根据抽采钻孔是布置在回风巷还是进风巷，又可分为以下两种。

（1）钻场设在工作面回风巷内。在回采工作面回风巷内作一钻场，向邻近层打穿层钻孔，抽采邻近层煤层中的瓦斯。如山西的阳泉四矿、内蒙古包头五当沟矿、贵州六枝大用矿均采用此种瓦斯抽采方式，如图3-6所示。这种布置方式多用于抽采上邻近层瓦斯，其优点有两个：一是抽采负压与通风压力方向一致，故而有利于提高邻近层的抽采效果，尤其是低层位的钻孔抽采效果更为明显；二是瓦斯抽采管路安设在回风巷内，可免遭机电设备碰撞损坏，利于维护管理；但也存在一定的缺点，即增加了瓦斯抽采专用巷道的维护时间和工程量。

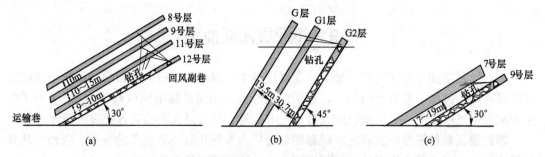

图3-6　钻场在回风巷内的抽采钻孔布置

（a）山西阳泉四矿；（b）内蒙古包头五当沟矿；（c）贵州六枝大用矿

（2）钻场设在工作面进风巷内。由钻场向邻近层打穿层钻孔抽采邻近层瓦斯。如四川南桐鱼田堡矿开采3号煤层抽采4号煤层瓦斯就是这种布置方式，如图3-7所示。该布置

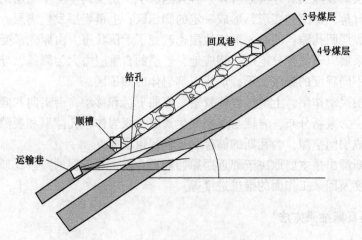

图3-7　钻场设在进风巷内的钻孔布置

方式多用于抽采下邻近层瓦斯,与钻孔布置在回风水平相比,其优点为:1) 在进风巷运输水平一般均设有电源和水源,故而钻孔施工方便;2) 一般情况下,开采阶段的运输巷即为下一阶段的回风巷,故而不存在由于抽采瓦斯而增加巷道的维护时间和工程量的问题。

B　在开采层外巷道中布置钻场及抽采钻孔

其适用条件很广,可用于不同倾角的煤层和不同采煤方法的工作面。根据开拓方式的不同,其钻孔布置方式又可以分为以下两种。

(1) 钻场设在开采层底板岩巷内。由钻场向邻近煤层打穿层钻孔,抽采邻近层中的瓦斯。如四川天府磨心坡矿、安徽淮北芦岭矿、淮南谢二矿和四川松藻打通一矿均是这种布置,如图 3-8 所示。

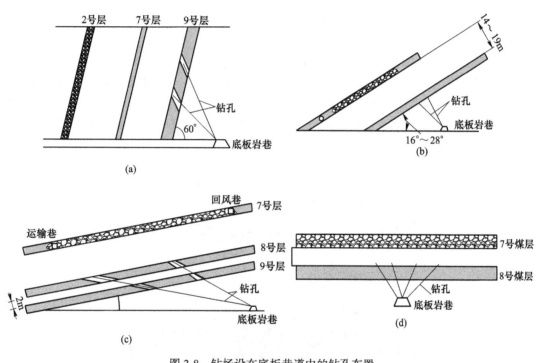

图 3-8　钻场设在底板巷道内的钻孔布置
(a) 四川天府磨心坡矿;(b) 安徽淮北芦岭矿;(c) 淮南谢二矿;(d) 四川松藻打通一矿

该布置方式多用于抽采下邻近层瓦斯,其优点为:1) 抽采钻孔服务时间一般较长,除抽采卸压瓦斯外,还可用作邻近层开采前的预抽和邻近层回采后的采空区瓦斯抽采,且不受回采工作面开采的时间限制。2) 钻场一般处于主要岩石巷道内,相对减少了巷道的维修工程量,同时,对于抽采设施的施工与维护也较方便。

(2) 钻场设在开采层底板巷外。由钻场向邻近层打穿层抽采钻孔抽采邻近层瓦斯。如四川中梁山煤矿南井就是这种布置,如图 3-9 所示。

此种布置方式多用于抽采上邻近层瓦斯,中梁山煤矿的应用结果表明,同样是开采 2 号层时抽采 1 号层瓦斯,与在开采层内布孔抽采邻近层的方式相比,前者抽采效果大大提高,而巷道工程量并未增加多少。

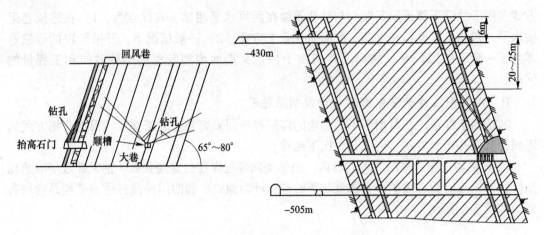

图 3-9   钻场设在顶板巷内的钻孔布置

C   网格式穿层钻孔瓦斯抽采方法

底板岩巷网格式上向穿层钻孔瓦斯抽采方法是最常见的邻近煤层卸压瓦斯抽采方法，该方法首先需要在被抽采的煤层工作面底板岩层内施工一条或多条岩石巷道，在岩石巷道中每隔一定距离施工钻场，在钻场内施工上向穿层钻孔抽采被保护层卸压瓦斯，如图 3-10 所示。

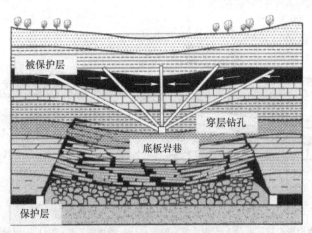

图 3-10   网格式穿层钻孔瓦斯抽采示意图

底板岩石巷道沿工作面走向布置在距被保护层下方 15~25m 岩性较好的岩层中，在倾向上，底板巷布置在被保护层工作面的中部，但以穿层钻孔不出现下向钻孔为原则。在底板巷道内，垂直于底板巷每隔一定距离施工一长度为 5m 的瓦斯抽采钻场，在卸压范围内，钻场间距与走向上的穿层钻孔间距相同，钻场断面满足钻场施工要求。每个钻场内的穿层钻孔呈扇形布置，钻孔直径不小于 90mm，钻孔间距与被保护层的卸压程度及层间岩层的裂隙发育程度有关，钻孔进入煤层顶板长度不小于 0.5m。在工作面开切眼、停采线附近等未充分卸压或未卸压区域，应根据煤层的原始瓦斯透气性系数确定钻孔间距，该区域钻孔间距建议为 5~10m。所有抽采钻孔必须在保护层开采前施工结束，封孔后接入瓦斯抽采管。

D 沿空留巷穿层钻孔

沿空留巷：采煤工作面后沿采空区边缘维护原回采巷道，为了回收传统采矿方式中留设的保安煤柱，采用一定的技术手段将上一区段的顺槽重新支护留给下一个区段使用，这种沿着采空区边缘在原顺槽位置保留的做法就称为沿空留巷，如图 3-11 所示。

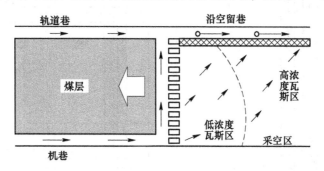

图 3-11 沿空留巷示意图

采中抽采的沿空留巷穿层钻孔抽采作用与顶板走向穿层钻孔抽采的作用类似，主要抽采的是采场顶底板煤岩层断裂带内的瓦斯，以减少采空区瓦斯涌出，保证开采工作面的安全生产。在 Y 形通风工作面，可用沿空留巷穿层钻孔抽采来替代顶板走向穿层钻孔抽采。在采煤工作面后方 20m 之外的范围施工穿层钻孔，从沿空留巷的顶板位置开孔，向工作面方向施工，在平面上与风巷成 30°~45°。顶底板穿层钻孔成组布置，每组间距为 10~20m，顶板钻孔分高低位布置，钻孔数量根据顶板煤层数及瓦斯含量的大小确定，钻孔直径不小于 90mm。钻孔设计角度根据垮落带的高度设计，避开垮落带，避免钻孔破断、错位、失效，以保证能够抽采到断裂带内的瓦斯。若开采煤层底板有邻近煤层存在，同样需要施工底板穿层钻孔，拦截抽采底板邻近煤层瓦斯，减少底板邻近煤层瓦斯向采空区的涌入。下向钻孔应成组布置，每组间距为 10~20m，钻孔数量由底板邻近层瓦斯量大小确定。

3.3.2.2 地面钻孔抽采瓦斯

地面钻孔抽采邻近层瓦斯的钻孔布置方式，在我国的部分矿井进行过试验和应用，其抽采邻近瓦斯的效果还是好的，但因受到一定条件限制，未得到大量推广应用，未能系统地考察和确定合理钻孔布置及参数。

A 国内部分矿井的试验和应用实例

利用地面钻孔抽采井下邻近层瓦斯的方法，我国最早是在山西阳泉四矿的 4016 工作面进行试验和应用。钻孔垂直向下，终孔位于 12 号煤层顶部 0.76m 处的砂岩中，孔深 70m，上段 50m，孔径为 $\phi108mm$，下段为 $\phi89mm$，钻孔沿倾斜的位置距工作面回风巷 43m，距进风巷 26m。地面抽采负压 20kPa。初期抽采纯瓦斯量 4.86~7.65m^3/min，瓦斯浓度 42%~64%，有效抽采距离达到 120m 以上。以后又相继在包头五当沟矿、铁法局大隆及大明二矿等进行了抽采试验和应用。但因受到地质条件限制，且打钻费用高等诸多因素影响，试验和应用地点不多，未获大量推广。

B 国外地面钻孔布置及有关参数

俄罗斯《煤矿瓦斯抽采细则》中列举了两种从地面打钻抽采上邻近层及采空区的方式。如图 3-12 和图 3-13 所示。

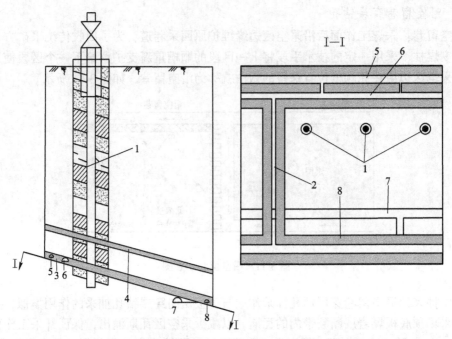

图 3-12　从地面打钻抽采邻近层及采空区瓦斯的钻孔布置

1—钻孔；2—开切眼；3—开采层；4—上邻近层；5—回风平巷；6—回风顺槽；

7—集中运输平巷；8—溜子道

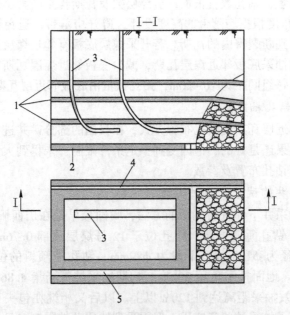

图 3-13　从地面打拐弯钻孔抽采瓦斯布置方式

1—上邻近层；2—开采层；3—钻孔；4—回风巷；5—运输巷

从地表打垂直钻孔抽采瓦斯的方式，建议在开采深度小于 $400\sim500\mathrm{m}$ 并从井下巷道打钻抽瓦斯效果不好或施工困难时采用。对有自燃倾向的煤层，当回采工作面的推进速度不小于 45 米/月，并在不间断观察采空区的条件下，也可以从地面打钻抽瓦斯。

钻孔位置的选择可做如下考虑：在打钻和固孔结束之后，钻孔与开采层的交点应位于回采工作面前方 30m 以外的位置。钻孔应穿过开采层，并穿入底板岩层 3~5m。第一个抽采瓦斯垂直钻孔可打在距开切眼 30~40m 的地方，其余钻孔沿煤层走向采用的间距应等于 2~3 倍基本顶的落顶距（80~120m）。

地面垂直钻孔距回风巷的距离，对于缓倾斜及倾斜煤层建议采用以下数值：当上邻近层距开采层的距离为 20 倍采厚时，可采取 10~25m；20~40 倍采厚时，可为 15~40m；大于 40 倍采厚时，可采取 30~70m（薄煤层取下限值，厚煤层取上限值）。打钻结束后，用水洗净孔内煤粉。在封孔之前必须进行测斜工作。

钻孔可封到地表下的第一个煤层，但深度不小于 10m。为了防止管子在冬天被冻结，管子的上部应有保温设施。抽瓦斯的负压不小于 20kPa。

在深度大于 400~500m，并且从巷道不能进行抽采抽瓦斯时，可采用从地面打"垂直-水平"钻孔或"倾斜-水平"钻孔的方法抽采上邻近层、采空区及围岩的瓦斯。钻孔的水平部分应位于开采层上部 20~30m 处；当钻孔的水平部分距开采层 10~15m 时，抽采瓦斯效果不大。当钻孔水平部分（长度）大于 400~500m 时，采用上述方法是经济合理的。这种抽采方式的钻孔间距应等于钻孔水平部分的长度。钻孔应布置在距回风平巷 30~40m 的地方。

3.3.2.3 邻近层的选择原则及抽采参数确定

邻近层的选择主要是根据开采层周围岩层卸压范围和瓦斯变化状况来确定。邻近层层位与开采层间距的上限和下限的确定与层间距离的大小、开采层厚度、层间岩性、倾角等均有关系，主要包括以下几个方面。

A 钻孔角度与长度

钻孔角度一般取决于钻孔开孔位置与终孔所要达到的层位，因此，为了确定终孔位置，需要了解邻近层的瓦斯来源，从而确定抽采上邻近层瓦斯或下邻近层瓦斯及其层位。由于抽采层位的不同，即使开孔地点相同，钻孔角度也不尽相同。其原因则在于邻近层瓦斯抽采钻孔不仅要深入邻近层的卸压区内，而且还要避开冒落带和大的破坏裂隙区，以免抽采钻孔大量漏气，甚至被切断而使钻孔失效；特别是抽采上邻近层瓦斯时，更要注意和遵循这一布孔原则。当需要同时抽采间隔相当距离的多层邻近煤层瓦斯时，就要布置几个层位的抽采钻孔。因此，确定抽采邻层瓦斯钻孔角度的原则是：钻孔能进入工作面采动影响的裂隙带内，而且伸进工作面方向的距离（即控制范围）越大越好；抽采上邻近层瓦斯时，钻孔始终要处于冒落带之外，避免穿入采空区，以防大量漏气，影响抽采效果。在钻孔布置原则确定后可具体计算钻孔的角度。如山西阳泉及内蒙古包头矿抽采上邻近层瓦斯时，都是在开采层内巷道中布置钻孔，而且打钻巷道与工作面间都有隔离煤柱，其钻孔角度可按式（3-1）计算：

$$\tan(\alpha \pm \beta) = \frac{h}{h\cot(\delta \pm \alpha) + D} \tag{3-1}$$

式中　α ——煤层倾角，(°)；

　　　β ——钻孔与水平线的夹角，(°)；

　　　h ——开采层距邻近层距离，m；

　　　δ ——煤层开采后的卸压角度，(°)；

D——中间巷道隔离煤柱宽度，m。

其钻孔布置如图 3-14 所示。

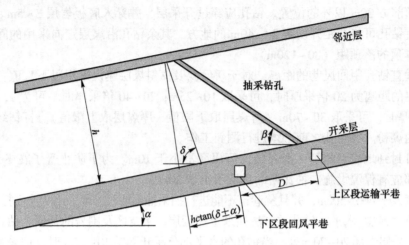

图 3-14　抽采邻近层瓦斯钻孔角度的确定

钻孔长度以钻孔终点的层位为准，可打到邻近层，尤其是抽采隐邻近层瓦斯时，更需如此，但是倘若抽采显邻近层瓦斯，则其终孔点也可打至裂隙带；当邻近层瓦斯向工作面采空区涌出时，能被钻孔拦截抽出。

B　钻孔间距

钻孔抽采间距的确定应考虑钻孔开始起作用和能有效抽采的距离。根据邻近层瓦斯涌出规律，在未受开采层采动影响而卸压之前，邻近层瓦斯处于原始状态；此时由于煤层透气性低，钻孔瓦斯抽采量很小。只有当工作面采过钻孔一定距离后，由于卸压，煤层透气性增大，瓦斯抽采量将大幅度增加并达到最大值，后又逐渐减少，直到钻孔失去作用，因此钻孔开始抽出卸压瓦斯时的滞后于工作面的距离称为"开始抽出距离"或"可抽距离"，从开始抽出卸压瓦斯至钻孔失去作用这一段距离称为"有效抽采距离"。钻孔抽采影响距离如图 3-15 所示。

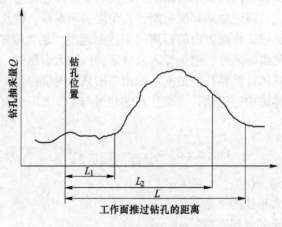

图 3-15　钻孔抽采影响距离

从图 3-15 中可以看出，合理的钻孔间距应处在 $L_1 \sim L_2$ 的范围内，在实际抽采中，因考虑到钻孔开始抽采时瓦斯流量不够大和抽出不均衡，故计算钻孔间距应乘以系数 K，即：

$$H = K(L_1 - L_2) \tag{3-2}$$

式中　H——合理孔距，m；

　　　L_1——钻孔有效抽采距离，m；

　　　L_2——钻孔开始抽采距离，m；

　　　K——系数。

表 3-2 的数据多来自炮采工作面，且日推进度较小；当综采工作面确定抽采钻孔间距时，由于推进速度快，且邻近层瓦斯涌出量大，故其瓦斯抽采钻孔间距应适当缩小。

表 3-2　瓦斯抽采钻孔间距参数

邻近层	层间距/m	抽采有效距离/m	钻孔开始抽采距离/m	系数 K	合理间距/m
上邻近层	10	30~50	10~20	0.8	16~24
	20	40~60	15~25	0.8	20~28
	30	50~70	20~30	0.9	27~36
	40	60~80	25~35	0.9	32~41
	60	80~100	35~45	0.9	42~50
	80	100~120	45~55	0.9	50~60
下邻近层	10	25~45	10~15	0.8	12~24
	20	35~55	15~20	0.9	18~32
	30	45~60	20~25	0.9	23~41
	40	70~90	30~35	0.9	36~50

C　钻孔直径

目前认为，抽采邻近层瓦斯时抽采钻孔仅是作为引导瓦斯的通道，故而孔径的大小对抽采效果的影响主要表现在瓦斯沿钻孔流动的阻力不同，且相差不大，见表 3-3。但是孔径大，则施工难度增大，且费用提高，对突出煤层易诱导突出，因此在邻近层瓦斯抽采中，钻孔直径一般以 75mm 为宜。

表 3-3　50m 孔长不同孔径各种瓦斯流量的阻力损失　　　　　　（Pa）

孔径/mm	钻孔瓦斯流量/m³·min⁻¹		
	1.0	2.0	2.5
25	132.4	539.6	845.6
100	28.5	113.8	178.5
125	8.8	34.3	54.0
150	2.9	13.7	20.6

D　钻孔抽采负压

开采层采动后，由于卸压和层间裂隙的形成，导致了邻近层瓦斯向采空区的涌出，瓦斯多数情况下已处于流动状态；此时，抽采钻孔往往是一条与层间裂隙网并联的通道，而抽采负压的作用，则是改变层间瓦斯流动方向，使瓦斯能更多地流向钻孔。例如，山西阳泉二矿四尺井抽采邻近层瓦斯时，当抽采负压由 4.2kPa 提高至 9.4kPa 时，瓦斯抽采量由 $20.61 m^3/min$ 增至 $27.9 m^3/min$。显然，抽采负压与瓦斯抽采量有很大关系：抽采负压过低，大量瓦斯将继续涌入采空区；抽采负压过高，又会使采空区内空气经裂隙网抽进钻孔，降低瓦斯抽采浓度。因此，在保证抽采瓦斯浓度在安全许可条件下，为提高瓦斯抽采量，可提高邻近层瓦斯抽采负压，以提高邻近层瓦斯抽采效果，据实践表明，一般孔口负压保持在 6.7~13.3kPa。

3.4 采空区瓦斯抽采

采空区瓦斯的涌出，在矿井瓦斯来源中占有相当的比例，这是由于在瓦斯矿井采煤时，尤其是开采煤层群和厚煤层条件下，邻近煤层、未采分层、围岩、煤柱和工作面丢煤中都会向采空区涌出瓦斯，不仅在工作面开采过程中涌出，而且工作面采完密闭后也仍有瓦斯继续涌出。一般新建矿井投产初期采空区瓦斯在矿井瓦斯涌出总量中所占比例不大，随着开采范围的不断扩大，相应地采空区瓦斯的比例也逐渐增大，特别是一些开采年限久的老矿井，采空区瓦斯多数可达 25%~30%，少数矿井达 40%~50%，甚至更大。对这一部分瓦斯如果只靠通风的办法解决，显然是增加了通风的负担，而且又不经济。通过国内外的实践，对采空区瓦斯进行抽采，不仅可行，而且也是有效的。

3.4.1 采空区瓦斯来源及涌出特征

采空区涌出的瓦斯来源主要有上下邻近层采动影响的煤层中涌出的瓦斯以及采空区内遗煤中涌出的瓦斯。

在单一煤层开采时，由于没有上下邻近层，且一般情况下围岩中所含的瓦斯量有限，因此采空区中的瓦斯涌出则基本上都是留在采空区的煤中涌出的瓦斯量。当工作面沿非单一煤层从开切眼向采区边界推进时，在工作面老顶第一次冒落以前的时间内，采空区的瓦斯涌出量仍然是以留在采空区内的煤中涌出的瓦斯为主，当工作面老顶第一次冒落时，就会从卸压后的邻近煤层和岩层向采空区涌出大量瓦斯，采空区的瓦斯涌出量将显著增加，并且在工作面继续推进到老顶下一次冒落前，实践表明，瓦斯涌出量在一般情况下将逐渐减少，但仍大于老顶第一次冒落前的瓦斯涌出量。在以后发生的一些顶板冒落时，将会重复出现上面的过程，于是采空中瓦斯涌出量将逐渐增大，并到达某一极限值，然后趋于稳定。当工作面到达采空区边界而停止推进时，采空区的瓦斯量将逐渐下降并趋于零，因此采空区的瓦斯涌出量的大小一般情况下主要取决于冒落带的瓦斯涌出，而采空区冒落带瓦斯涌出实际上完全枯竭的时间则主要取决于煤的渗透性。

在工作面老顶第一次冒落期内，采空区的绝对瓦斯涌出量主要取决于煤层和岩石的瓦斯含量、老顶冒落步距、工作面长度、上下邻近层厚度、它们与开采层的间距、煤的渗透性能及其他的一些因素。当采空区由一个冒落带或几个冒落带组成时，其瓦斯涌出量均按同一形式的曲线而衰减；但是这些曲线的方程及其有关参数通常是不同的，这是因为在由几个带组成的采空区，其瓦斯涌出量一般是按复杂的规律性而衰减的，这一规律性与冒落带的数量、冒落带所处地质构造的状态等因素有关，也与每一带的瓦斯涌出衰减过程有关，如何准确地描述采空区瓦斯涌出规律是国内外有关学者致力于探讨的问题，有待于今后进一步研究。

采空区瓦斯涌出量的大小对采区和工作面的瓦斯涌出有很大的影响，因此为了减少采区及工作面的瓦斯涌出量，确保工作面的安全生产，需要对采空区的瓦斯进行抽采。

3.4.2　采空区瓦斯抽采的方法

采空区瓦斯抽采方法是多种多样的，将其归类基本上可划分两类：按开采过程来划分，可分为回采过程中的采空区瓦斯抽采和采后密闭采空区抽采；按采空区状态划分，可分为半密闭采空区瓦斯抽采和全密闭采空区瓦斯抽采。这两种划分方法实质上包含相同的范畴。现对其中之一进行分类介绍。

3.4.2.1　半密闭采空区瓦斯抽采

半密闭采空区是指回采工作面后方的、在工作面回采过程中始终存在并且随着采面的推进范围逐渐增加的采空区。由于这种采空区是和通风网路连通的，来源于各个方面的瓦斯涌入采空区后，又涌向工作面并经回风流排出，当采空区积存和涌出瓦斯较大时，将使工作面上隅角或回风流瓦斯经常处于超限状态，有时还可能由于顶板的冒落而引起采空区瓦斯的突然大量涌出，对生产构成很大的威胁。若能通过各种采空区瓦斯的抽采方法，将采空区瓦斯抽出，就可直接减少工作面的瓦斯涌出量，使回采工作得以安全和顺利进行。

半密闭采空区抽采瓦斯在国内外所采用的主要方式有以下几种。

（1）采空区插（埋）管瓦斯抽采。工作面开采过后，采空区顶板岩层冒落，在采空区倾向上部由于区段煤柱的支撑作用，在一定时期内形成一个三角形空间，这为采空区瓦斯流动及汇集提供了条件。采空区埋管抽采一般为低负压大流量抽采方法。

采空区埋管瓦斯抽采如图 3-16 所示。首先沿采煤工作面的回风巷上帮铺设一条直径不小于 250mm 的瓦斯管路（干管），在管路上每隔 25m 安设一个三通，并安设阀门。在开切眼侧的第一个三通（1 号三通）处将直径为 108mm 橡胶埋吸管（支管）与主瓦斯抽采

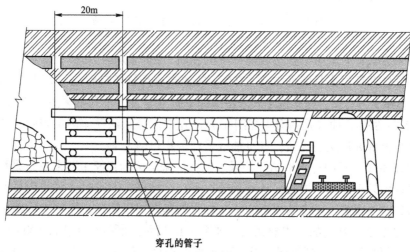

穿孔的管子

图 3-16　插管法抽采采空区瓦斯示意图

管连接，橡胶埋吸管长 30m，橡胶埋吸管的末端连接瓦斯抽采器。抽采器由薄壁管加工而成，直径为 200mm，高度为 1~2m，垂直地面用木垛固定，抽采器顶端焊接铁板密闭，管壁上部均匀切制 5mm（宽）×100mm（长）×15 条×5 的圈孔作为瓦斯入口，瓦斯入口用纱网包裹，防止掉落的碎石堵孔。橡胶埋吸管与瓦斯抽采器不可回收。

随着工作面向前推进，吸管与瓦斯抽采器逐渐进入采空区开始抽采瓦斯，抽采范围为工作面后方 5~30m 的范围。在 1 号三通抽采瓦斯过程中，需准备下一个三通（2 号三通）的吸管与瓦斯抽采器的铺设安装工作，待 1 号支管及抽采器进入采空区 25m 时，2 号支管的准备工作必须完成，并随着工作面的推进 2 号支管进入采空区，当 1 号支管全部进入采空区时，2 号支管进入采空区 5m，此时关闭 1 号支管阀门，打开 2 号支管阀门，利用 2 号支管进行采空区瓦斯抽采，依次类推实现采空区的交替迈步连续抽采。该方法是防止"U"形通风工作面上隅角瓦斯积聚、超限的主要方法之一。

常规的采空区埋管吸气口高度为 1~2m，无法直接抽采到顶板裂隙内的瓦斯，可采用长立管埋管瓦斯抽采方法抽采顶板裂隙内的瓦斯。其原理是向顶板施工垂直钻孔，安设长立管，提高吸气口高度，直接抽采顶板裂隙内瓦斯，提高采空区抽采效果。

（2）向冒落拱上方打钻抽采。钻孔孔底应处在初始冒落拱的上方，以捕集处于冒落破坏带中的上部卸压层和未开采的煤分层或下部卸压层涌向采空区的瓦斯，如图 3-17 所示。

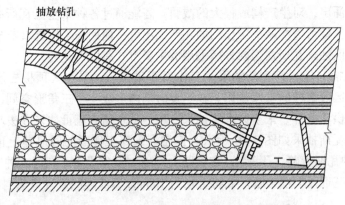

图 3-17　向冒落拱上方打钻孔抽采采空区瓦斯

这种抽采方式，有的可以抽出较高浓度的瓦斯，钻孔的单孔瓦斯流量可达 2~4m³/min 左右，可使采区瓦斯涌出量降低 20%~35%。松藻矿务局打通二矿在开采厚 0.9m 的 7 号煤层时，向冒落拱上方打钻，终孔位于开采层顶部 10m 左右处，单孔抽采量 0.2~0.8m³/min，瓦斯浓度 25%~85%，抽采孔的间距控制在 10m 左右。经示踪气体测定表明，该种钻孔不仅可抽来自上部邻近层的瓦斯，也可抽取采空区积聚的瓦斯。

（3）在基本顶岩石中打水平钻孔抽采。当涌向采空区的瓦斯主要来自开采煤层的顶板之上，而顶板为易于破坏的岩石，从开采层往上打钻抽采有困难时，可采用从回风巷向煤层上部掘斜巷，一直进入稳定的岩石为止，并在斜巷末端作钻场，迎着工作面推进方向打与煤层平行的 2~3 个钻孔的方式抽瓦斯，如图 3-18 所示。所打钻孔孔长 100~150m，孔径90~100mm。从钻孔中心线到煤层顶板的距离取决于直接顶（不稳定岩石）厚度，一般为5~10m，随着回采工作面推进，钻孔底始终处在冒落拱上部，而孔口处于负压状态。这种抽采方式可以取得较好的抽采效果。苏联卡拉干达煤田的萨朗斯克矿井应用该法时，抽出瓦斯浓度 20%~30%。可使采区瓦斯涌出量降低 30%~35%。

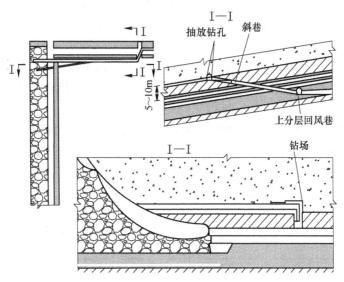

图 3-18　布置在基本顶岩石中水平钻孔抽采采空区瓦斯

这种方法在国内一些矿井进行了试验和应用，抽采效果千差万别。如水城矿务局汪家寨矿、木冲沟矿、那罗寨矿和顶拉矿都采用过这种方法，钻场布置在回风巷下帮，先开 45°的斜巷，至风巷顶部垂距 4~7m，再掘 4m 平巷作钻场，每个钻场打孔 4~8 个，终孔点高度处于冒落拱的上方 0.5~1.0m，钻场间距 50~60m，抽采瓦斯量一般为 1.27~1.87m³/min，抽采瓦斯浓度为 25%~35%，工作面抽采率约 20%。

（4）直接向采空区打钻抽采。该法在开采急倾斜厚煤层时用得较多。可以从运输水平或回风水平的底板岩巷或下部煤层的巷道向采空区打钻。抽采钻孔进入采空区的位置以靠近回风侧在阶段垂高的 0.3m 左右处为宜。国内不少矿井采用这种方法抽采瓦斯。如天府矿务局磨心坡矿采用金属平板掩护支架采煤法开采 K_2 煤层时，利用上风巷的灌浆孔作抽采孔，当工作面掩护支架由 SL_6 下放到 SL_5 阶段以下时，开始抽采直至支架下落到下风巷时为止，拆除支架进行密闭灌浆结束抽采，抽采时间一般一个月左右。又如中梁山矿务局北矿，在底板大巷石门处往两边打扇形孔，钻孔终孔点位于工作面风巷上方 1m 或风巷中，钻孔间距 20m，待工作面推过钻孔 10m 后开始抽采，抽采时间 4 个月以上，单孔抽采瓦斯量平均 0.13~0.48m³/min。钻孔瓦斯抽采浓度平均为 23%~78%，个别钻孔抽采量可达 0.97m³/min，瓦斯浓度 90% 以上。

这种方法也适用于倾斜和缓倾斜煤层条件，目前不少矿井采用穿层钻孔预抽瓦斯，若工作面开采时瓦斯涌出量仍较大，也可利用一部分钻孔作抽采采空区瓦斯之用。

（5）顶板尾巷抽采。该法是在工作面开采之前，于开切眼外煤柱内，距工作面回风巷 1/3 工作面长度处，掘一斜巷至开采层顶部一定高度，再作平巷伸入工作面里一段距离，在巷口密闭插管，待工作面推进一定距离后开始抽采。在阳泉四矿开采 12 号煤层时用过这种方法，取得较好效果（见表 3-4）。

表 3-4 阳泉四矿顶板尾巷抽采效果

工作面	顶板巷道距开采层高度/m	伸入开切眼距离/m	抽采瓦斯浓度/%	平均抽采瓦斯量/m³·min⁻¹	邻近层瓦斯抽采率/%	有效抽采距离/m
4016	5.4	10.0	14~25	2.69	93	110
4032	7.7	12.7	37~64	4.48	83	200

（6）工作面尾巷抽采。该法是在回采工作面具有与回风巷平行的排瓦斯尾巷、采取风排措施还不能解决瓦斯超限问题的条件下，采用逐段密闭瓦斯尾巷接管抽采采空区瓦斯的一种方式。

水城矿区老鹰山矿开采 8 号层时的尾巷抽采瓦斯的布置情况如图 3-19 所示。抽采管与回风巷每隔 20m 用联络巷连通，工作面开采后，首先在第一联络巷的尾巷内筑密闭、插入瓦斯管，抽采管直径 150mm，随着工作面推进，密闭往后迁移。抽采瓦斯量一般为 1.21～3.12m³/min，瓦斯浓度 25%～30%。

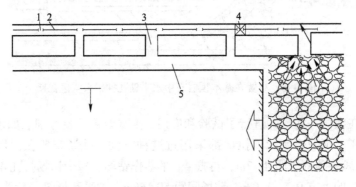

图 3-19 尾巷抽采瓦斯布置图
1—尾巷抽采瓦斯；2—瓦斯带；3—联络巷；4—密闭；5—回风巷

阳泉矿务局一矿、二矿及四矿等综采面在开采过程中瓦斯涌出量大，单纯依靠钻孔抽采邻近层瓦斯还不能完全解决问题时，也采用了密闭尾巷抽采方法。用一趟 $\phi38mm$ 或两趟 $\phi226mm$ 瓦斯管抽采。如一矿北四尺井 801 综采面，邻近层瓦斯涌出量高达 45m³/min，通过尾巷密闭抽采，可抽采瓦斯 15m³/min 以上，瓦斯浓度 25%左右。

（7）地面钻孔抽采。地面钻孔抽采采空区瓦斯，在国外应用得多些，前述章节中提出的地面钻孔抽采上邻近层瓦斯方法也可用作抽采采空区瓦斯。

这种方法在苏联的卡拉干达、库兹巴斯和顿巴斯矿区都有采用，特别是卡拉干达用得最多，每年要打 130～150 个垂直钻孔，其总长度达 4 万～6 万米，每年抽出的瓦斯总量为4000 万～5000 万立方米。瓦斯抽采率：钻孔间距 60～70m 时为 50%～70%，间距 70～100m 时为 40%～50%。

我国阳泉四矿、包头五当沟矿等矿，均利用抽采上邻近层瓦斯的钻孔来抽采采空区瓦斯。全封闭采空区是指工作面（或采区、矿井）已采完封闭的采空区，也称老采空区。老采空区虽与矿井通风网络隔绝，但采空区中往往积存大量的高浓度瓦斯，它仍有可能通过巷道密闭或隔离煤柱的裂隙往外泄出，从而增加矿井通风的负担和不安全因素。

3.4.2.2 全密闭采空区瓦斯抽采

全密闭采空区瓦斯抽采有以下几种不同的方式：

（1）报废矿井抽采瓦斯。报废矿井一般都开采了很大的范围，在采空区内不仅积存大量的瓦斯，并且在较长时间内还会继续涌出瓦斯，可进行瓦斯抽采和利用。如法国中央煤矿和卡齐埃煤矿，矿井报废后，分别抽采瓦斯 6~7.5 年，分别抽出瓦斯量 7342 万立方米和 1788 万立方米。

报废矿井抽采瓦斯除必须具备瓦斯储量丰富的条件外，还应具有井下无水和与邻近矿井相隔离及地表密封的条件。具体实施时，对各个井田都要进行密闭，以防漏气。用其中的一个井筒安装管子插入密闭进行抽采，抽采管路在各个水平都要设开口，以便在深部水平充满水和二氧化碳时还能继续进行抽采。

（2）开采已久的老采空区瓦斯抽采。开采已久的采空区内一般仍有大量的瓦斯储存，将这部分瓦斯抽出并加以利用是很有意义的，我国很多矿井都进行了开采已久的老采空区的瓦斯抽采。抚顺矿区是已有 90 余年的老矿区，整个煤田走向 18km 范围内，开采深度下延了 600~700m，煤厚自东向西 8~130m，平均 50m，采后的采空区中积存着大量的瓦斯可供抽采。据测算，仅胜利矿一个矿就有瓦斯储量 27 亿立方米。老虎台矿于 1954 年就开始采空区瓦斯抽采，40 多年来共抽出瓦斯 4 亿多立方米；龙凤矿和胜利矿也相继进行了采空区瓦斯抽采。目前 3 个矿的采空区瓦斯抽采总量达 $70m^3/min$，年抽采量 $3769m^3$，约占总抽采瓦斯量的 1/3。

阳泉也是一个老矿区，多煤层开采，采空区储存的瓦斯极其丰富，在矿井瓦斯涌出来源中，采空区涌出瓦斯一般均占 20%以上：如一矿北四尺井南翼的一、二、三下山采完密闭后，仍有瓦斯不断泄出，当时只负担这几个采空区范围通风的 1 台 450kW 主要通风机，风量达 $2278m^3/min$ 时，瓦斯浓度仍达 0.7%，风排瓦斯量 $15.95m^3/min$。1989 年 2 月开始对二、三下山采空区瓦斯进行抽采，取得很好的效果，平均抽采量 $10m^3/min$ 以上。

（3）采完不久的采空区瓦斯抽采。这种采空区的特点是：采区或采面刚采完不久，虽已密闭，但来自邻近层、围岩、丢煤和煤柱等的瓦斯涌出并未因之而终止，仍有较多的瓦斯继续涌向采空区，并且延续较长的时间，一般可达 1~2 年或更长；采空区的密封又难以达到完全严密，积聚在采空区内的瓦斯将会不同程度地向外泄漏；一般离现开采区较近，对矿井生产可能构成的安全威胁相对要大于老采空区。因此，对采完不久的采空区进行瓦斯抽采，具有更重要的意义。具体进行抽采时，可根据各个矿井不同情况采取不同方式。既可以利用各种钻孔或巷道（包括穿层钻孔、邻近层抽采钻孔、地面抽采钻孔、落浆钻孔和集中瓦斯巷道等）进行抽采，也可在采空区靠回风侧的密闭插管抽采。

（4）地面钻孔抽采。阳泉四矿在采用地面钻孔抽采开采过程中的 4016 工作面采空区瓦斯的同时，又在已采完的 4013、4014 和 4015 工作面各打 1 个地面钻孔进行老采空区的瓦斯抽采，4 个钻孔（孔径 89mm、孔深 100m 左右）均连接在一条直径 127mm 的瓦斯管上，地面安设一台流量为 $11m^3/min$、负压 20kPa 的抽瓦斯机，从 1957 年 8 月~1958 年 8 月的 376 天时间总共抽出瓦斯 162 万立方米，瓦斯浓度为 25.4%~46.8%。

复习思考题

3-1　矿井瓦斯等级如何划分？

3-2　开采煤层的抽采、邻近层抽采和采空区抽采钻孔应如何布置？

3-3　瓦斯抽采方法如何分类？

矿井火灾学基础

4.1 燃烧理论基础

可燃物与氧化剂作用发生的放热反应，通常伴有火焰、发光和发烟的现象，称为燃烧。放热、发光和生成新物质是燃烧反应的三个特征，是区分燃烧与非燃烧现象的依据。从本质上说，燃烧是一种伴有发光、发热和火焰特征的氧化还原反应，同时释放出 CO、CO_2、CH_4、C_2H_2 等气体。

4.1.1 燃烧的条件

燃烧的发生需要满足三个条件：可燃物、热源和氧气。只有三个条件同时具备，燃烧才可能发生。

（1）可燃物。在煤矿井下，煤炭本身就是一种普遍存在的可燃物。另外，在生产过程中产生的煤尘、涌出的瓦斯以及坑木、皮带、电缆、油料、炸药等都具有可燃性，他们的存在是矿井火灾发生的前提条件。

（2）热源。热源是触发燃烧的必要元素，在矿井中，煤炭自燃、瓦斯、煤尘燃烧与爆炸、爆破作业、机械摩擦生热、电流短路火花、电气设备运转、焊接、吸烟以及其他明火都可能是引火源。

（3）氧气。燃烧实际上是剧烈的氧化反应，在燃烧的过程中，如果缺乏足够的氧气则燃烧难以维持，因此，氧气的供给是维持燃烧不可缺少的条件。

燃烧的发生和持续仅仅有三要素是不够的，它们还必须同时满足一定的数量要求。对于可燃物而言，必须要求满足一定的数量和浓度。

4.1.2 燃烧的分类及形式

4.1.2.1 基本燃烧形式

根据可燃物燃烧过程的差异，燃烧可分为分解燃烧、表面燃烧、蒸发燃烧、扩散燃烧和预混燃烧等五种基本形式。

（1）分解燃烧。分解燃烧出现于固体和部分液体燃料的燃烧中，在燃烧过程中，可燃物首先遇热分解，热分解产物和氧气反应，发生燃烧，产生火焰，如木材、煤、橡胶、合成高分子化合物等固体燃料及柴油、煤油、润滑油等高沸点油脂类流体以及蜡、沥青等固体烃类物质的燃烧都属于此类。

（2）表面燃烧。表面燃烧发生于固体燃料燃烧的后期。固体可燃物燃烧时（例如木材的燃烧），不断分解出挥发性气体，而挥发性气体燃烧放出的热量继续维持新的固体燃料热分解和燃烧。当原来燃烧的燃料所含挥发性气体完全分解后，只剩下不能分解、气化的固体炭，这时，燃烧在焦炭与空气的接触表面进行，称为表面燃烧。固体燃料呈红热表面，但没有火焰，燃烧的速度与可燃物的表面积有关。

（3）蒸发燃烧。液体燃烧不是液相燃烧而是液体蒸发产生的蒸气与空气混合发生着火。可燃液体，如酒精、苯等，他们的燃烧是由于液体蒸发产生的蒸气被点燃起火而形成的，蒸气点燃形成火焰，它放出来的热量进一步加热液体表面，从而促进液体继续蒸发，使燃烧继续下去。萘、硫黄等在常温下虽为固体，但它们熔点低，在受热后会升华产生蒸汽或熔融后产生蒸气，因而同样能够引起蒸发燃烧。

（4）扩散燃烧。甲烷、一氧化碳、乙炔等可燃气体从管道孔口或者巷道局部空间流出，在与空气汇合时，可燃气体与空气靠分子间扩散而混合，当其混合浓度达到燃烧界限时，遇火源在该范围内就会发生燃烧，并随着可燃气体和氧气的不断补给、混合，使燃烧得以继续，这种燃烧形式称为扩散燃烧。

（5）预混燃烧。预混燃烧又称为混合燃烧、动力燃烧、爆炸式燃烧。在井下一定环境条件下，可燃气体与空气在着火前已经预先充分混合，且其浓度处于燃烧界限内，遇火源即会发生的燃烧，称为预混燃烧。这种燃烧在混合气体分布空间快速蔓延，在一定条件下还会转变为爆炸。矿井火灾引起的爆炸事故往往是由预混燃烧引起的，因为扩散燃烧仅在很小的扩散区内进行，分解燃烧也仅在小范围的空气与挥发物混合界面进行，作用范围小。

4.1.2.2 富氧燃烧与富燃料燃烧

井下的火灾发生在受限空间中，受限空间中的火灾特性与通风条件密切相关。根据供风量的大小，受限空间的火灾可以分为富氧燃烧与富燃料燃烧两种类型。

（1）富氧燃烧。富氧燃烧是供氧充分的燃烧，又称为非受限燃烧或燃料控制型燃烧。由于氧气充分，火源燃烧产生的挥发性烟气在燃烧中已基本耗尽。燃烧产生的火焰以热对流和热辐射的形式加热邻近可燃物至燃点，保持燃烧的持续和发展。燃料的供给量相对较少，氧气剩余（火灾发生时下风侧氧浓度一般保持在15%以上），所以这类燃烧的特点是耗氧量少、火源范围小、火势强度小和蔓延速度低。

（2）富氧料燃烧。富氧料燃烧是供氧不足的燃烧，又称受限燃烧或通风控制型燃烧。该燃烧发生在空间受限或通道断面较小、供氧受限的情况下。当火源燃烧时，如火势大、温度高，火源将产生大量炽热挥发性烟气，不仅供给燃烧，还能与被高温火源加热的主风流汇合形成炽热烟流，预热火源下风侧较大范围的可燃物，使其继续生成大量挥发性烟气；另一方面，燃烧位置的火焰通过热对流和热辐射加热紧邻可燃物使其温度升至燃点。由于保持燃烧的可燃物和热源这两种因素的持续存在和发展，此类火灾使燃烧在更大范围进行，并以更大速度蔓延致使主风流中氧气几乎全部耗尽，剩余氧浓度可低于3%。所以，此类火灾蔓延受限于主风流供氧量。

4.1.2.3 轰燃与回燃

轰燃和回燃是受限空间火灾中对火灾过程产生突然而巨大影响的两种特殊火灾行为，由于它们对人员的安全构成特别严重的威胁，故受到国内外火灾科学研究人员的关注，成为当前火灾科学研究的一个热点。

A　轰燃的形成

受限空间火灾通常分为三个阶段：发展阶段、完全发展阶段和熄灭阶段。在火灾的发展阶段与完全发展阶段之间有一个温度急剧上升的狭窄区，通常称为轰燃区，它是火灾发展的重要转折阶段。

轰燃的出现是燃烧释放的热量大量积累的结果。受限空间某处发生火灾后会释放出大量的热量和高温烟气，它们以辐射形式对受限空间中的其他可燃物加热，随着燃烧的持续，热烟气的厚度和温度都在不断增加，使得可燃物的燃烧速率不断增大，当受限空间内火源的释放热速率达到发生轰燃的临界释放热速率时，轰燃就会发生。

B　井下的轰燃现象

井下可燃物荷载分布较多的地点易发生轰燃现象。如输送机胶带巷道发生火灾时，如果火焰的热辐射强度足够引燃其下端一定距离外的胶带并且风流不足以对燃烧的持续构成影响时，那么就容易发生胶带火焰逐段蔓延开来，逐段地传播下去，这种现象对火灾的传播速度影响较大，它能加快火灾沿胶带表面的传播速度，实验结果表明其速度可达10m/min。

C　回燃

回燃是指富燃料燃烧产生的高温不完全燃烧产物（烟气）遇到新鲜空气时发生的快速爆燃现象。在井下一些堆积较多的可燃物但通风量较小的巷道或硐室内，一旦可燃物着火，随着火势的发展会出现空气供应不足，火灾就会逐步进入富燃料燃烧的状态，形成的热烟气中将含有大量未燃的高温可燃组分，这些高温可燃气体一旦与新鲜空气接触，就会产生爆燃和快速的火焰传播，从而造成更大的危害。

回燃现象中的可燃物来自前导燃烧中产生的大量未燃可燃组分。当前导燃烧在通风不良条件下进行时，由于氧气的供应不足，可用的氧气不断减少，燃烧效率逐渐下降，富余的热解产物在巷道中不断积聚，形成大量未燃可燃组分。如果通风条件得不到改善，前导火灾会随着时间而减弱，甚至熄灭，回燃不会发生。若前导火灾还未完全熄灭时与富余氧气的空气突然接触，回燃现象便会发生。因此，回燃发生的必要条件可归纳为两点：一是存在前导燃烧，形成大量的未燃的高温可燃组分；二是这种高温可燃组分与新鲜空气的突然接触。

4.2　矿井外因火灾及预防

矿井外因火灾就是由外部火源引起，发生在井口及井口附近，但危害到井下安全的火灾，又称为矿井外源火灾。一般发生在井下机电硐室、采掘工作面和有电缆的木支架巷道以及井口附近等处。对于这些火灾多发区域，必须建立完善的消防系统，同时，在矿井生产过程中配合一定的技术措施和管理手段加以预防。

4.2.1　矿井消防给水系统

完善的井下消防给水系统是煤矿井下安全的重要保证，主要由以下几个部分组成：消防水池、消防水泵、井下输水管道和井下给水管网等。

（1）消防水池

在地面副井井口附近必须建立专用的井下消防水池，水池有效容积应按井下一次火灾的全部用水量计算，但不能小于 $200m^3$。如果井下消防水池与其他用途水池合建，必须保证水池中的井下消防容积不被他用。开采下部水平的矿井，除地面消防水池外，也可利用上部水平或生产水平的水仓作为消防水池。

（2）消防水泵

大多数消防水源提供的消防用水，都需要消防水泵进行加压，以提高压力和流量，满足灭火的要求。消防水泵的配备至少两台，一台运转，一台备用。

（3）井下输水管道

在井底车场、井下主要运输巷道、带式输送机斜井与平巷、上山与下山、采区运输巷与回风巷、采煤工作面运输巷与回风巷、掘进巷道等均应敷设井下消防输水管道，并每隔100m 设 DN50 支管阀门，阀门后快速接头，目的是能够与消防水龙带对接。

（4）消防给水管网

消防给水管网主要包括消火栓系统、自动喷水灭火系统和水喷雾隔火系统等。

4.2.2 井下消防器材和设施

齐全的井下消防器材和设施是防治煤矿外因火灾的基础，同时也是减少火灾损失、降低灾害程度的重要保障。

4.2.2.1 基本的灭火材料

（1）砂子和岩粉。砂子和岩粉（特别是石灰石岩粉）不导电、灭火后不易复燃，常被用来扑灭油料、电气设备和电缆火灾，能长时间覆盖于燃烧物上使其缺氧而熄灭。另外，砂子和岩粉还可以增加燃烧过程中自由基的器壁销毁，中断自由基的链式反应，达到熄灭火源的目的。因此，在井下机电硐室储备一定量的砂子或岩粉是完全必要的。

（2）各种灭火器。灭火器由筒体、器头和喷嘴等部件组成，借助驱动压力可将所充装的灭火剂喷向火源，达到灭火的目的，是扑救井下各类初期火灾的重要消防器材。煤矿井下常用干粉灭火器、泡沫灭火器和二氧化碳灭火器。

4.2.2.2 消防列车

消防列车由井下常用的矿车或平板车组成，载有供井下应急用的消防器具。消防列车可以存放于消防仓库或专用的硐室内，同时能使列车从两侧进出。消防列车库必须是构成通风网络的一个并联分支，其轨道必须与并联分支的轨道合轨，保证畅通无阻。

消防列车的车体应包括容量均大于 $1m^3$ 的水箱车厢两节、至少可乘坐 6 人的载人车厢一节以及工具车厢、灭火器车厢、风筒车厢、水泵车厢和备用车厢各一节，而且车上还需要配备风筒、水泵、水龙头、灭火器材以及一些常用的铁锹、钳子等常用工具。

4.2.2.3 消防器材库

每个矿井都必须在地面设置消防器材总库，在各水平井底车场附近设置分库。开采易燃煤层的矿井，除上述总库、分库外，采区内亦应设立临时仓库，以储存适量的水泥、石灰、砂子、砖、灭火器、水龙头、水泵、板材等应急消防材料和工具。

4.2.2.4 安全防火门

构筑安全防火门是煤矿井下隔断火灾烟流，防止火势蔓延，从而减少人员伤亡的有效措施。这种风门平时呈开启状态，必要时可以关闭，既可以阻断风流和烟流，又可以充当防火墙的作用，便于控制火势和隔离火区。

安全防火门应建立在邻近新鲜风流处，门扇向着容易关闭的方向敞开。安全防火门分为分区防火门和大区防火门，前者设置在每一条独立风流的两端，后者设置在新鲜风流开始分支的地方。对于易自燃煤层，在通风分区风流进入采区的入风口，也应设立安全防火门，而且原则上经过分区防火门或采场防火门的风流不再分支。

为了减少漏风，防火门应做得尽量严密些，尤其是离井口较近的大区防火门，可用水泥门框、铁门框制作，其他的分区防火门用木门扇喷涂阻燃材料即可。

4.2.2.5　避难硐室

避难硐室是设置在井下避灾路线上配备有相应设施的场所，供给工人避灾时使用。中央避难硐室可设在井底车场附近，与井下保健站硐室结合在一起；采区避难硐室设于采区安全出口的路线上，距人员集中工作地点不超过 500m，其容积应能容纳一个工作班的采区全体人员。在有煤与瓦斯突出危险的矿井的掘进工作面附近，也应设避难硐室。

避难硐室应配备矿灯、与地面连通的电话、饮水用具、卧具、厕所、医药卫生器具以及自救器、呼吸器等救护器具，同时，在避难硐室内还应配备能够造成一定高于当地气压的装备，如压缩空气瓶、压风管路和氧气瓶等，以防止有害气体侵入室内，为工人创造暂时避难或者继续撤离危险区的条件。

4.2.3　外因火灾的预防

建立井下消防给水系统和配备各种消防器材和设备，能为处理外因火灾以及减少火灾损失提供良好的保障条件，但最重要的还得从技术和管理等方面采取有效措施预防外因火灾的发生。

4.2.3.1　预防明火

井口房和通风机房附近 20m 内严禁烟火，也不准用火炉取暖；严禁携带烟火、引火物下井；井下硐室内不准存放汽油、煤油或变压器油。井下使用的润滑油、棉纱和布头等必须集中存放并定期送到地面处理。

另外，井下和井口房内不得从事电焊、气焊或喷灯焊接等工作。因为施焊过程中飞溅出的火花和焊渣容易引燃一些易燃物品，如不能有效控制和及时处理就很容易酿成重大火灾。如果一定要在井下焊接，必须制定安全措施，经批准并有专人在现场检查和监督，而且要求事先清除附近的易燃物品，备足消防用水、沙子、灭火器等，并随时检查瓦斯和煤尘浓度。

4.2.3.2　预防电气引火

要正确选用熔断丝片和漏电继电器，以便电流短路、过负荷或接地时能及时切断电流；不准带电检修、搬迁电气设备。

温升变色涂料可以作为早期发现电气设备发热的指示标志。将这些涂料涂敷在电机的外壳或机械设备的易发热部位，一旦温度超过额定值即会变色，给人以预警；当温度下降到正常值，则又恢复原色。其他预警电气机械设备温升的还有以易熔合金、热敏电阻等制成的感温元件，而且将这些元件与灭火装置联动，可以在发生火灾时自动启动灭火。

4.2.3.3　尽量使用不燃材料

《煤矿安全规程》第二百二十一条规定："井筒、平硐与各水平的连接处及井底车场，主要绞车道与主要运输巷、回风巷的连接处，井下机电设备硐室，主要巷道内带式输送机机头前后两端各 20m 范围内，都必须用不燃性材料支护。"这些地点采用不燃性材料支护，除了本身阻燃外，还可以起到"隔离带"的作用。

4.2.3.4 加强火灾监测监控

火灾发生初期是火灾扑灭的最佳时期，有效的监测监控能够及早识别初期火灾，并发出报警，使火灾被扑灭于萌芽期，从而最大限度地减少损失，不至于酿成大的灾难。如果监测系统能够配合自动灭火系统使用，效果更好。

4.2.4 外因火灾的灭火材料

4.2.4.1 水

A 水灭火的优点

水是来源最广泛、最经济和最有效的灭火材料，用水灭火有其自身独特的优势，具体主要表现在：

（1）冷却作用。冷却是水最主要的灭火作用，水的热容量和汽化热都很大，水的比热容为 $4.18J/(g \cdot \mathrm{^{\circ}C})$，汽化潜热为 2256.7kJ。因此，当水与炽热的燃烧的燃烧物接触时，在被加热和汽化过程中，会吸收大量燃烧物的热量而使其冷却。

（2）窒息作用。水遇到炽热的可燃物而汽化，产生大量的水蒸气。$1m^3$ 水全部汽化时可生成 $1700m^3$ 的水蒸气，大量的水蒸气能够排挤和阻止空气进入燃烧区，从而降低燃烧区内的氧气含量。在一定的情况下，当空气中水蒸气达到 35% 时，燃烧就会停止，1kg 水变成水蒸气时的抑燃空间可以达到 $5m^3$，具有良好的窒息灭火作用。

（3）水力冲击作用。在机械力的作用下，直流水枪喷射出的密集水流具有强大的冲击力和动能。高压水流的强烈冲击可以起到冲散燃烧物和压灭火焰的机械作用，使燃烧强度显著减弱。

（4）水还可以浸透火源邻近燃烧物，进而阻止燃烧范围的扩大。

B 水灭火适用范围

一般来说，不能用水直接扑灭金属火灾、井下变电室的油类火灾和电气设备火灾。这是因为矿用水不可能是纯水，都具有一定的导电性，直接灭火会对灭火人员造成伤害，但是如果对水流形态做一定的处理就能直接用水扑灭，通常以下两种流态的水可以直接用来扑灭上述火灾。

（1）喷雾水。通过水泵加压并由喷雾水枪喷出的雾状水流，称为喷雾水，水滴的直径一般在 $100\mu m$ 以下。这种喷雾水可以用来扑灭煤矿井下油浸变压器、油开关、电动机等电气设备火灾以及各种油类火灾和粉尘火灾等。

（2）水蒸气。水蒸气能冲淡燃烧区的可燃气体，降低空气中氧的含量，有良好的窒息灭火作用。实验表明，对于油类火灾，当燃烧区水蒸气浓度达到 35% 以上时，燃烧就会停止。利用水蒸气扑救高温设备火灾时，不会使高温设备因热胀冷缩而发生变形，因而不会造成高温设备的损坏。

很多煤矿企业常年都有蒸气源供气，这为实行水蒸气灭火提供了条件，水蒸气尤其适用于容积在 $500m^3$ 以下的密闭空间，以及空气不流通或燃烧面积不大的火灾，特别适用于扑灭高温设备火灾。

4.2.4.2　高倍泡沫

作为矿井灭火的方法之一，泡沫灭火具有灭火速度快、效果好、恢复生产容易等优点，而且可以帮助救灾人员快速而安全地接近火区灭火。

高倍泡沫灭火的作用实质上是增大了用水灭火的有效性，大量的泡沫送往火源地点起着覆盖燃烧物隔绝空气的作用。当与火源接触导致泡沫破裂时，水分蒸发吸热降温，同时产生的大量水蒸气还能起到稀释氧浓度的作用。另外，大量泡沫包围火源阻止了热传递，从而阻断了火势蔓延。这种方法一般适用于扑灭距采煤工作面或未封闭采空区较远的巷道火灾，因为高倍泡沫的堆积会减少风量，容易引起瓦斯积聚。

为增加高倍泡沫的输送距离，减小泡沫堆积与风流的相互干扰，提高灭火效率，可以采用大直径塑料风筒与发泡机相连，使泡沫接近着火带才流出来。

4.2.4.3　惰气

惰性气体灭火就是向着火区域灌注氮气、二氧化碳或湿式惰气，以减少火区的氧浓度，使火源缺氧窒息的一种灭火方法。惰性气体用于扑灭矿井的外因火灾，其作用机理是降低火区空气中氧气和可燃气体的相对浓度，其中液态 N_2 还具有冷却炽热着火带的作用，从而减少火势，直至扑灭火灾。

使用惰性气体灭火要注意保证火区空间的密闭性，否则很容易造成惰性气体流失。另外，惰性灭火主要靠窒息功能，而对火源的降温功能较弱，因此窒息的火源在遇到新鲜空气时很容易发生复燃。

4.3　煤炭自燃及其影响因素

煤自燃是煤矿生产中的主要自然灾害之一。自 17 世纪以来，人们就开始对煤的自燃现象进行研究，提出了多种假说，但由于煤的化学结构非常复杂，人们至今不能完全阐述清楚煤的自燃机理。近年来，通过对煤的自燃的宏观特性与煤自燃过程中微观结构的变化特征深入研究，对煤自燃有了更加深入的认识。

4.3.1　煤炭自燃机理

人们从 17 世纪开始探索煤炭自燃机理。1862 年，德国 Grumbman 发表了第一篇关于煤炭自燃起因的文章。100 多年来，人们先后提出阐述了煤炭自燃机理学说，其中主要的有黄铁矿作用学说、细菌作用学说、酚基作用学说以及煤氧化合学说等。

4.3.1.1　黄铁矿作用假说

黄铁矿学说认为煤的自燃是由于煤层中的黄铁矿（FeS_2）与空气中的水分和氧相互作用放出热量而引起的。煤炭自热是氧和水与煤中的黄铁矿按以下化学反应式作用生热的结果：

$$2FeS_2 + 7O_2 + 2H_2O \longrightarrow 2FeSO_4 + 2H_2SO_4 \quad \Delta H = 25.7\text{kJ}$$

格瑞哈姆（Graham）观察到当黄铁矿以极细微状态存在时，它能快速吸收氧气，他还推出如下结论，绝大多数的井下煤炭发热都归因于潮湿空气中黄铁矿的氧化，其反应通常可由以下反应式表述：

$$2FeS_2 + 7O_2 + 16H_2O \longrightarrow 2FeSO_4 \cdot 7H_2O + 2H_2SO_4 \quad \Delta H = 1327.2kJ$$

上式反映了一种热效应。同时由于得到的反应产物体积比黄铁矿原始体积显著增大，结果使得包裹它的煤胀裂，导致煤与空气的接触面积增加。

4.3.1.2 细菌学说

细菌学说是由英国人帕特尔于 1927 年提出的，他认为在细菌的作用下，煤体发酵，放出一定热量，这些热量对煤的自燃起了决定性的作用。

1951 年波兰学者杜博依斯等人在考查泥煤的自热与自燃时指出，当微生物极度增长时，通常发生伴有放热的生化反应，30℃ 以下是亲氧的真菌和放线菌起主导作用；60 ~ 65℃ 时，亲氧真菌死亡，嗜热真菌开始发展；72 ~ 75℃，所有的生化过程均遭到破坏。为考察细菌作用学说的可靠性，英国学者温米尔与格瑞哈姆曾将具有强自燃性的煤置于 100℃ 真空器里长达 20h，在此条件下，所有细菌都已死亡，然而煤的自燃性并未减弱。因此，细菌作用学说未得到广泛承认。

4.3.1.3 酚基作用假说

1940 年，苏联学者特龙诺夫提出，煤的自热是由于煤体内不饱和的酚基化合物吸附空气中的氧，同时放出一定的热量所致。此假说的实质实际上是煤与氧的作用问题，因此，可认为是煤氧复合作用学说的补充。该学说的依据是，煤体中的酚基类最容易被氧化，不仅在纯氧中可以被氧化，而且亦可与其他氧化剂发生作用。

该假说认为，煤分子中的芳香结构首先被氧化生成酚基，再经过醌基后，发生芳香环破裂，生成羧基。但理论上芳香结构氧化成酚基需要较为激烈的反应条件，如程序升温、化学氧化剂等，这就使得反应的中间产物和最终产物在成分上和数量上都可能与实际有较大的偏移，因此，酚基作用学说也未得到广泛认可。

4.3.1.4 自由基作用假说

煤是一种有机大分子物质，在外力作用下煤体破碎，产生大量裂隙，必然导致煤分子的断裂。分子链断裂的本质就是链中共价键的断裂，从而产生大量自由基。自由基既可存在于煤颗粒表面，也可存在于煤内部新生裂纹表面，为煤自燃氧化创造条件，引发煤的自燃。

该假说认为煤中最初自由基的产生即链式反应的引发是由于机械力作用，然而实践证明未受外力作用下，煤照样自燃。煤的自燃过程也表明，煤的自燃有较长的准备期，而自由基通常在快速的化学连锁反应中产生火需要新的能量的激发，自由基存活的时间也非常短，因此自由基还不能说明煤在低温氧化阶段的反应特性，对煤自燃过程的影响还在进一步研究中。

4.3.1.5 煤氧复合作用假说

煤氧复合作用假说认为煤自燃的主要原因是煤与氧气之间的物理、化学复合作用的结果，其复合作用是指包括煤对氧的物理吸附、化学吸附和化学反应产生的热量导致煤的自燃。该假说已在实验室的实验和现场的实践中得到了不同程度的证实，因此得到了国内外的广泛认可。经过长期的研究，人们认识到煤氧复合过程是一个极其复杂的物理、化学过程。当煤表面暴露于空气中时，首先是煤粒表面对空气中的氧的物理吸附，产生物理吸附热，同时煤中原生赋存的瓦斯气体组分释放，水分蒸发，产生瓦斯解析热和水分蒸发潜热。随着煤体温度的逐步升高，物理吸附过渡到化学吸附，产生化学吸附热，化学吸附会自动加速成化学反应，并产生 CO、CO_2、H_2O 等产物，放出氧化反应热，并促使反应的进一步加速直至发生自燃。

4.3.2　煤自燃影响因素

煤自燃是煤氧化产热与向环境散热的矛盾发展的结果。因此，只要是与煤自燃过程产热和热量向环境散失相关的因素都能影响煤的自燃发火过程。可以将影响煤炭自燃的因素分为内在因素和外在因素。

4.3.2.1　内在因素

自燃是煤的一种自燃属性，但是发生自燃的能力却不相同。这是因为不同的煤氧化能力不一样，而影响其自身氧化能力的，即内在影响因素，主要有煤化程度、煤中的水分、煤岩成分、煤中的硫以及煤中的瓦斯，等等。实际上，这些影响因素也就是煤的自燃倾向性的影响因素。

（1）煤化程度。煤化程度即煤的变质程度。不同煤化程度的煤自燃倾向性发生规律性变化是由于随着煤化程度的变化，煤的分子结构发生规律性变化所致。随着煤化程度的增加，结构单元中芳香环数增加，对气态氧较活泼的侧链和含氧管能团减少甚至消失，煤的抗氧化作用的能力增加。低煤化程度的褐煤，即烟煤，其分子结构中性质活泼的侧链及含氧官能团较高，芳香环数少，芳香化程度低，因而其抗氧化作用能力较弱，易于氧化自燃；而高煤化程度的无烟煤，因其分子结构中性质活泼的侧链及含氧官能团减少甚至消失，芳香化程度高，因而抗氧化作用能力强，难以自燃。一般来说，煤的煤化程度越低，挥发分就越高，氢氧含量就越大，其自燃危险性就越大。

（2）煤的水分。根据煤中水分的赋存特点，煤中的水分分为内在水分和外在水分，煤的内在水分是吸附或凝聚在煤颗粒内部直径小于 10^{-5} cm 的毛细孔中的水分，煤的外在水分是指附着在煤的颗粒表面以及直径大于 10^{-5} cm 的毛细孔中的水分。一般来说，煤的内在水分在 100℃ 以上的温度才能完全蒸发于周围空气中，煤的外在水在常温状态下就能不断蒸发于周围空气中，在 40~50℃ 下，经过一定时间，煤的外在水分会完全蒸发。在煤的水分还没有全部蒸发之前，煤的温度很难上升到 100℃，因此，煤的含水量对煤的氧化进程有重要影响。

（3）煤岩成分。煤岩成分是指煤层中煤的岩相学组分。用肉眼看，可以将煤层中的煤分为丝煤、暗煤、亮煤和镜煤 4 种煤岩成分。不同的煤炭中，这四种成分的数量差别很大，通常煤体中的暗煤和亮煤所占的比例最大，丝煤与镜煤所占的比例较小。丝煤和镜煤仅仅是煤中的少量混杂物质。褐煤中丝煤含量最高，几乎无镜煤；无烟煤中镜煤含量最高，几乎无丝煤。镜煤与丝煤组成成分比较单一。

不同的煤岩成分其氧化性不同，氧化趋势按下列顺序降低：镜煤、亮煤、暗煤、丝煤。在低温下，丝煤吸氧最多，但是，随着温度的升高，镜煤吸氧能力最强，其次是亮煤，暗煤最难自燃。丝煤吸氧量最强主要是其结构松散，着火温度低，仅为 190~270℃。

（4）煤的含硫量。硫在煤中有三种存在形式：二硫化亚铁（即黄铁矿（FeS_2））、有机硫以及硫酸盐。煤中的无机硫和有机硫在氧化反应中的行为不同。有学者认为在 25℃ 时黄铁矿的氧化显著，而在 80℃ 时有机硫的氧化较明显，在 1065℃ 的湿空气下有 20% 的总硫被氧化，其中黄铁矿中的硫的 4% 被氧化，有机硫中的 16% 被氧化。

对煤自燃起主导作用的是黄铁矿，它的比热容小，与煤吸附相同的氧量其温度的增值比煤大 3 倍。黄铁矿的分解产物氧化铁比煤的吸氧性更强，能将吸附的氧转让给煤粒使之发生氧化自燃，显然它对煤的自燃过程起到了加速的作用。煤中含黄铁矿越多往往就越容易自燃。我国许多高硫矿区，如贵州的六枝、四川的芙蓉和重庆的中梁山、江西的萍乡、湖南的杨梅山均属于比较严重的矿区。我国西南主要矿区的统计资料表明，含硫 3% 以上的煤层为自燃发火煤层。

（5）煤的粒度与孔隙结构。完整的煤层和大块堆积的煤一般不会发生自燃，一旦受压破裂，呈破碎状态存在，煤才可能自燃发火。这是因为氧气不能够进入完整煤层的煤体，大块的煤能够充分与氧接触的表面积有限，氧化产生的热量相对较小，不足以使煤块升温，并且由于大块煤堆积的大缝隙导致对流传热明显，热量不易于积聚。一些学者认为，当煤的粒度过于小时，氧气难以进入堆积的煤体内部，影响煤的充分氧化。因此，推测煤自燃有一个最优粒度，该粒度也就是在煤氧化产热和热散失相对最大时候的粒度，并且该粒度随其他影响因素的变化而变化，一般认为粒度在 1mm 左右时煤的氧化性较强。

孔隙越发育的煤，其内表面积越大，单位质量吸收氧气的能力越大，利于反应的进行，而且孔隙发育的煤的导热性也相对较差（孔隙中充满气体，气体导热性比无孔隙的实体煤差），因此，孔隙越发育的煤，往往越易于自燃，如褐煤。

（6）煤的瓦斯含量。瓦斯（主要为 CH_4，还含一部分 N_2、少量 CO_2 和其他气体）是煤在形成过程和在地层中保存过程的伴生物。煤与瓦斯在一般温度条件下不发生反应，否则煤就不可能与瓦斯共存于煤层之中了。从煤氧化角度来说，瓦斯相当于惰性气体。因此，瓦斯或者其他气体含量较高的煤，由于其内表面受到隔离，氧气不易与煤表面发生接触，也就不易同煤进行复合。即使氧气能够到达煤体，瓦斯的稀释作用使氧气浓度降低，使煤氧发生反应的强度降低，产生热量的强度降低，煤发生自燃的危险性也相应减小。

4.3.2.2 外在因素

煤炭自燃倾向性取决于煤在常温下的氧化能力，是煤层发生自燃的基本条件。然而在生产中，一个煤层或矿井的自燃发火危险程度并不完全取决于煤的自燃倾向性，还受外界条件的影响，如煤层的地质赋存条件、开拓、开采方法及通风等。这些外界条件决定着煤炭接触到的空气量和与外界的热交换。因此，必须掌握它们的基本规律，来指导现场的生产实践，保证安全生产。

A 煤层地质赋存条件

煤层地质赋存条件主要是指煤层厚度、倾角、煤层埋藏深度、煤层的地质构造及围岩性质等。

较厚的煤层总的来说是一个增大火灾危险性的因素。开采厚煤层的矿井，内因火灾发生次数比开采中厚和薄煤层的矿井多。究其原因：一是因为厚煤层难以全部采出，遗留大量浮煤与残柱，而遗留在采空区的煤，尤其是碎煤，由于导热能力弱，常常会造成局部储热条件；二是采区回采时间长，大大超过了煤层的自燃发火期；三是煤层容易受压破裂而发生自燃。

　　煤层倾角对煤炭自燃也有重要影响，开采急倾斜煤层比开采缓倾斜煤层易自燃。因为倾角大的煤层受到地质作用影响比较大，使得煤层在开采过程中比较容易破碎，形成的煤粒度比较小；同时，倾角大的煤层频繁发生自燃还因为急倾斜煤层顶板管理困难，采空区不易充严，煤柱也不宜保留，漏风大，上部已经发生自燃的煤会下滑。

　　地质构造复杂的地区，包括断层、褶曲发育地带、岩浆入侵地带，自燃发火次数要多于煤层层位规则的地方。这是由于煤层受张拉、挤压的作用，裂隙大量发生，破碎的煤体吸氧条件好，氧化性能高。

　　煤层顶板的性质也影响煤炭发生自燃的过程。煤层顶板坚硬，煤柱易受碎裂。坚硬顶板的采空区冒落充填不密实，冒落后有时还会形成与相邻正在回采的采区，甚至地面连通的裂隙，漏风无法杜绝，为自燃提供了条件，大同矿区的自燃就具有此特征。若顶板易于垮落，垮落后能够严密地充填采空区并很快被压实，火灾就不易形成，即使发生，规模也不会很大。

　　B　采掘技术因素

　　采掘技术因素对自燃危险性的影响主要表现在采区回采速度、回采期、采空区丢煤量及其集中程度、顶板管理方法、煤柱及其破坏程度、采空区封闭难易等方面。好的开拓方式应是少切割煤层、少留煤柱、矿压作用小、煤层的破坏程度低，所以岩石结构的开拓方式，如集中平硐、岩石大巷、石门分采区开拓布置能减少自燃危险性。

　　由于采煤方法影响煤炭自燃主要表现在煤炭回采率的高低和回采时间的长短等，所以，丢煤越多、浮煤越集中的采煤方法越易引起自燃。采用冒落法管理顶板的开采方法在采空区中遗留的破碎煤一般都比其他方法多。由于顶板岩层的破坏，隔离采空区的工作比较困难，易于发生煤炭自燃。开采一个采区时采用前进式开采程序比用后退式开采的漏风大，而且也使采空区内的遗煤受氧作用时间长，都为自燃创造了条件。因此，开采有自燃倾向性煤层的采区，一般都采用后退式回采程序。另外，后退式回采程序对煤柱的压力较小，遗留在采空区的碎煤也少，而且也易于隔离采空区，防止其漏风。

　　C　通风管理因素

　　通风因素的影响主要表现在采空区、煤柱和煤壁裂隙漏风。如果漏风很小，供氧不足，可抑制煤炭自燃；如果漏风量大，大量带走煤氧化后产生的热量，也很难产生自燃。决定漏风大小的因素有矿井和采区的通风系统、采区和工作面的推进方向、开采与控顶方法等。

　　根据漏风规律可知，决定其主要漏风量大小的是漏风通道风阻和其两端压差。如果工作面即上下口之间压差小于一定值，则后方采空区就不会自燃。因此，只要能严密堵塞漏风通道，降低压差，即可大大减少矿井的自燃发生的次数。根据采场通风方式可以看到，后退式"U"形、"W"形通风方式有利于防治自燃，"Y"形和"Z"形通风方式易促进采空区自燃。

4.4　矿井火灾时期通风

　　灾变时期通风调度决策正确与否对救灾工作的成败极为重要。高温火灾气体的空气动力效应有两方面作用：一方面是燃烧生成的热能转化为机械能，形成附加的自然风压，即火风压，作用于通风网络；另一方面，在火源点生成大量火灾气体以及风流受热后体积膨胀产生膨胀压力，对上风侧风流产生阻力作用，即膨胀节流效应，对风流产生动力作用；同时，生成的火灾气体与受热膨胀增加的气体又使火灾巷道的气体流量大量增加，造成矿井通风系统风流紊乱。

4.4.1 火风压及其计算方法

火灾时高温烟流流过巷道所在的回路中的自然风压发生变化，这种因火灾而产生的自然风压变化量，在灾变通风中称为火风压。如图4-1所示的模型化的通风系统中，在 F 点发火，由于火源下风侧3-4风路的风温和空气成分发生变化，从而导致其密度减小，该回路产生火风压，根据火风压定义可得：

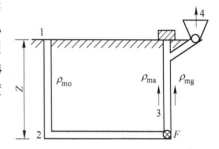

图4-1 矿井通风系统示意图

$$H_f = Zg(\rho_{ma} - \rho_{mg}) \qquad (4-1)$$

式中　H_f——火灾时1-2-3-4-1回路的火风压，Pa；

　　　Z——1-2-3-4-1回路的高差，m；

ρ_{ma}，ρ_{mg}——分别为3-4分支火灾前后空气和烟气的平均密度，kg/m^3。

由式（4-1）可知，所谓火风压就是指烟流流经有高差巷道时，由于风流温度升高和空气成分变化等引起的该巷道位能差的变化值。

4.4.2 火风压的特性

（1）火风压出现的位置。火风压产生于烟流流过的有高差的倾斜或垂直巷道中。

（2）火风压的作用相当于在高温烟流流过的风路上安设一系列辅助通风机。

（3）火风压的作用方向总向上。因此，当其产生于上行风巷道时，作用方向与主要通风机风压相同；产生于下行风巷道时与主要通风机风压方向相反，成为通风阻力，负火风压。

火风压的大小和方向取决于烟气流过巷道的高度、通过火源的风量、巷道倾角、火源温度和火源产生的位置。鉴于上述分析结果，当井下发生火灾时，应迅速了解火源的位置，根据燃烧物的分布、燃烧规模、火源温度、流经巷道的特征（是上行还是下行）、风量的大小，估算火风压大小及其对通风系统的影响，以便采取有效措施，保证矿井通风网络中风流稳定。

4.4.3 火灾时期风流紊乱规律及防治

4.4.3.1 风流的紊乱形式

风流紊乱的形式主要有旁侧支路风流逆转、主干风路烟流逆退和火烟滚退3种形式。

（1）旁侧支路风流逆转。当火势发展到一定程度时，通风网路中与火源所在排烟主干风路相连的某些旁侧分支的风流可能出现与正常风向相反的流动，在灾变通风中把这种现象叫作旁侧支路风流的逆转。如图4-2（a）所示，设在2-4分支内发生了火灾，正常情况下烟气将随风流通过4-5、5-6分支排出地面。当火势发展到一定程度时，会使旁侧支路3-

4分支风流反向，烟流从主干风路流向旁侧风路，侵入 4-3、3-5 分支，如图 4-2（b）所示，从而扩大事故的范围。

（2）主干风路烟流逆退。如图 4-3 所示，在分支 2-4 内的一点产生火源，若火势迅猛，烟气生成量大，火源下风侧排烟受阻，烟气一面沿主干风路的回风系统 4-5-6 排出，另一方面充满巷道全断面地逆着主干风路的进风流向 2 节点，这种现象叫作烟流逆退。当逆退的烟流达到 2 节点后，将随旁侧支路 2-3、3-5 的风流侵袭更大的范围，从而使危害扩大。下行风或水平巷道中这种风流紊乱现象更为常见。

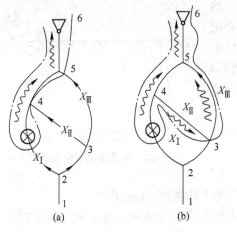
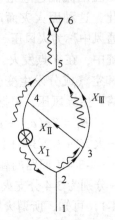

图 4-2　旁侧支路风流逆转   图 4-3　主干风路烟流逆退

（3）火烟滚退。在火源上风侧附近的巷道断面上出现两种不同的流向，即巷道上部烟气逆风流动，经过一定的距离后又与下部风流一起按原方向流动。烟气生成量越大、火源温度越高、巷道风速越低，发生滚退的概率越大。烟气的滚退，往往是主干风路风流的逆退和旁侧支路逆转的前兆。

4.4.3.2　风流

（1）上行风路产生火风压。发生风流逆转的原因主要是：1）因火风压的作用使高温烟流流经巷道各点的压能增大；2）因巷道冒顶等原因造成火源下风侧风阻增大，导致主干风路火源上风侧风量减小，沿程各节点压能降低。

风流逆转的规律是，上行风路产生火风压，旁侧支路风流是否发生逆转，与本分支的风阻大小无关。风流逆转的过程一般是，风量先逐渐减小至停止，然后反向。旁侧支路风量减小可能是逆转的前兆。

为了防止旁侧风路逆转，主要措施有：1）降低火风压；2）保持主要通风机正常运转；3）采用打开风门、增加排烟通路等措施，减小排烟路线上的风阻。

（2）下行风路产生火风压。在下行风路中产生火风压，其作用方向与主要通风机作用风压方向相反。当火风压等于主要通风机分配到该分支压力时，该分支的风流就会停滞；当火风压大于该分支的压力时，该分支的风流就会反向。主干风路风阻及其产生的火风压一定时，风量越小，越容易反向。

防止下行风风路风流逆转的途径有：减小火势，降低火风压；增大主要通风机分配到该分支上的压力。

（3）风流逆退的原因、规律及其防治。

火源处产生大量烟气以及风流加热后体积膨胀，类似于在火源处增加了一条风路。其体积流量超过原来风量，就会导致烟流逆退。

发生逆退的原因是：烟气的增量过大；主通风机风压作用于主干风路的风压小。

防止逆退措施是：减小主干风路排烟区段的风阻；在火源的下风侧使烟流短路排至总回风；在火源的上风侧、巷道的下半部构筑挡风墙，迫使风流向上流，并增加风流的速度。

4.4.4　灾变时期风流控制

矿井火灾时风流控制是一个比较复杂的技术问题。需要以灾变通风理论和成功的事故处理经验为指导。矿井发火时对通风制度的基本要求是：（1）保护灾区和受威胁区域的职工迅速撤离至安全地区或井上；（2）有利于限制烟流在井巷中发生非控制性蔓延，防止火灾范围扩大；（3）不得使火源附近瓦斯积聚到爆炸浓度，不容许流过火源的风流中瓦斯达到爆炸浓度，或使火源蔓延到有瓦斯爆炸的地区；（4）为救护创造条件。

风流的控制可以是区域性的，也可以是全矿范围内的。控制的方法可以借助于主要通风机、局部通风机以及通风装置；也可以只使用通风设施，如风门、临时密闭和调节风窗等，或者几种结合起来使用。火灾时常用的通风制度有以下几种。

4.4.4.1　维持正常通风，稳定风流

这一制度的适用条件是：（1）火源位于采区内部，烟流已弥漫较大范围，井下人员分布范围大；（2）通风网路复杂的高瓦斯矿井，采用其他通风制度有发生瓦斯和煤尘爆炸危险，或使灾情扩大；（3）火源位于独头掘进巷道内，不能停运局部通风机；（4）火源位于采区或矿井主要回风巷，维持原风向有利于火烟迅速排出；（5）减少向火源供风抑制发展。但应注意的是，减小风量不要引起瓦斯爆炸；若火源下风侧有人员未撤出，则不能减少。

4.4.4.2　停风机

在以下情况下考虑：（1）火源位于进风井口或进风井筒，不能进行反风；（2）独头掘进面发火已有较长的时间，瓦斯浓度已超过爆炸上限，这时不能再送风；（3）主要风机已成为通风阻力时。停止主要通风机时应同时打开回风井的防爆门或防爆井盖。采用这种通风制度应慎重。

4.4.4.3　反风

当井下发火时，利用反风设备和设施改变火灾烟流的方向，以使火源下风侧的人员处于火源"上风侧"的新鲜风流中。按范围分，有全矿反风、区域反风和局部反风三种。

（1）全矿反风。通过主要风机及其附属设施实现。

（2）区域性反风。在多进、多回的矿井中某一通风系统的进风大巷中发火时，调节一个或几个主要风机的反风设施，实现矿井部分地区风流反向的反风方式，称为区域性反风。

（3）局部反风。当采区内发生火灾时，主要通风机保持正常运行，调整采区内预设的风门开关状态，实现采区内部局部风流反向，这种反风方式称为局部反风。

4.4.4.4 风流短路

火源位于矿井的主要进风系统，若不能及时进行反风或因条件限制不能进行反风时，可将进、回风井之间联络巷中的风门或密闭打开，使大部分烟流短路，直接流入总回风，减少流入采区烟流，以利人员避难和救护队进行救护。

4.5 火区管理与启封

火区封闭是减少火源氧气供给、控制火势发展的一项重要技术手段，火区封闭质量的好坏直接决定了防灭火的效果。而火源熄灭后，启封措施是否得当又是后续生产能否安全进行的关键，稍有不慎，很容易导致火区复燃，甚至引发爆炸事故，从而造成重大的人员伤亡。

4.5.1 火区封闭

4.5.1.1 火区封闭的基本原则

（1）准备先行。处理矿井火灾的一个重要原则就是，不管采用何种灭火方法，也不管火灾的范围有多大，都应同时准备火区封闭预案，提前做好封闭火区的思想和物质准备。这是因为矿井的条件极其复杂，火源的发展受多种因素的影响，所以火势随时都有扩大化的可能，万一所用的灭火技术无法有效控制火势的发展，应保证能够及时进行封闭，将事故损失减小到最低。

（2）行动果断。井下直接灭火未能奏效，应果断采取封闭火区的方法进行灭火，以尽量争取时间上的有利条件。许多救灾的实践表明，封闭火区灭火的成功几率随时间的拖延呈指数下降。

（3）封闭"四字诀"。火区封闭的"四字诀"是"密、少、快、小"四字。"密"是指密闭墙要严密，尽量减少漏风；"少"是指密闭墙的道数要少；"快"是指封闭墙的施工速度要快；"小"是指封闭范围要尽量小。

原则上讲火区封闭时，应尽量使火区范围小一点。封闭范围越小，特别当进风侧防火墙与火源距离越小时，渗漏的新鲜风流在火区中的流动距离越小，封闭后的火区氧气浓度下降也越快，灭火效果越好。但从另一个角度来说，封闭火区的范围越小，防火墙与火源的距离越小，火区的高温烟流对防火墙的影响也越大，直接威胁防火墙构筑人员的人身安全；而且对于瓦斯矿井，火区范围小更容易使可燃气体积聚达到爆炸界限，有可能在密闭过程中就发生爆炸，威胁人员生命安全，这时可适当扩大封闭的范围。

（4）加强监控。火区封闭时应实时监测大气压力、火区气体以及风流状态的变化。尽量在大气压力较高且上升的时候封闭火区。火区封闭过程中，要指定专人对瓦斯、CO、O_2及其他有害气体浓度和风流状态的变化进行有效的测定和控制，防止因瓦斯爆炸和风流状态的紊乱等造成灾害事故的扩大化。

4.5.1.2 火区封闭的顺序

进行火区封闭时，应根据火区范围、火势大小、瓦斯涌出量等情况决定火区封闭的顺序。一般是将对火区影响不大的次要巷道首先封闭起来，然后封闭火区的主要进、回风巷。在多风路的火区建造防火墙时，应根据火区范围、火势大小、瓦斯涌出量及火区内是否有瓦斯集聚区和采空区等情况来决定封闭顺序，见表4-1。

表4-1 火区封闭优缺点比较

封闭顺序	优 点	缺 点	适用条件
先进风巷、后回风巷	迅速减少向火区的供氧，使火势因缺氧而大大减弱，减少了流向回风侧的烟流量，为构建回风侧的防火墙创造条件	1. 易导致火区压力降低而"抽吸"瓦斯； 2. 可能引起风流紊乱； 3. 风流与瓦斯混合，可能引发爆炸	适用于火区瓦斯浓度较低且不与采空区或高瓦斯积聚区相连的情况
进、回风巷同时封闭	1. 火区封闭耗时少，能尽快切断供氧； 2. 火区封闭前仍能保持通风，火区可燃气体浓度不易达到爆炸界限	安全性与进风侧能否保证同步封闭密闭相关，井下由于通信困难和条件的复杂性，较难按预定时间完成同时封闭	应用范围较广，应用较为普遍，高、低瓦斯矿井均可采用
先回风巷、后进风巷	1. 反转回流的惰性烟气能惰化火区； 2. 火区气压升高，抑制瓦斯涌出	1. 易发生风流紊乱，造成可燃高温烟气回流至火区，引起爆炸； 2. 在进风侧未封闭的情况下，回风侧的防火墙构筑工作比较艰苦，危险性也更大	一般不宜采用，有些情况下也可以考虑： 1. 火势不大、温度不高、瓦斯含量低，用以截断火源蔓延； 2. 高瓦斯区域，防火墙和火源之间存在瓦斯源

4.5.1.3 防火墙的构筑

构建防火墙的目的是在整个火区封闭期间隔断流向火源的风流。

为了减少防火墙的漏风，原美国矿业局的相关研究人员提出了一些技术措施，现场应用证实这些措施能够有效提高防火墙的构筑质量和减少漏风：

（1）在砌筑混凝土防火墙过程中，对竖直的防火墙面进行抹面时，用具有适当强度的塑料硬毛刷代替抹刀刷涂砂浆，可以增加防火墙的严实性和耐久性。特别是防火墙周边与巷道的接触处，相对抹刀来说，使用塑料硬毛刷不仅更为简便，而且效果更好。

（2）在砂浆中掺入玻璃纤维，能够有效增强砂浆的胶结强度和黏性，在现场的涂抹过程中更加方便。

（3）在防火墙上涂抹石灰，既有利于防止漏风，也有助于查看墙上的裂缝发展情况。

（4）防火墙周边与巷道接触的地方容易出现漏风，因此，应分别在巷底、巷帮和巷顶采取相应措施。

4.5.2 火区管理

封闭火区完成之后，可以认为火势暂时得到了控制。但最终实现火源完全熄灭需要一个较长的过程，而火源只要没有彻底熄灭，就始终是一个潜在的威胁。因此，在完成封闭到火源完全熄灭、完全启封的这段时间里，务必要加强火区的管理工作。

凡发生过矿井火灾的煤矿，都必须绘制火区位置关系图，注明所有火区和曾经发火的地点。对所有火区都必须建立火区管理卡片。火区管理卡片应符合下列要求：

（1）火区管理卡片应包括：

1）火区基本情况登记表（表4-2）；

表4-2　火区基本情况登记表

火区名称：　　　　　　　　　　　　　火区编号：

发火时间		年 月 日 时 分	发火地点及标高 （该表背面要附火区位置示意图）	
发火原因				
发火 当时 情况		火灾处理方法及经过		
		火灾处理延续时间/h		
	火灾波 及范围	封闭巷道总长度/m		
		封闭工作面个数/个		
	密闭数量	临时密闭/个		
		永久密闭/个		
		注入水量/m³		
		注入河砂、泥浆/m³		
		注入惰性气体/m³		
火灾 造成 损失		影响生产时间/h		
		影响产量/万吨		
		冻结煤量/万吨		
	设备损失	封闭/台、件		
		烧毁/台、件		
煤层 产状		厚度/m		
		倾角/（°）		
煤层自 燃情况		煤层自燃危险等级		
		煤层自然发火期/月		
		采煤方法		
		采掘起止时期		

2）火区灌浆、注砂、注惰气记录表（表4-3）；

3）防火墙及其观测记录表（表4-4）；

4）火区位置示意图。

表4-3　火区灌浆、注砂、注惰气记录表

火区名称：　　　　　　　　　　　　　火区编号：

钻孔防 火墙 编号	位置		钻机 编号	打钻 时间	套管直 径/mm	孔深/m	灌浆			注砂		注惰气		备注
	地面	井下					日期	灌浆量 /m³	泥水比	日期	注砂量 /m³	日期	注惰气 量/m³	

表 4-4　防火墙内气体成分、温度等观测记录表

火区编号：　　　　　　　　　　　　　　　　　防火墙编号：

地点	封闭日期	厚度/m	断面积/m²	建筑材料	施工负责人	砂浆惰性注入量/m³
观测日期	防火墙内气体成分/%					防火墙内温度/℃	防火墙出水温度/℃	防火墙内外压差/Pa	发现情况

观测日期	防火墙内气体成分/%					防火墙内温度/℃	防火墙出水温度/℃	防火墙内外压差/Pa	发现情况
	CH_4	O_2	CO_2	CO	N_2				

（2）火区管理卡片由矿通风部门负责填写，并装订成册，永久保存。

（3）火区位置示意图应以通风系统图为基础绘制，即在通风系统图上标明火区的边界、火源点位置，防火墙类型、位置与编号，火区外围风流方向、漏风路线以及灌浆系统、均压技术设施位置等，并绘制必要的剖面图。

4.5.3　火区启封

启封火区是一项危险的工作，启封过程中因决策或方法上的失误，可能导致火区复燃和重封闭，甚至造成火区的爆炸而产生重大伤亡事故。

4.5.3.1　火区启封的条件

《矿井安全规程》第二百四十八条规定：封闭的火区，只有经取样化验证实火已熄灭后，方可启封或注销。火区符合以下条件时，方可认为火源熄灭：

（1）火区内的空气温度下降到3℃以下，或与火灾发生前该区的日常空气温度相同。

（2）火区内空气中的氧气浓度降到5.0%以下。

（3）火区内空气中不含有乙烯、乙炔，一氧化碳浓度在封闭期间内逐渐下降，并稳定在0.001%以下。

（4）火区的出水温度低于25℃，或与火灾发生前该区的日常出水温度相同。

（5）上述4项指标持续稳定的时间在1个月以上。

4.5.3.2　启封方法

A　通风启封火区法

通风启封火区也就是在保持正常通风情况下启封火区。该方法适用于确认火源已经完全熄灭且火区范围较小的情况。选择通风启封火区法之前要慎重考虑，若选择不当，反而会造成火区复燃、火势扩大甚至引发爆炸事故。

通风启封火区一般按以下步骤进行：

（1）先用局部通风机风筒和风障等通风设施对密闭墙进行通风，同时确定火区气体的排放路线，并撤出该路线上的人员。

（2）打开一个回风侧防火墙，过一定时间，再打开一个进风侧防火墙。开启时应先开一个小孔，然后逐渐扩大，严禁一次将防火墙全部打开。

（3）保持足够通风量，使火区气体特别是瓦斯沿着预定的路线保持在规定允许的瓦斯浓度（0.75%）以下排出。

（4）让火区气体排放持续一段时间，期间进行检测，若无异常现象再相继打开其余防火墙，若发现尚有高温点存在，则应采取直接灭火的方法立即扑灭并撤离不必要的人员。

通风排放火区气体所需要的时间可以用式（4-2）进行估算：

$$t = \frac{n \cdot V}{Q} \ln \frac{C_1}{C_2} \qquad\qquad (4\text{-}2)$$

式中　t——通风所需时间，min；

C_1——火区环境瓦斯气体浓度，%；

C_2——需要达到的瓦斯浓度，%；

V——封闭区体积，m^3；

Q——通风量，m^3/min。

$$Q > \frac{n \cdot G}{C_2} \qquad\qquad (4\text{-}3)$$

式中　G——CH_4 释放量，m^3/min。

n——环境参数，随可燃气体释放量和风速的变化而变化，当风速大于1m/s时，n取2；风速位于0.3~1m/s时，n取3。

由于进风侧防火墙一般位于火区的下部，容易有 CO_2 积存，启封前和启封期间都要注意检查，防止 CO_2 逆风流动造成危害。进、回风侧防火墙打开之后，救护队员应暂时撤离工作现场，通风1~2h以后，再派人进入火区进行清理、喷水、降温、挖除发热的煤炭等恢复工作。

B　锁风启封的方法

锁风启封的火区也称为分段启封火区，适用于火区范围较大、难以确认火源是否彻底熄灭或火区内存积有大量的爆炸性气体的情况。启封时，沿着原封闭区内的巷道，由外向内，向火源逐段移动防火墙的位置，逐渐缩小火区范围，从而最后在封闭状况下进入着火带，实现火区全部启封。

锁风启封火区法一般按以下步骤进行：

（1）以距进风巷原防火墙最近的新鲜风流处为基地，将其作为地面指挥中心和现场救护人员联系的桥梁。

（2）在主要进风巷处构筑锁风防火墙，墙上留设风门，以便于人员进出；锁风防火墙与原防火墙之间留出5~6m的距离，便于材料储备和人员作业。

（3）启封人员进入锁风防火墙与原防火墙之间的临时密闭后关上风门，在原防火墙上打开一个缺口以满足人员的通行，缺口要悬挂风帘形成锁风室；对临时防火墙和原防火墙之间的空间进行清理，防止妨碍人员的通行和紧急情况下的撤退；在确认封闭区内气体不至于对人员构成威胁的前提下，才可以从缺口进入封闭区。

（4）救护人员进入原防火墙内，在进一步测定和分析大气成分、温度、压力和巷道环境的基础上，确定下一道锁风防火墙的构建位置和构筑材料，该位置同时还应综合考虑救护人员的作业时间、作业内容、与指挥中心的联络能力和火区状况等各方面因素。

（5）救护人员携带塑胶风障、马蹄钉、射钉枪和其他工具、材料进入选定的位置构筑新的带风门的锁风防火墙。

（6）拆除两道锁风防火墙之间的原封闭防火墙，并及时清理，以免妨碍通行。

（7）打开原锁风防火墙的风门通入新鲜风流。在有多条巷道相连的地区，可以考虑控风，使新鲜风流经过相应区域，同时应注意采取逐段通风的方式，不要过早通入过大风流。

（8）救护人员对新建的锁风防火墙进行修补和加固，若条件允许的话，在锁风防火墙外可再构建一个防火墙以减少漏风。

（9）将原联络基地移近新建的锁风防火墙，并重复步骤（2）~（8），逐步向着火带推进。在整个推进过程中，应始终保持火区处于封闭隔离状态。

利用锁风法启封火区的过程中，由于原防火墙的打开，新鲜风流的进入不可避免地要增加原封闭区内的氧气浓度，从而增大发生爆炸的可能性。因此，锁风最好在封闭区内氧浓度减少到2%以下时进行，以防形成爆炸性气体。

无论采用哪一种启封方法，工作过程中都要经常检查火区内的气体，一旦发现火区有复燃或爆炸的征兆，应及时予以处理或撤退。

C　火区启封的注意事项

（1）启封已熄灭的火区，必须事先制定专门措施，并报请批准。启封措施的内容应包括：1）启封火区的依据；2）启封前进入火区侦察的方法、打开防火墙的顺序；3）启封火区时的各项安全措施：预先储备建筑防火墙的材料以满足万一再封闭的要求，预先确定排放瓦斯和有害气体的路线，配备紧急救护工具和直接灭火工具及材料。

（2）在启封过程中，应注意时刻监测封闭内的有害气体浓度的变化，若形成爆炸性气体，现场人员应立即撤退。

（3）火区内涌出的有毒有害气体也对现场工作人员构成了极大的威胁，大气压力降低时这种威胁更大。因此，启封期间务必要对火区内的压力进行有效监控，火区压力下降预示新鲜空气可能流入，火区压力上升则预示区内有毒有害气体可能流出。救灾指挥中心应有地面和封闭区内大气压力变化趋势图，以便及时掌握封闭区内和地表大气变化趋势，从而积极采取相应的措施确保火区启封的顺利进行。

（4）启封过程中有时需要配合其他技术同步进行。例如，如果火区内积存有大量的瓦斯和火灾气体，采用常规的通风启封或者锁风启封方法均不能在短时间内有效控制有害气体的涌出，而启封时大量空气进入火区还会破坏封闭火区内已形成的惰化状态，有可能导致火区复燃。

（5）如果火区内积存大量的瓦斯气体，则应在与火区相连的巷道内撒布岩粉或采取其他防爆措施，在火区回风侧的巷道中更应如此。

（6）在启封完成之后的3天内，每班必须由矿山救护队检查通风工作，并测定水温、空气温度和空气成分。只有在确认火区完全熄灭、通风状况良好后，方可进行生产工作。

复习思考题

4-1　简述火风压的特性。

4-2　封闭火区时的顺序和方法应如何选择？

4-3　火区启封的条件是什么？

4-4　简述火区启封方法及其安全技术措施。

5 煤炭自燃防治

5.1 煤炭自燃预测预报

矿井火灾的预测预报是矿井火灾防治工作的重要环节，特别是矿井内火灾的发生要经历准备期和自热期，其变化过程具有明显的预兆，故矿井火灾发展过程中的早期预测预报显得尤为重要。《矿井防灭火规范（试行）》要求每一自燃矿井均要及时掌握自燃发火动向，建立自燃发火观测网，确定自燃发火的临界值，对矿井的自燃危险区域进行系统的、定期的观测，一旦发现某一指标已达到临界值，应迅速做出预报。

5.1.1 煤炭自燃发火预报的指标气体

煤炭自燃指标气体是指能预测和反映其自燃发火状态的某种气体，这种气体的产率随煤温的上升而发生规律性的变化。煤在氧化升温过程中气体的释放因煤种、煤岩性质、地质条件等内外因素的不同而有差别。

5.1.1.1 指标气体种类与特征

煤层发火过程中，将产生一系列反映煤炭氧化和燃烧程度的指标气体，如 CO、CO_2、C_2H_6、C_2H_4、C_3H_8、C_2H_2 等，随着煤温的升高，其产生量将发生显著变化，可以利用指标气体产生量及其变化率和相互间的关系，来进行煤层火灾的早期预报。目前，国内外煤矿在气体分析法的应用中，主要使用的自燃发火指标气体见表 5-1。

表 5-1 各国自然发火指标气体

国 家 名 称	指 标 气 体	
	主要指标气体	辅助指标气体
俄罗斯	CO	C_2H_6/CH_4
中国	CO、C_2H_4	$CO/\Delta O_2$、C_2H_6/CH_4
美国	CO	$CO/\Delta O_2$
英国	CO、C_2H_4	$CO/\Delta O_2$
日本	CO、C_2H_4	$CO/\Delta O_2$、C_2H_6/CH_4
波兰、德国、法国	CO	$CO/\Delta O_2$

实际情况下，指标气体贯穿于整个煤自燃发火过程中，利用现有的检测技术和手段，CO 一般在常温情况下就可测定出来；烷烃（乙烷、丙烷）的检出温度比 CO 稍晚，一般在临界温度左右，而且在不同煤种中有不同的显现规律；烯烃气体较 CO 和烷烃气体检出的晚，乙烯在 100℃ 左右才能被测出，是煤自燃发火进程是否加速氧化阶段的标志气体，在开始产生的浓度上略高于炔烃气体；炔烃气体出现的时间最晚，只有在较高温度段才出现，与前两者之间有一个明显的温度差和时间差，是煤自燃发火步入激烈氧化阶段（即燃

烧阶段）的产物。因此，在这一系列气体中，选择哪些气体和指标来判定煤自燃程度是至关重要的。

A 一氧化碳

根据煤炭自燃的机理，煤在空气中氧化会释放出 CO 和 CO_2，但由于空气中本身存在一定量的 CO_2，因此目前国内外普遍采用 CO 作为煤层火灾预报的主要指标气体。首先，因为煤在低温氧化过程中 CO 的生成量与煤温之间有十分密切的关系，随着煤温的升高，CO 浓度的变化量最明显，所以，采用 CO 作为指标气体比较灵敏；其次，煤层中一般不含有 CO，井下爆破工作中所产生的 CO 能很快被风流所稀释和排除；最后，CO 检测比较容易、方便。可以肯定地说，只要井下空气中出现 CO，并且持续增加，井下存在自燃现象（或高温点）就确定无疑了。

矿井中风量的变化对 CO 浓度有较大影响，为消除风量影响，常使用 $CO/\Delta O_2$（Graham 系数）作为判定指标，但由于 CO 属微量分析的范畴，而 O_2 属常量分析（灵敏性差），因此其比值的误差较大，稳定性不好。

许多矿井的现场实践也证明，井下煤体中在低温下也能检测出一氧化碳，而且有时数值较大，这可能是在生产过程中煤体发生摩擦断裂，增加了煤体的表面活性所致。因此，作为自燃发火早期预报气体，它需要根据各矿的具体条件，加强观测与分析判断，并与其他气体指标相结合，来预报煤炭自燃。

B 烃类气体

为了解决 CO 的定量临界值问题，通过研究，国内外学者又提出了以烷烃、烯烃、炔烃类气体作为预测预报的指标气体。

烃类气体是在煤温达到某一温度后的裂解和裂化产物，表 5-2 列出了煤样做加温实验时烯烃被检出的温度范围，表 5-3 是煤样破碎成不同粒度作升温实验时烯烃涌出的温度，表 5-4 为不同煤种指标气体的始现温度。

表 5-2 34 个煤样烯烃被检出的温度范围

烯 烃	乙烯（C_2H_4）	丙烯（C_3H_6）	丁烯（C_4H_8）
被检出的温度范围/℃	110~130	130~150	150~170

表 5-3 不同粒度的煤样烯烃产生的温度

煤样粒度/μm	烯烃被检出的温度/℃		
	乙烯	丙烯	丁烯
840~2000	130	150	180
250~420	110	140	160
150~178	110	150	160

表 5-4 指标气体始现温度 （℃）

指标气体	褐煤	长焰煤	气煤	肥煤	焦煤	瘦煤	贫煤	无烟煤
C_2H_6（乙烷）	84	89	79.8	66	113.5	85	84	104
C_2H_4（乙烯）	104	109	123.2	106	135.5	120	106	151
C_3H_8（丙烷）	130	132	139.8	126	157.7	145	128	174

从表中可以看出，随着煤温升高，烯烃的碳原子数依次递增，110~130℃出现乙烯，130~150℃出现丙烯，150~170℃以上出现丁烯。

煤样升温实验表明，烃类气体的检出温度范围较窄，它与煤温的关系既简单又明确。在实验条件下，只有当煤温达到70~80℃时才出现乙烷，达到110~130℃时才出现乙烯，达到130~150℃时出现丙烷、丙烯，煤温达到150~170℃时出现丁烯，炔烃气体则是煤体剧烈氧化时的产物，且煤温升高时烯烃的浓度随之增大，并且呈指数曲线状上升，乙烯浓度在150~160℃开始猛增，利用这种特殊的规律，可以根据烷、烯、炔烃的出现与否和出现的碳原子数来反推煤炭的温度范围。这一点对现场进行煤炭自燃的早期预报有着极其重要的意义，井下一旦检测出乙烯，就说明存在110℃以上的高温点，发现丙烯就存在130℃以上的高温点，以此类推，就可把预报由定性转为存在临界值的定量。

利用临界值预报煤炭自燃，能把井下风量变化等多种干扰因素降到最低水平，使预报的准确性大大提高，另外，检测烯烃碳原子数的变化，还可以预测灾情的发展趋势。

乙烯是煤氧化分解及热裂解的产物，只有在煤进入加速氧化阶段，其发生量才能达到乙烯的检测下限，乙烯的出现是煤进入加速氧化阶段的一个重要标志，对于那些需要在110~170℃范围内发出预报的煤种，烯烃就是最好的指标气体，因此，在测定CO的同时，应测定C_2H_4。

C 链烷比

煤在升温过程中，烃类气体的产生量是煤样解吸、氧化、分解以及高温下煤裂解产物的总和，其释放规律与煤样温度和烷烃碳原子数有关。烷烃气体组分释放时的煤温度值随碳原子数的增加而增高；当进入加速氧化阶段后，碳原子数越多的烷烃释放速度（单位重量煤样单位温升下的释放量）越快。

在煤氧化初期，甲烷的产生主要是解吸的结果，煤温升高，浓度增大。当煤温升高到一定温度时，解吸和氧化并存，但解吸量随温度增加而减少，甲烷浓度呈下降趋势。随着煤温的升高，在氧化产物中，除了甲烷外，还有乙烷（C_2H_6）、丙烷（C_3H_8）和丁烷（C_4H_{10}），它们的浓度随煤温升高而增大，它们和甲烷（或乙烷）浓度的比值称为链烷比，用链烷比作为预报煤炭自燃的指标气体最显著的特点就是，它与煤的氧化关系较小，主要随煤体温度的高低而变化，而且受风流的稀释影响较小，因此链烷比这个指标比较灵敏，有一定的使用价值。

在同一实验条件或井下自燃发火的同一地点，通气量、煤量均相同的情况下，根据饱和碳氢化合物成分的变化，也即根据链烷比就是烷烃释放速率之比，可以估测出煤的温升。

5.1.1.2 指标气体与煤种和煤岩成分的关系

A 指标气体与煤种的关系

大量的实验结果和应用实践表明，长焰煤、气煤、肥煤、焦煤、瘦煤、贫煤、无烟煤等煤种受热时CO的涌出规律都比较一致，煤温升高，其浓度呈指数曲线上升，在120~150℃这个温度范围内，CO浓度开始急剧增高。但是，CO和煤种的挥发分产率、固定碳含量、燃点之间没有明确的关系。

煤种的挥发分、燃点和乙烯涌出时的温度见表5-5。由表可知，挥发分最高的长焰煤，乙烯90℃已开始出现；挥发分较低的贫煤，乙烯140℃出现；无烟煤挥发分最低，200℃时仍无乙烯出现。因此，可以认为乙烯涌出的温度与煤种的挥发分产率有密切的关系，即挥发分高，受热时乙烯涌出的温度就低，但往往这样的煤种燃点也低。所以，乙烯的初始可检出温度随煤变质程度的加深在110~150℃之间变化，作为预报临界值是非常适合的。

表5-5 几个煤种的挥发分、燃点、乙烯涌出的温度

项目	长焰煤	气煤	肥煤	焦煤	瘦焦煤	瘦煤	贫煤	无烟煤
挥发分/%	40.38	31.94	31.33	23.62	22.24	21.75	11.95	8.04
燃点 T/℃	301.9	341	357	430	425.7	453.6	428.5	477.9
乙烯涌出温度/℃	90	120	110	130	120	110	140	200℃时无

用烯烃作指标气体适用于气煤、肥煤、长焰煤、贫煤、瘦煤等受热时有烯烃产生的绝大多数煤种，对于无烟煤就不能用乙烯作为指标气体。

B 指标气体与煤岩成分的关系

丝煤在升温到90℃时即有乙烯产生，而镜煤、亮煤和暗煤则升温到110℃之后才产生乙烯，说明丝煤在低温下容易氧化。因此，丝煤成分较多的煤层更容易自燃。

5.1.1.3 指标气体的选取原则

通过上述分析可知，反映煤自燃程度的判定指标很多。因此，选择合适的气体作为煤自燃程度判定指标对煤自燃程度的判定至关重要。气体判定指标的选取主要基于以下原则：

（1）灵敏性。煤矿井下一旦有煤炭自燃倾向，或煤温超过某温度范围时，该气体一定能检测到，其生成量与煤温成正比，且检测到的温度尽可能低。

（2）规律性。同一煤层同一采区的各煤样在热解时，指标气体出现的温度段基本相同，且指标气体生成量与煤温有较好的对应关系，重复性好。

（3）独立性。指标尽可能不受或少受一些外界因素的干扰。

（4）可测性。现有检测仪器能够检测出指标气体的变化，并快速、准确。

目前我国煤矿所用的气体检测设备（气相色谱仪）主要检测 O_2、N_2、CO、CO_2、CH_4、C_2H_6、C_3H_8、C_2H_4、C_2H_2 九种气体。

在煤自燃过程中，根据各种气体的相对产生量和采用的分析方法（微量分析和常量分析），可将其划分为以下三类：

（1）常量分析的气体。O_2 和 N_2。

（2）微量分析的气体。CO、C_2H_6、C_3H_8、C_2H_4、C_2H_2。

（3）微量分析或常量分析的气体。CO_2 和 CH_4。

在煤自燃过程中，根据各种气体指标的产生原因，可将其分为以下两类：

（1）氧化气体（与煤氧复合和煤温相关）。CO 和 CO_2。

（2）热解气体（与煤温相关）。CH_4、C_2H_6、C_3H_8、C_2H_4、C_2H_2。

通过上述划分，除选用各种单一气体指标作为判定煤自燃程度的表征参数外，还可选用 CO_2/CO、CH_4/C_2H_6、C_3H_8/C_2H_6、C_2H_4/C_2H_6 等气体的比值作为判定煤自燃程度的表征参数。对于高瓦斯矿井，煤层中本身赋存有一定的 CH_4 和 C_2H_6 等有机气体，这些气体

不能作为自燃预报的标志。

5.1.2 煤层自燃发火监测及早期预报技术

完善的监测系统对于及时发现煤层发火，准确分析火区发展变化趋势，保证工作面安全生产具有重要的作用。针对矿井实际情况，应采取现场日常观测、采样色谱分析、束管监测系统及矿井安全监控系统等多种手段相结合的观测方法，获取观测数据，为分析煤层自燃的状况及其变化趋势提供依据。

5.1.2.1 自燃发火监测点的布置原则

在煤层火灾的监测中，监测点的布置至关重要，实践证明，监测点布置应按照以下原则进行：

（1）预计易发火区域。按照矿井生产环境及煤层发火条件，把各危险区域作为监测对象，即根据发火的时间和空间特性分析布置。

（2）测点布置在高负压区。从全负压角度考虑，只要漏风风流经过高温火点，各泄漏通道以负压最高处最易反映发火区域的真实情况。

（3）提供最佳排除炮烟影响环境。井下放炮产生大量的一氧化碳，经过测点时就反映到一氧化碳监测仪器上来，给非连续监测带来困难，因此要设法排除炮烟干扰。

（4）测点具有恒定的漏风量。如果进行相对量监测，漏风量不稳定，监测仪反映的数值无法表达发火过程中真实情况，即使对绝对量进行监测，由于微小风量测算困难，也会造成很大误差。因此，监测过程中如无特殊需要，尽量不改变通风系统，改变后要及时调整测点，各参数量重新对比整理。

（5）测点应避开温差自然风压的影响。这是监测系统井下测点布置较重要的原则，如图5-1所示。

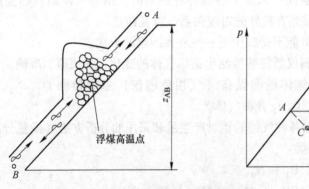

图5-1　测点布置图

当易燃点受下行风流风压作用时，测点按常规应布置在 B 处。但当易燃点温度逐渐升高，由于存在标高差异，温差自然风压逐渐增大，此值如果大于全风压时，B 点气体成分将无法反映易燃点的真实情况。

当 $p_1 < 0$，高温点漏风风流方向与全风压风流方向一致，测点可布置在 B 点；当 $p_1 > 0$ 时，B 点无法观测灾区气体情况，在这种情况下，应在预计高温点 A、B 两侧均设测点，前期可用 B 测，后期则改用 A 点进行监测。

5.1.2.2 巷道自燃发火监测

巷道松散煤体发火预测预报主要是根据煤氧化放热时引起的气体、温度等参数的变化规律，并根据自燃发火数学模型和有关参数模拟煤在实际条件下的自燃过程，掌握巷道松散煤体的氧化自热情况、自燃征兆，对巷道自燃危险性进行预测，并准确地确定出巷道火源或高温点位置，从而为制定防治巷道煤炭自燃火灾措施提供依据，提前采取措施，保证工作面正常生产。

巷道自燃发火观测主要分为掘进和生产两个时期。观测参数主要包括掘进和生产期间巷道的风量、温度、气体浓度，及松散煤体内部气体成分、温度等。

A 巷道内观测点布置

根据巷道煤层所处位置、松散煤体堆积形态、漏风动力、散热条件等自燃环境特点，按煤巷自燃区域的危险程度，可将巷道煤层自燃危险区域分为三类，巷道内的观测点仅需布置在这些地点即可（主要布置在极易自燃区）。

（1）一类自燃区域（极易自燃区）：
1）煤巷高冒区、顶煤离层区和破碎区；2）巷道经过相邻工作面采空区的废弃巷道；3）相邻工作面开切眼、停采线或硐室；4）煤巷地质构造破坏区（如断层带）；5）煤巷边坡破碎区。

（2）二类自燃区域（易自燃区）：
1）煤巷地质构造轴部破碎区；2）工作面回采期间煤巷超前变形区。

（3）三类自燃区域（可能自燃区）：
1）煤巷上帮中部破碎区；2）煤巷上帮上部破碎区；3）煤巷下帮破碎区。

B 日常观测

定期（至少每天一次）采用红外测温仪对巷道冒顶区域、与旧巷相连的区域及其他巷道煤体破碎区域进行扫描，测定巷道表面温度。一旦发现异常，立即采取措施进行处理，同时对该处每班至少进行二次测定煤体温度。

在巷道下风侧（回风侧）布置测点，定期检测温度、CO、O_2 和 CH_4 气体情况，预报自燃情况。正常情况下，每班人工检测一次，并记录在表5-6中；每周取样进行一次色谱分析，并记录在表5-7中。

表 5-6　掘进巷道回风流日常观测记录

日期	班次	CO/×10⁻⁶	CO_2/%	O_2/%	CH_4/%	t/℃	备注

表 5-7　掘进巷道回风流取样色谱分析记录

日期	采样时间	O_2/%	N_2/%	CO/×10⁻⁶	CO_2/%	CH_4/%	C_2H_6/×10⁻⁶	C_2H_4/×10⁻⁶	C_3H_8/×10⁻⁶	备注

一旦发现异常，必须立即对异常地点进行处理，且同时对巷道下风侧测点每班至少检测二次，并定期（每天至少一次）取气样送地面进行气相色谱分析。

所用仪器仪表主要有红外测温仪，便携式 O_2、CO 测定仪，瓦检仪以及矿用气相色谱仪。

C　钻孔观测

按照测点布置原则在巷道内设置观测孔，并对钻孔进行编号并挂牌，记录设置钻孔处的巷道参数及原岩温度，见表 5-8。

表 5-8　钻孔处巷道参数及原岩温度记录

测点编号	施工日期	危险类型	巷道形状	支护形式	几何尺寸	原岩温度	浮煤厚度	破碎程度描述
1								
2								

观测钻孔施工方式如图 5-2 所示。

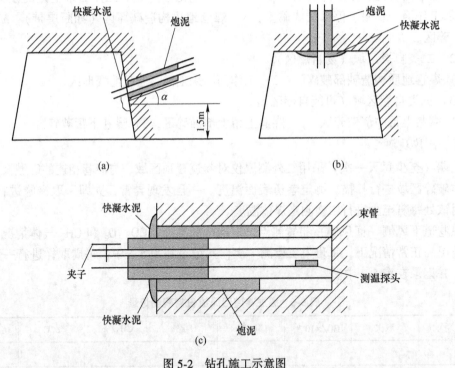

图 5-2　钻孔施工示意图

(a) 巷帮钻孔施工示意图；(b) 巷顶钻孔施工示意图；(c) 钻孔封孔施工示意图

钻孔参数：巷道旁侧孔深 $L \geqslant 3m$，倾角 $\alpha = 5°$，开孔高度 $h = 1.5m$；巷道顶部，孔深 $L \geqslant 3m$，倾角 $\alpha = 60°$；钻孔内下 $\phi 20mm$ 或 $\phi 33mm$ 套管，并将测温探头和束管固定在一起放入套管的最里端。

钻孔封堵方式：钻孔与套管之间用炮泥堵死，长度不小于 1m，钻孔端口用快凝水泥封孔。

通过测温探头和测温仪进行测温，而气体成分的分析主要通过现场用捏球和气袋采集气样，然后送地面分析室做色谱分析，从而掌握巷道煤体中内部温度、气体浓度及其随工作面推进、巷道风量等参数的变化情况。参数及要求如下：

（1）正常情况下，使用便携式 CO 和 O_2 检测仪、瓦检仪和测温仪表，每天检测一次各测点温度，CO、CO_2、CH_4 和 O_2 浓度，并记录在表 5-9 中。

表 5-9　钻孔日常观测记录

时间：　　　年　　月　　日　　时

测点编号	风流温度/℃	CO/$\times10^{-6}$	CO_2/%	O_2/%	CH_4/%	t/℃	到掘进头的距离/m	巷道风量/$m^3 \cdot min^{-1}$
1								
2								

（2）每周用捏球和气袋采集气样，送地面用气相色谱仪进行分析一次，分析结果记录在气相色谱分析结果表中（表 5-10），并绘制成变化曲线。

表 5-10　钻孔气体采样色谱分析记录

时间：　　　年　　月　　日　　时

测点编号	O_2/%	N_2/%	CO/$\times10^{-6}$	CO_2/%	CH_4/%	C_2H_6/$\times10^{-6}$	C_2H_4/$\times10^{-6}$	C_3H_8/$\times10^{-6}$	备注
1									
2									

（3）若出现异常，每班至少观测二次，每天采样送地面进行一次气相色谱分析，并记录分析结果，绘制出变化曲线。

（4）观测必须做到"四定"，即定人、定点、定时、定仪器。

（5）如果钻孔附近实施了喷浆、注水或其他处理，要记录时间及处理过程。

D　早期预报指标及结果

巷道风流气体监测预报见表 5-11。

表 5-11　巷道回风流气体监测预报

CO 浓度	C_2H_4	C_3H_8	C_2H_2	预报结果
无	无	无	无	正常
$(1\sim24)\times10^{-6}$	无	无	无	存在自燃隐患
$(24\sim50)\times10^{-6}$	无	无	无	发生自燃隐患
$>50\times10^{-6}$	有	无	无	煤温已超过临界温度
	有	有	无	煤温已超过裂解温度
	有	有	有	有高温或明火

5.1.2.3　工作面自燃发火监测及早期预报

采用人工检测、束管监测、安全监测和人工采样分析的方法对工作面煤层发火情况进行监测，各种检测应定点、定时，以便于进行分析。

A 人工检测

（1）检测地点。进风端头风帘后；20号、40号支架后部；回风隅角（支架后部）；工作面回顺出口50m。

（2）检测参数。CO、O_2、CO_2、CH_4 和 T（温度）。

（3）检测仪器。CO便携仪、CO检定管、瓦检仪、两用仪和红外测温仪。

（4）检测时间。夜班23：00和3：00；早班7：00和13：00；中班15：00和19：00；将检测结果记录在表5-12中。

表5-12 工作面日常观测记录

日期　　　　班次　　　　时间

地点	$CO/\times 10^{-6}$	$CO_2/\%$	$O_2/\%$	$CH_4/\%$	$t/℃$	备注
进风端头风帘后						
20号架后						
40号架后						
回风隅角						
面回顺出口50m						

B 束管监测

（1）检测地点。回风隅角支架后部、回风流。

（2）检测参数。O_2、N_2、CO、CO_2、CH_4、C_2H_6、C_2H_4、C_3H_8。

（3）检测设备。束管监测系统。

（4）检测时间。正常情况下，每天早班检测两次；工作面异常时，每班检测两次；将检测结果记录在表5-13和表5-14中。

（5）测点调整。每天早班，调整与工作面推进相关的束管监测点的位置。

表5-13 综放面回风隅角束管监测记录

日期	分析时间	O_2 /%	N_2 /%	CO /×10⁻⁶	CO_2 /%	CH_4 /%	C_2H_6 /×10⁻⁶	C_2H_4 /×10⁻⁶	C_3H_8 /×10⁻⁶	备注

表5-14 综放面回风流束管监测记录

日期	分析时间	O_2 /%	N_2 /%	CO /×10⁻⁶	CO_2 /%	CH_4 /%	C_2H_6 /×10⁻⁶	C_2H_4 /×10⁻⁶	C_3H_8 /×10⁻⁶	备注

C 安全监测

（1）检测地点。工作面上口、回风流。

（2）检测参数。CO、CH_4、T。

（3）检测设备。安全监控系统。

（4）检测时间。实时监测。

（5）测点调整。每天早班，调整与工作面推进相关的监测探头的位置。

D 人工采样分析

（1）采样地点。回风隅角（支架后部）和工作面回顺出口 50m。

（2）检测参数。O_2、N_2、CO、CO_2、CH_4、C_2H_6、C_2H_4、C_3H_8。

（3）检测设备。气相色谱仪。

（4）采样时间。正常情况下，每天早班在人工检测的同时，用气囊采集气样两个，送至地面进行色谱分析；对人工检测出现异常的地点，应每班采样两次。将检测结果记录在表 5-15 和表 5-16 中。

表 5-15 综放面回风隅角气体采样色谱分析记录

日期	采样时间	O_2/%	N_2/%	CO/×10⁻⁶	CO_2/%	CH_4/%	C_2H_6/×10⁻⁶	C_2H_4/×10⁻⁶	C_3H_8/×10⁻⁶	备注

表 5-16 综放面回顺出口 50m 气体采样色谱分析记录

日期	分析时间	O_2/%	N_2/%	CO/×10⁻⁶	CO_2/%	CH_4/%	C_2H_6/×10⁻⁶	C_2H_4/×10⁻⁶	C_3H_8/×10⁻⁶	备注

5.2 预防性灌浆防灭火技术

预防性灌浆是防止自燃发火效果较为明显和应用最为广泛的一项措施，因此《煤矿安全规程》第二百三十二条规定"开采容易自燃和自燃的煤层时，必须对采空区、突出和冒落孔洞等孔隙采取预防性灌浆……措施"。

所谓预防性灌浆，就是将水、浆材按适当配比，制成一定浓度的浆液，借助输浆管路送往可能发生自燃的采空区以防止自燃火灾的发生。预防性灌浆的作用，一是隔氧，二是散热。浆液流入采空区之后，固体物沉淀，充填于浮煤缝隙之间，形成断绝漏风的隔离带；有的还可能包裹浮煤隔绝它与空气的接触，防止氧化。而浆水所到之处，可增加煤的外在水分，抑制自热氧化过程的发展；同时，对已经自热的煤炭有冷却散热的作用。

5.2.1 注浆材料的要求与选取

井下防灭火注浆浆材必须满足下列要求：

（1）不含助燃和可燃材料。

（2）粒度直径不大于 2mm，细小颗粒（粒度小于 1mm）要占 70%~75%。

（3）主要物理性能指标：密度 2.4~2.8，塑性指数 9~14，胶体混合物 25%~30%，含砂量 25%~30%（粒径为 0.5~0.25mm 以下）。

（4）容易脱水又要具有一定稳定性。

煤矿井下常用的灌浆材料，应首先以就地取材和能保证持续注浆为主，一般多采用黏土、亚黏土、轻亚黏土等。在黏土缺乏的矿区，可用页岩或炉灰等代替。

5.2.2　浆液制备与输送

5.2.2.1　浆液制备工艺

由于采用的注浆材料不同，浆液的制备工艺有所不同。应用粉煤灰要建立由电厂到注浆站的专用运输线和运输工具，注浆站要建立储灰池。如利用风化页岩或矿井矸石则必须建立一套多级机械破碎系统，只有破碎到一定程度的矸石或页岩（1mm以下的粒度占80%以上），才能构成浆并满足泥浆所需要的物理性能指标。

（1）泥浆的制备。黄泥浆液的制备一般在地面进行，通常有水力和机械两种取土方式。水力取土制浆系统利用水枪直接冲刷黏土层（或堆）形成泥浆，浆液沿泥浆渠道流入沉淀池，经搅拌机成浆后，通过放浆闸阀送至注浆钻孔或井下注浆管道。黄泥制浆工艺如图5-3所示。

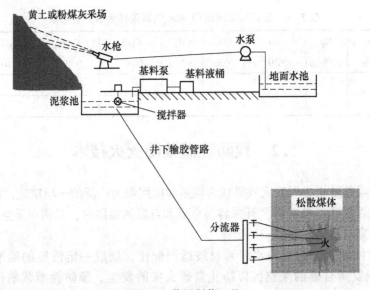

图5-3　黄泥制浆工艺

水力取土方式工序简单，但需要多个制浆池，要求制浆站面积较大；采用机械取土制浆则可在有限场地内实现快速、连续制浆。机械制备泥浆是把黏土由采土场运至注浆站的储土场，然后进入振动给土器，再由此运送到搅拌池。同时给水，经机械搅拌形成泥浆，再经松动筛除渣送入注浆管。

（2）矸石浆制备。矸石浆制备工艺：在采料场对大块矸石进行破碎，然后用电耙经带式输送机运送至破碎机破碎，再经破碎机破碎成浆。通过破碎研磨成的泥浆流入集浆池，经搅拌后即可由输浆管输入井下。

（3）粉煤灰浆制备。一般粉煤灰地面制浆工艺：应用专用运输线和运输工具将电厂粉煤灰运送至注浆站储灰池内。制浆时，打开储备罐下口的阀门，利用电动锁定器定量放粉煤灰，同时打开水枪泵，将粉煤灰引入搅拌池，最后经注浆管输送至需浆地点。

5.2.2.2 输浆倍线及管路布置

灌浆一般是靠静压作动力。地面灌浆喇叭口至井下灌浆点泥浆出口间的管路总长度 $\sum L$ 与管路首末两端高差 $\sum H$ 之比，称为输送倍线。倍线的实质是表示泥浆在输送过程中的能量损失关系（灌浆系统的阻力与动力之间的关系）。倍线值过大，则相对于管线阻力的压力不足，泥浆输送受阻，容易发生堵管现象；倍线值过小，泥浆出口压力过大，对泥浆在采空区内的分布不利。一般情况下，泥浆的输送倍线值最好是 5~6。

$$N = \frac{\sum L}{\sum H} \tag{5-1}$$

式中　N——输送倍线；

　　$\sum L$——进浆管口至注浆点的距离，m；

　　$\sum H$——进浆管口至注浆点的垂高，m。

当借助于自然压头输浆压力不够或倍线不能满足要求时，可用 PN 型泥浆泵或自型砂泵加压。

灌浆管路的布置有"L"形和"阶梯"形两种方式，如图 5-4 所示。"L"形布置能量集中，能充分利用自然压头，有较大的注浆能力，安装维护和管理等均较简单；但随着采深增加，泥浆压头也随之增大，斜管与平管相连处的压力最大，当最大压力接近或超过管路抗压强度时，将发生崩管。故"L"形适用于浅部灌浆管路布置，而深井时"阶梯"形布置优于"L"形布置。

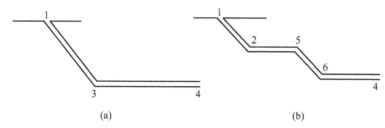

图 5-4　灌浆管路布置方式
（a）"L"形布置；（b）"阶梯"形布置

5.2.3 注浆工艺

5.2.3.1 注浆方式

注浆系统可以根据矿体埋藏条件、采区分布布置、注浆量的大小和取土距离等条件，采用集中注浆或分散注浆两种方式，通过技术经济比较选取。（1）集中注浆是在地面工业场地或主要风井煤柱内设集中注浆站，为全矿或一翼服务的注浆系统。（2）分散注浆是在地面沿煤层走向打钻孔网或分区打钻注浆，设多个注浆站，分区注浆的系统。这种系统又分为钻孔注浆、分区注浆和井下移动式注浆。集中注浆与分散注浆的比较见表 5-17。

表 5-17　集中注浆与分散注浆比较

名称		优缺点	适用条件
集中注浆		优点： 1. 工作集中，便于管理。 2. 人员少，效率高。 3. 便于掌握浆液的浓度和质量。 4. 占地较少。 缺点： 1. 初期投资大、建设时间长。 2. 采运工作比较复杂	1. 煤层埋藏角深。 2. 矿井注浆量大，且采区生产集中。 3. 取运浆料距离较远
分散注浆	钻孔或分区注浆	优点： 1. 设备简单、投资少、建设速度快。 2. 制浆工艺简单、操作容易。 3. 可减少井下所需干管。 缺点： 1. 注浆分散、管理分散、人员多。 2. 占用土地多、需大分区钻孔	1. 煤层埋藏浅。 2. 注浆采区分散。 3. 原料丰富，运输距离近
	井下移动注浆	优点： 1. 机动灵活。 2. 注浆距离短、管材消耗少、堵管机会少。 缺点： 1. 生产能力低。 2. 管理分散、效率低	1. 注浆量少。 2. 输浆困难或无法用钻孔注浆时采用

5.2.3.2　注浆方法

注浆按回采的关系大体可分为采前预注、随采随注和采后封闭注浆三种类型。

（1）钻孔注浆。钻孔注浆是在煤层底板运输巷或回风巷以及专门开凿的注浆巷道内，也可以在邻近煤层的巷道内，向采空区打钻注浆，钻孔直径一般为 75mm。为减少孔深或便于安装钻机，而又不影响巷道内的运输，在巷道内一般每隔 20~30m 距离开一小巷，在钻场内向采空区打扇形钻孔注浆。

（2）埋管注浆。埋管注浆是在放顶前沿回风道在采空区预先铺好注浆管，一般预埋 10~15m，预埋管一端通往采空区，一端接胶管，胶管长一般为 20~30m，放顶后立即开始注浆。为了防止冒落岩石砸坏注浆管，埋管时应采取防护措施。随工作面的推进，按放顶步距用回柱绞车逐渐牵引注浆管，牵引一定距离注一次浆。

（3）工作面洒浆或插管注浆。从回风巷注浆管上接出一段浆管，沿倾斜方向向采空区均匀地洒一层泥浆。洒浆量要充分，泥浆能均匀地将采空区新冒落的矸石包围。洒浆通常作为埋管注浆的一种补充措施，使整个采空区特别是下半段也能注到足够的泥浆。对综采工作面常采用插管注浆的方式，即注浆主管路沿工作面倾斜铺设在支架的前连杆上，每隔 20m 左右预留一个三通接头，并分装分支软管和插管。将插管插入支架掩护梁后面的垮落岩石内注浆，插入深度应不小于 0.5m，工作面每推进两个循环，注浆一次。

5.2.3.3　主要注浆参数

注浆参数主要包括注浆浓度、注浆量、浆液扩散半径和采后开始注浆时间等。

A 注浆浓度 (浆液的水土比)

浆液的水土比是反映浆液浓度的指标，是指浆液中水与土的体积之比。不同的注浆材料其浆液浓度会有所不同。水土比的大小影响着注浆的效果和浆液的输送。浆液的水土比小，则浆液的浓度大，其黏性、稳定性和致密性好，包裹隔离效果好，但流动性差，输送困难，注浆钻孔与输浆管路容易发生堵塞。水土比过大，则耗水量大，矿井用水量增加；在工作面后方采空区注浆时，容易流出放顶线而恶化工作环境。通常是根据浆液的输送条件、注浆方法，按季节不同确定水土比。当输送距离近、管路弯头多、煤层倾角大时，在夏季注浆可使水土比小一些。一般水土比的变化范围为 2∶1~5∶1。特别地，由于砂子对水的相对密度和平均颗粒粒径均较大，根据经验，水砂比一般控制在 9∶1~15∶1 之间较为适宜。水砂比过小时，会造成堵管事故，过大时会使注砂效率降低。

B 灌浆量计算

预防性灌浆量的多少，主要取决于灌浆形式、灌浆区的容积、采煤方法及地质条件等因素。随采随灌的用土量和用水量可按下列方法计算。

(1) 按采空区灌浆计算需土量和需水量：

1) 灌浆需土量：

$$Q_t = K \times M \times L \times H \times C \tag{5-2}$$

式中　Q_t——灌浆所需土量，m^3；

　　　M——煤层采高，m；

　　　L——灌浆区的走向长度，m；

　　　H——灌浆区的倾斜长度，m；

　　　C——采煤回收率，%；

　　　K——灌浆系数，灌浆材料的固体体积与需要藻浆的采空区容积之比。在 K 值中考虑了冒落岩石的松散系数、泥浆收缩系数和跑浆系数等综合影响。该系数应根据各矿的实际情况确定 (取值范围为 0.03~0.3)。

2) 灌浆需水量：

$$Q_s = K_s \times Q_t \times \delta \tag{5-3}$$

式中　Q_s——灌浆所用水量，m^3；

　　　K_s——冲洗管路防止堵塞用水量的备用系数，一般取 1.10~1.25；

　　　δ——泥沙比的倒数 (水土比)，泥水比根据要求的泥浆浓度选取；

　　　Q_t——灌浆所需土量，m^3。

(2) 按日灌浆计算需土量和需水量：

1) 日灌需土量：

$$Q_{t1} = K \times M \times l \times H \times C \tag{5-4}$$

或

$$Q_{t1} = K \frac{G}{r_煤} \tag{5-5}$$

式中　Q_{t1}——日灌浆所需土量，m^3/d；

　　　l——工作面日推进度，m/d；

　　　$r_煤$——煤的密度，t/m^3；

其他符号意义同前。

2）日灌浆水量：

$$Q_{s1} = K_s \times Q_{t1} \times \delta \tag{5-6}$$

式中　Q_{s1}——日灌浆所用水量，m³/d。

C　关于防溃浆措施

采用充填灌浆措施处理火灾或发火隐患时，为防止发生溃浆事故，充填时应符合下列要求：

（1）要使用渗（透）水性强的材料（如荆条帘子或聚氯乙烯塑料帘子等）做围堪壁；如果采用木板做围堪壁，必须预留泄水孔（泄水孔的分布、直径或面积大小及数量多少等，应根据实际需要确定）。

（2）围堪的四周要同巷道帮壁接实打牢。

（3）围堪构筑好后，背好套棚，打齐、打牢中心顶子。

（4）充填流量要均匀适度，切忌流量忽大忽小；接近充满时，要适当减少流量。

（5）充填灌浆时应设压力表并设专人观察，当发现管路压力较大（如管路跳动或管路接头跑漏水、砂浆等现象）时，要及时打开安全阀，释放压力，停止充填注浆。

（6）充填时，在充填地点前后两端各50m范围内，除监护人员外其他人员一律禁止在充填区域内逗留。

5.3　惰性气体防灭火

5.3.1　氮气防灭火特性

氮气是一种惰性气体，不助燃也不能供人呼吸。向采空区（或火区）等地点注入氮气，可惰化采空区阻止煤炭氧化自燃，提高采空区的相对压力使采空区呈正压状态，防止新鲜风流漏入，降低采空区温度阻止煤炭氧化升温，降低瓦斯和氧气浓度防止瓦斯燃爆事故发生。实践证明，无论在防火还是在灭火方面，氮气与灌浆、阻化剂、均压等防灭火措施相比具有更多的优点，可以起到其他措施不可替代的作用。但在应用时必须严格遵守该条的相关规定，不然，可能由于注氮量过小、浓度过低等原因而达不到预期效果，输氮管路或采空区泄漏氮气而造成人员伤害等。

5.3.1.1　氮气的性质

氮气是空气的主要成分，在空气中所占的体积分数为78%。它是一种无色、无味、无臭、无毒的气体，不可燃也不助燃，无腐蚀性，不易溶于水，化学性质稳定。氮气常温下密度为1.16kg/m³，与空气密度1.2kg/m³相近，因此，氮气很容易和空气混合，这就使得注入氮气在煤矿井下不易分层。在1个标准大气压下，-195.8℃时液化为液态氮，-209.9℃时可变为固态。液氮与氮气相比，具有体积小（0℃时两者体积比为1/647，35℃时为1/731）、易储存、运输量小等优点。

氮气防灭火的作用主要表现在：

（1）当对防灭火区域注入大量的氮气后，采空区内的氧气浓度下降；氮气部分地替代氧气进入到煤体裂隙表面，与煤的微观表面进行交换吸附，从而使得煤表面对氧气的吸附量减少，在很大程度上抑制或减缓了遗煤的氧化作用。

（2）对于有一定封闭条件的防灭火区域注氮防灭火而言，长期连续地注入氮气后，大量的氮气可使采空区内形成正压，从而使得采空区的漏风量减少，使遗煤处于缺氧环境中而不易氧化。

（3）较低温度的氮气在流经煤体时，吸收了部分煤氧化产生的热量，可以减缓煤升温的速度和降低周围介质的温度，使煤的氧化因聚热条件的破坏而延缓或终止。

（4）采空区的可燃、可爆性气体与氮气混合后，随着惰性气体浓度的增加，爆炸范围逐渐缩小（即下限升高，上限降低）。当惰性气体与可燃性气体的混合物比例达到一定值时，混合物的爆炸上限和下限重合，此时混合物失去爆炸能力。这是注氮防止可燃、可爆性气体燃烧与爆炸作用的另一方面。

综上所述，注氮防灭火的实质是通过控制燃烧所需的氧气量来抑制燃烧、窒息火源，达到灭火的目的。

5.3.1.2 氮气防灭火的优缺点

A 氮气防灭火技术的优点

（1）工艺简单、操作方便、易于掌握。

（2）不污染灭火区域、对封闭区域内的设备损害小、恢复生产快。

（3）具有较好的稀释抑爆作用。注入氮气可快速、有效稀释防灭火区域的氧气，降低氧气和可燃气体的浓度，可使防灭火区域内达到缺氧状态，并使可燃气体失去爆炸性，从而充分惰化防灭火区域，保证防灭火区域的安全。

（4）有效抑制防灭火区域的漏风。由于氮气均为正压注入，因此，大量注入防灭火区域后，使得该区域的气压升高，处于正压状态，从而可有效抑制防灭火区域的漏风。

B 氮气防灭火技术的缺点

（1）注入防灭火区域的氮气不易在防治区域滞留，不如注浆注砂能"长期"覆盖在可燃物或已燃物的表面上，其隔氧性较差。

（2）注氮能迅速窒息火灾，但火区完全灭火时间相当长，不能有效地消除高温点，因此，在注惰气灭火的同时，应辅以其他措施灭火，如用水、注浆以及凝胶等方法，以防复燃。

（3）注氮气防火时，氮气有向采煤工作面或邻近采空区泄漏的可能性；而当注氮气灭火时，当密闭不严或者存在有漏风通道时，氮气可能通过密闭或漏风通道泄漏。因此，注氮气防灭火的同时，需相应采取堵漏措施，使氮气泄漏量控制在最低限度内。

（4）氮气本身无毒，但具有窒息性，浓度较高时对人体有害。据试验，井下作业场所氧含量下限值为19%，所以，氮气泄漏的工作地点氧含量不得低于其下限值。

因此，矿井在应用氮气防灭火技术时，要根据自身情况，因地制宜，采取合理的技术及管理措施，扬长避短，充分发挥其优越性。

5.3.2 氮气的制备

目前，世界各国制取氮气均以空气作为原料，而空气的供给是无限量且方便快捷的。制取氮气的方法主要是采用空分技术，即将空气中的氮气运用不同的方法进行分离而得到较高浓度的氮气。

目前，制取氮气主要有深冷空分、变压吸附和膜分离三种方法。在我国煤矿应用的空分制氮技术中，深冷空分是最先使用的方法，但由于其制氮装备庞大，固定资产投资较高，需要较大的固定厂房，因而逐步被变压吸附和膜分离的方法所代替。

5.3.2.1　深冷空分制氮

利用深冷原理制取氮气的基本过程是：通过压缩、膨胀循环将大气温度降低并使之成为液态，然后根据大气组分沸点不同而将氮氧分离出来。

深冷空分制氮的最大特点是能同时制取氧气和氮气，产气量较大，每小时可产氮（或氧）几千立方米到几万立方米（目前我国能够达到的最大制氮量为 80000m³/h），且氮气纯度高，可达到 99.95% 以上。

深冷空分设备一般由空气过滤器、空压机、分子筛纯化器、换热器、膨胀机、分馏塔、氮气压缩机、氧气压缩机八部分组成。

5.3.2.2　变压吸附制氮

利用变压吸附方法制取氮气的基本原理是：通过分子筛对空气加压吸附排氮、减压脱附排氧，从而将氮、氧分离。

变压吸附是利用吸附剂在不同的压力下，对吸附介质中的不同组分有不同的吸附容量，通过压力的变化进行吸附、解吸，从而获得目标组分的方法。由于在整个过程中压力在不停变化，因此称为变压吸附。目前变压吸附制氮采用碳分子筛（CMS）和沸石分子筛（MS）两种技术。碳分子筛制氮（CMS）是利用碳分子筛对 O_2 和 N_2 吸附速率不同的原理来分离 N_2 的。碳分子筛是一种非极性速度分开型吸附剂，通常以煤为原料，以纸张和焦油为黏结剂加工而成。它之所以能对氧氮分离，主要是基于氧气和氮气在碳分子筛上的扩散速率不同，氧气在碳分子筛上的扩散速度大于氮气的扩散速度，使得碳分子筛优先吸附氧气，而氮气富集于不吸附相中，从而在吸附塔流出，得到产品氮气。沸石分子筛制氮（MS）是利用沸石分子筛对 O_2 和 N_2 吸附容量不同的原理来分离 N_2 的。从目前制氮技术应用来看，碳分子筛技术为主流技术，沸石分子筛技术由于处理原料气和真空解吸等步骤繁杂应用较少。

变压吸附制氮装置存在着产氮效率低、单位氮气能耗大、设备体格大、运转和维护费用高等问题。目前，变压吸附制氮装置不仅有地面固定和移动式，还制成了井下移动式注氮设备，这对煤矿井下的注氮防灭火起到很好的作用。

5.3.2.3　膜分离制氮

膜分离制氮技术是 20 世纪 80 年代的科技研究成果。自 1985 年美国 DOW 公司开发的第一台膜分离空分设备投放市场以来，至今已有数千套在世界上运行。国内也从 1987 年开始采用国外膜分离技术研发井下移动式膜分离制氮机，并取得成功。

(1) 膜分离制氮原理。膜分离法是根据气体的"溶解扩散理论"来分离氧气和氮气的，即氧和氮在膜中透过，气体首先在膜中溶解，在外界能量的推动下再从另一侧解析。因为氧、氮对分离膜的渗透率不同，在外界能量或化学位能差的作用下，分别在分离膜的两侧得到富集。不同介质流体在压力作用下，通过某种微孔材料表面扩散速率不同，速度快者称为"快气"，容易通过膜墙至管壁外富集；速率慢者称为"慢气"，在管内逐渐富集，亦有少量渗透到管外。收集不同富集端（管内外）气体就可得到不同气体产品，达到分离气体的目的。

（2）膜分离制氮装置。膜分离制氮装置也分为井上固定式和井下移动式两种，下面以移动式为例介绍。井下移动式膜分离制氮装置由空气压缩段、预处理段和膜分离段三部分组成。采用分体式结构，组装在平板车上以耐压胶管连接，组成整个制氮装置。此外还配有保护系统、控制和检测装置等。

该装置以螺杆式空气压缩机为动力气源，通过压缩空气预处理段对空气进行除油、除尘、除水、恒温处理后，再由膜分离段中的膜组件对空气进行分离富集制取氮气。

空气压缩机部分体积小、噪声低、运行平稳、供气无脉冲、供气温度低，可以无基础运行。预处理段由精密过滤器、活性炭过滤器、换热器等组成。过滤器采用三级过滤，各种过滤器排污口均装有自动排污阀，当污物达到一定量时自动排污。

5.3.3　注氮防灭火工艺

5.3.3.1　注氮方式

根据注氮区域空间的封闭与否，注氮方式可分为开放式注氮和封闭式注氮。

（1）开放式注氮。开放式注氮，是在需要注氮的区域未封闭的情况下进行的一种注氮方式。一般在不影响工作面正常生产的情况下，利用大量的氮气使得采空区内氧化带的氧含量降低到能使浮煤发生自燃的浓度以下，从而达到防灭火的目的。开放式注氮适用于推进中的工作面采空区早期自燃的防灭火工作。

（2）封闭式注氮。封闭式注氮，是为控制火情或者防止瓦斯爆炸，将发生火灾或积聚瓦斯的区域先封闭后进行注氮。当封闭的火区内漏风严重或者存在有大量高浓度瓦斯时，可采取封闭式注氮来降低氧含量并抑制瓦斯爆炸。

开放式与封闭式注氮方式的注氮地点一般离火源或者高温点较远，覆盖范围较大，利用大流量的注氮来降低该大面积区域的氧气含量，从而达到防灭火的目的。因此，这对那些火源点不明确、无法确定准确位置的火情比较适合。但是对用于一些明确的火情，这两种方法就显得较为笨拙且浪费氮气。因此，煤炭科学研究总院重庆分院与阜新矿业集团公司合作，研究了新的注氮防灭火技术——目标注氮，该技术为：巷道、支架上部或采空区发生煤层自燃或者发现高温点，对该区域暂不进行封闭，而是直接向火源点或者高温点打钻孔进行注氮，氮气释放口离火源目标的距离不超过8m，仅通过降低火源点或高温点附近小范围的氧含量，来达到防灭火的目的。

5.3.3.2　注氮方法

（1）埋管注氮。埋管注氮时管路的布置通常有两种方法：第一种方法是在工作面的进风侧采空区埋设一趟注氮管路，埋入一定长度后开始注氮，同时再埋入第二趟注氮管路，当第二趟注氮管口埋入采空区氧化带与漏风带的交界部分时向采空区注氮，同时停止第一趟管路的注氮，并重新埋设注氮管路，如此循环，直至工作面采完为止。另一种方法是沿工作面进风巷铺设注氮干管，每隔一定距离从干管上引出注氮支管，在支管上安装闸阀，以控制氮气的注入量。开始注氮和停止注氮时，埋入采空区的注氮支管长度为多少需通过实际考察确定。采空区埋管管路每隔一定距离预设氮气释放口，其位置应高于煤层底板

20~30cm，并采用石块或木垛加以妥善保护，以免孔口堵塞。

（2）拖管注氮。在工作面的进风侧采空区埋设一定长度的注氮管。它的移动主要利用工作面的液压支架、工作面运输机头机尾或工作面进风巷的回柱绞车作牵引。拖管注氮能够有效控制注氮地点，提高注氮效果，同时埋管移动周期与工作面推进度保持同步，使注氮孔始终在采空区氧化自燃带内注氮气。据经验，埋管距工作面17m之内，采用回柱绞车能够牵移埋管。

（3）钻孔注氮。在地面或施注地点附近巷道向井下火区或火灾隐患区域打钻孔，通过钻孔将氮气注入火区，该方式适用于开采工作面有岩石集中巷布置或下区段回风平巷已预先掘出等场合。

（4）插管注氮。为处理工作面采空区后部或巷道高冒顶等地点的火灾，可采用向火源点直接插管进行注氮的方法。插管注氮能够迅速降低火源的温度和CO含量，适用于火源及高温煤体面积较大、位置较高、火源较隐蔽的场合。

（5）密闭注氮。利用密闭墙上预留的注氮管向火区或火灾隐患的区域实施注氮，是封闭注氮的一种形式。

（6）旁路式注氮。工作面火灾的威胁来自相邻采空区，而不是工作面后方采空区，可利用与工作面平行的巷道，在其内向煤柱打钻孔对相邻采空区注氮。

5.3.3.3　注氮工艺系统

A　注液氮工艺系统

液氮防灭火，即利用地面氮气厂制成的液态氮进行防灭火工作，且液氮主要用作灭火。液氮在大气压力（101325Pa）下受热汽化成0℃氮时，其体积将膨胀643倍；汽化成25℃气态氮时，将膨胀700倍。

注液氮有两种方式：一是直接向采空区或火区中注入液氮防灭火；二是先将液氮汽化后，再利用气氮防灭火。

直接利用液氮防灭火。液氮可由制氮厂铺设管道送到矿井，也可用专用运输设备——液氮槽车将液氮送到使用地点，再将其注入密闭的火区。输氮管道应采取防止冷缩和冷脆的措施，以防管路破裂。直接向防灭火区注液氮主要有三种供液系统：（1）通过集中钻孔和巷道内管路将液氮输到防灭火区。（2）在地面将液氮装入矿车型槽车中，将其送入井下火区附近，再接上较短的管路，将液氮直接喷入火区。（3）当防灭火区域接近地表时，可由地面直接向该区域打钻，从地面通过钻孔向防灭火区注液氮。选择注氮口位置时，应注意使其位于漏风风流的入口，借助漏风压差将汽化后的氮气带到火源点以及火区各处。最初注氮时强度要大，以镇压火源，然后逐步降低注氮强度，使火区继续惰化，直至火区完全熄灭并冷却下来。

液氮气化后防灭火是先将液氮气化，然后再利用氮气防灭火，相对于直接利用液氮防灭火来讲，使用更为普遍。实际应用时有下面两种具体方法：（1）在地面将液氮注入蒸发器，液氮在蒸发器中被加热气化成283K或稍高温度的气态氮，然后通过管道将气氮送到井下，并用于井下防灭火工作。井下防灭火的具体方法和工艺与气氮防灭火相同。气化液氮用的蒸发器有多种形式和规格，常用的有蒸发加热的蒸发器、丙烷加热的水浴蒸发器和加热水浴蒸发器等。（2）在地面将液氮装入矿车型槽车中，然后送到井下的使用地点，将液氮注入气体灭火装置的扩散型冷却器中。在冷却器中，氮气与气体灭火装置产生的惰性气体相混合，最后，由喷嘴将含有氮气的混合惰性气体喷射到火区中。

B　注气氮工艺

煤矿用氮气一般采用空气作为原料，通过空分制氮设备将分离出来的氮气送至矿井注氮管路，并通过管路不断地送至各注氮地点进行注氮防灭火。

如今煤矿上采用的注氮防灭火系统仍然以地面固定式为主。但是，随着科技的进步和制氮设备的发展，越来越多的井下移动式制氮设备将应用到煤矿防灭火中。由于深冷空分制氮设备本身的限制，即占地面积大、设备复杂等，使得其很难发展成为井下移动式，因此，井下移动式制氮多采用变压吸附和膜分离这两种方式，井下移动式制氮设备的应用使得煤矿井下的防灭火工作更加方便快捷。

(1) 采煤工作面采空区注氮。当自燃发火危险主要来自采煤工作面的后部采空区时，应该采取向本工作面后部采空区注入氮气的防火方法。对采用"U"形通风方式的采煤工作面，应将注氮管铺设在进风顺槽中，注氮释放口设在采空区氧化带内。注氮管的埋设即氮气释放口的设置应符合以下要求：

1) 注氮管路应沿进风顺槽外侧铺设，氮气释放口应高于底板，以90°弯拐向采空区，与工作面保持平行，但注氮孔口不可向上，并用石块或木垛加以保护。

2) 氮气释放口之间的距离应根据采空区"三带"宽度、注氮方式和注氮强度、氮气有效扩散半径、工作面通风量、氮气泄漏量、自燃发火期、工作面推进度以及采空区冒落情况等因素综合确定。第一个释放口设在起采线位置，其他释放口间距以30m为宜。当工作面长度为120~150m时，注氮口间距一般为30~50m。

3) 注氮管一般采用单管，管道中设置三通。从三通上接上阀门、短管进行注氮。

(2) 工作面相邻采空区注氮。工作面在生产过程中，当自燃发火的危险不是来自其后部采空区，而是其相邻区段的采空区时，则应对相邻采空区注氮防火，以保证本工作面的安全回采。当本工作面是推进速度比较快的综放或综采工作面，与之相邻的又是综放工作面采空区时，往往就是这种情况。

对生产工作面相邻的采空区注氮，即前面讲述的旁路式注氮，其方法比较简单，就是在生产工作面与采空区相邻的顺槽中打钻，通过向已封闭的采空区插管来进行注氮。注氮数量的确定原则是：充分惰化靠近生产工作面一侧的采空区，在靠近生产工作面的采空区侧形成一条与工作面推进方向平行的惰化带。

5.3.3.4　防止氮气泄漏的措施

氮气具有气体共同的特性——扩散性。根据气体扩散原理，浓度差是扩散的推动力。注入到采空区内氮气要达到防灭火的目的，根据《煤矿安全规程》规定，其浓度应不低于97%，因此，不可避免地将出现采空区氮气向工作面和两巷扩散的现象。这时，一方面，由于氮气泄漏导致采空区氮气浓度降低，从而对采空区防灭火不利；另一方面，泄漏到工作面及两巷的氮气将污染工作面环境，造成人窒息事故的发生。所以，必须做好防止采空区氮气泄漏的安全措施。

通常，防止采空区氮气泄漏的方法是对采空区及进、回风巷道特别是进风巷道一侧进行封堵。封堵的材料有聚氨酯、脲醛泡沫树脂以及黄泥等。在工作面后部通往采空区的进、回风巷道中，每前进 5m 至少应封堵一次。经测试，喷涂脲醛泡沫树脂进行封堵漏风，氮气泄漏量可减少 30%~40%。

此外，也可采用均压措施防止氮气泄漏。均压措施是利用开区均压的原理，降低工作面两端压差，从而减少漏风。

5.3.4 注氮技术参数

5.3.4.1 注氮量计算及注意事项

A 注氮量计算方法

注氮量主要根据防灭火区域的空间大小及自燃程度予以确定。目前尚无统一的计算方式，可按综放面（综采面）的产量、吨煤注氮量、瓦斯量、氧化带内的氧浓度进行计算。

(1) 按产量计算。此种计算方法的实质是，在单位时间内注氮，充满采煤形成的空间，使氧气浓度降低到防灭火惰化指标以下，其经验公式为：

$$Q_N = [A/(1440\rho \times t \times n_1 \times n_2)] \times (C_1/C_2 - 1) \tag{5-7}$$

式中 Q_N——注氮流量，m^3/min；

    A——年产量，t；

    ρ——煤的密度，t/m^3；

    t——年工作日，取 300d；

    n_1——管路输氮效率，%；

    n_2——采空区注氮效率，%；

    C_1——空气中的氧浓度，取 20.8%；

    C_2——采空区防火惰化指标，可取 7%。

(2) 按吨煤注氮量计算。此法计算是指综放面（综采面）每采出 1t 煤所需的防火注氮量。根据国内外的经验，每吨煤需 $5m^3$ 的氮气量。可按式 (5-8) 计算：

$$Q_N = 5A \times K/(300 \times 60 \times 24) \tag{5-8}$$

式中 Q_N——注氮流量，m^3/min；

    A——年产量，t；

    K——工作面回采率，%。

(3) 按瓦斯量计算：

$$Q_N = Q_C \times C/(10 - C) \tag{5-9}$$

式中 Q_N——注氮流量，m^3/min；

    Q_C——综放面（综采面）通风量，m^3/min；

    C——综放面（综采面）回风流中的瓦斯浓度，%。

(4) 按采区氧化带内的氧浓度计算。此种计算方法的实质是，将采区氧化带内的原始氧浓度降到防灭火惰化指标以下。可按式 (5-10) 计算：

$$Q_N = [(C_1 - C_2)Q_V]/(C_N + C_2 - 1) \tag{5-10}$$

式中 Q_N——注氮流量，m^3/min；

    Q_V——采空区氧化带的漏风量，m^3/min；

    C_1——采空区氧化带内的原始氧浓度（取平均值），%；

C_2——注氮防火惰化指标，可取 7%；

C_N——注入氮气中的氮气纯度，%。

（5）将以上计算结果取最大值，再结合矿井具体情况考虑 1.2~1.5 的安全备用系数，即为采空区防灭火时的最大注氮流量。

根据国内外经验，防火注氮量一般在 5m³/min。灭火注氮量，原则上最初强度要大，将火势压住，然后逐渐降低注氮强度。若回风敞口，注氮量不得小于 9.2m³/min；全封闭时，可控制在 8m³/min。

B 注氮惰化指标

（1）注氮防火惰化：注氮后采空区内氧气浓度不得大于 7%；

（2）注氮灭火惰化：火区内氧气浓度不得大于 3%；

（3）注氮抑制瓦斯爆炸：采空区（或瓦斯积聚区域）内氧气浓度小于 12%。

C 采空区注氮的注意事项

（1）无论何种制氮工艺，采空区注入的氮气浓度均不得低于 97%。采用空分深冷原理制取的氮气，其浓度不得低于 99.95%；采用膜分原理时，其浓度不得低于 97%。

（2）应根据不同采煤方法、煤层赋存和地质条件、工作面通风方式、顶底板岩性和采空区丢煤及发火危险程度等情况，编制采空区注氮设计和安全措施。注氮设计应包括以下内容：

1）氮气防火工艺系统；

2）氮气的注入方式、方法；

3）氮气防火参数计算；

4）氮气防火的监测；

5）注氮工艺系统图的绘制及说明书的编写。

（3）依据氮气的扩散半径、工作面参数及采空区"三带"分布规律，合理确定氮气释放口的位置（释放口应保持在氧化自燃带内）。

（4）依据通风方式、通风强度和压差大小，合理确定注氮量；同时还应考虑氮气的泄漏量，以及由于抽放采空区瓦斯而排放掉的氮气量。

（5）要对采空区内惰化指标和氮气的泄漏量进行实际考察，通过经济对比，合理确定封堵防漏措施。

5.3.4.2 注氮管路压力损失计算

输氮管中的沿程摩擦阻力，即压力损失可用式（5-11）计算：

$$\Delta p = R_{0.15}L = 0.01163V^{1.895}L/D^{1.217} \tag{5-11}$$

式中 $R_{0.15}$——当量绝对粗糙度为 0.15mm 时，每米管路的压力损失（即比摩阻），Pa/m；

V——管道内氮气的平均流速，m/s；

D——管路直径，m；

L——管路长度，m。

依据《煤矿用氮气防灭火技术规范》，地面、井下制氮设备的供氮压力，可按式（5-11）中的供氮压力公式计算，其管路末端的绝对压力应不低于 0.2MPa。

根据以上公式，结合实际注氮管路的实际情况，可以计算出氮气在管路输送过程中的压力损失；再根据注氮区域的压力需求，及时调整氮气出口的压力，使其符合矿井注氮区域的需要。

5.3.4.3　注氮管路管径计算

管路直径的选择应满足以下两个条件：一是在正常时期进行注氮时，管路直径必须满足注氮时的最大流量；二是氮气出口的压力要高于注氮区域的压力，使注氮区域始终处于正压状态。

因此，在满足以上两个条件的要求下，注氮管路的直径可按式（5-12）进行计算：

$$D = 1000 \left[4Q_{max}/(\pi V) \right]^{0.5} \tag{5-12}$$

式中　D——管路最小直径，mm；

　　　Q_{max}——正常时期的最大注氮量，m^3/min；

　　　V——管路内氮气的平均流速，通常 $10m/s < V < 15m/s$，取 $V = 12m/s$。

输氮管路的直径应满足最大输氮流量和压力的要求。判断供氮压力能否满足要求，可用《煤矿用氮气防灭火技术规范》中对注氮管的直径计算公式（5-13）：

$$p_1 = \left[0.0056 \left(\frac{Q_{max}}{1000} \right)^2 \sum \left(\frac{D_0}{D_i} \right)^5 \left(\frac{\lambda_i}{\lambda_0} \right) L_i + p_2^2 \right]^{0.5} \tag{5-13}$$

式中　p_1——供氮的绝对压力，MPa；

　　　p_2——管路末端的绝对压力，MPa；

　　　Q_{max}——最大输氮流量，m^3/h；

　　　D_0——基准管径，150mm；

　　　L_i——相同直径管路的长度，km；

　　　λ_0——基准管径的阻力损失系数，0.026；

　　　λ_i——实际输氮管径的阻力损失系数，对于不同的钢管直径，有表 5-18 所列的关系。

表 5-18　钢管管径与阻力系数之间的关系

管径 D_i/mm	70	80	100	150	200	250	300	400
阻力系数 λ_i	0.032	0.031	0.029	0.026	0.024	0.023	0.022	0.020

5.4　阻化剂防灭火

阻化剂是阻止煤炭氧化自燃的化学药剂，又称阻氧剂。阻化剂防灭火技术是利用某些能够抑制煤炭氧化的无机盐类化合物，如氯化钙、氯化镁、氯化铵、水玻璃等，喷洒于采空区或压注入煤体之内，以抑制或延缓煤炭氧化，达到防止煤炭自燃的目的。

5.4.1　阻化剂概况及防灭火原理

5.4.1.1　概况

1966 年美国一篇专利报道，采用亚磷酸酯（含量 50%～80%）和 2-烷基蒽醌（含量 15%～50%）两种药剂混合阻止煤的氧化最为有效。1969 年硬化阻化剂诞生，它由 $MgCl_2$、MgO 和浆土组成，其中硬化剂液体的相对密度超过 1.22，并用高分散性的矿渣和其他增厚剂充当稳定剂。将此种溶液注入煤、岩层裂隙中能与煤、岩体很好地胶结、硬化固结，从而阻止空气的漏入，阻止煤的氧化。1975年美国石膏公司发明了一种阻止煤堆自燃发火的喷涂式阻化剂Aertsol，它是用天然石膏（$CaSO_4 \cdot 2H_2O$）煅烧除去结晶水后的粉状物，经试用效果明显。

从20世纪70年代抚顺煤科院就开始了阻化剂的实验与现场研究，对褐煤、烟煤、高硫煤的氧化阻化机理等问题进行了深入研究，初步确定了适合我国煤种的新型阻化剂，并且在辽宁平庄、沈阳西矿区进行了井下防火工业性试验，是我国最早研究阻化剂的科研单位。

5.4.1.2 阻化剂防灭火原理

阻化剂防止煤炭自燃的机理研究还未形成共识，目前有三种学说：（1）吸水盐类的液膜隔氧学说；（2）提高反应物之间活化能的副催化剂学说；（3）封闭煤间裂隙、减少漏风及副催化作用结合的凝胶阻燃学说。

阻化剂防火机理主要可总结为以下几个方面：

（1）隔绝煤与氧气的接触。阻化剂一般是具有一定黏度的液体或者液固混合物，能够覆盖包裹煤体，使煤体与氧气隔绝。

（2）保持煤体的湿度。阻化剂含有水分，并且一些阻化剂具有吸收空气中的水分使煤体表面湿润的功能，这样煤体的温度在水分的作用下就容易上升。

（3）阻化剂是一种化学试剂，将其加入煤的自由基链式反应过程中，生成一些稳定的链环，提高煤表面活性自由基团与氧气之间发生化学反应的活化能，使煤表面活性自由基团与氧气的反应迅速放慢或受到抑制，从而起到阻止煤炭自燃的作用。

（4）加速热量的散失。这表现在两个方面，一方面阻化剂本身导热性相对于煤体，特别是破碎的煤体要好；另一方面是阻化剂内水分的蒸发要吸收大量的热。

从以上几个方面可以看出，阻化剂防火实际是进一步扩大和利用了以水防火的作用，阻化剂离开了水，其阻化作用也就消失了。

5.4.2 阻化剂的评价指标及其影响因素

5.4.2.1 阻化剂的评价指标

阻化剂的评价指标包括阻化率和阻化衰退期。

（1）阻化率。煤样在阻化处理前后放出的CO量的差值与未经阻化处理时放出的CO量的百分比称为阻化率（E），即：

$$E = \frac{A - B}{A} \times 100 \tag{5-14}$$

式中　E——阻化率，%；

　　　A——煤样未经阻化处理时，在温升（100℃）试验中通入净化干燥空气（160mL/min）时放出的CO的浓度，10^{-6}；

　　　B——煤样经阻化处理后，在上述相同条件下放出的CO的浓度，10^{-6}。

在阻化率定义中，以100℃作为测定时的标准温度，这种方法存在一定的不足之处：第一，在100℃情况下，在有氧环境下，煤氧化释放CO产生量是随着时间增加的；第二，阻化剂对煤自燃阻化不是仅仅在一温度下起作用，而是对整个煤自燃过程都有阻化作用，并且在不同温度和时间段其阻化效果和起阻化作用的机理是不相同的。

高硫煤的阻化率是以阻化处理前后煤样在180℃时放出的SO_2量的差值与原煤样放出的SO_2量之比的百分率来确定的，其计算公式与式（5-14）相同。

（2）阻化衰退期（阻化寿命）。煤炭经阻化处理后，阻止的有效日期称为阻化衰退期，也称为阻化剂的阻化寿命。阻化剂的阻化寿命越长，其阻化率下降的速度越慢。

阻化剂的阻化寿命检验与阻化率检验步骤基本相同，但阻化煤样的制备有所不同。每次检验要进行300min，然后打印曲线、计算阻化寿命。

从上述两个技术参数可知，理想的阻化剂应为阻化率高、阻化寿命长的阻化剂。阻化剂对煤的自燃只起抑制、延长发火期的作用，而且有一定的时间界限。所以，阻化剂防火不是一劳永逸的措施，应在其阻化寿命结束前补注阻化剂来维持其阻化功能。

5.4.2.2　阻化剂效果的影响因素

阻化剂的效果与煤种、阻化剂的溶液浓度和使用的工艺有关。

（1）煤种（煤质）。煤的种类对阻化剂有一定的选择性，如水玻璃和氢氧化钠对含硫较高的煤的阻化效果较好；碱土金属的氯化物，如氯化镁、氯化锌等对非高硫煤的阻化效果较好。同时，浓度相同的阻化剂对不同的煤有不同的阻化效果。

表5-19为不同煤种较理想的阻化剂类型及其参数。

表5-19　不同煤种的阻化剂类型及参数

褐　　煤			气　　煤		
最适阻化剂	浓度/%	阻化率/%	最适阻化剂	浓度/%	阻化率/%
工业氯化钙	10	70~80	工业氯化钙	10	40~50
	20	75~90		20	45~60
卤块、片、粒	10	50~60	卤块、片、粒	10	40~50
	20	60~80		20	45~60
烟　　煤			高硫烟煤		
工业氯化钙	10	60~70	最适阻化剂	浓度/%	阻化率/%
	20	70~90	水玻璃	10	80
卤块、片、粒	10	50~60		20	90
	20	60~80	卤块、片、粒	10	80

（2）阻化剂的溶液浓度。阻化剂的阻化效果与阻化剂的浓度密切相关。实验表明：10%浓度的$MgCl_2$在实验温度100℃时的阻化率为36.2%，20%浓度的$MgCl_2$在实验温度100℃时阻化率为51.75%。因此，在使用阻化剂防灭火时，应注意其使用浓度。

（3）工艺过程。理论和实践都表明，煤体压注比表面喷洒的效果要好。前者在高压的作用下，阻化剂的溶液可以渗透至孔隙内部；后者只能湿润煤块的表面。

5.4.3　阻化剂的选择及其参数的确定

5.4.3.1　阻化剂的选取

目前，国内使用的阻化剂种类很多，种类繁多的阻化剂给煤矿的使用提供了更多的选择，但是，煤矿对阻化剂的选择必须采取谨慎的态度。阻化剂好坏的选择，不仅影响阻化效果和经济效益，而且对井下安全也有重要的影响。在选择阻化剂时，应综合考虑以下 5 个方面：

(1) 阻化率要高。阻化率是衡量阻化剂阻化效果的一个重要指标。阻化率值越大，阻止煤炭氧化能力越强。因此，阻化率是阻化剂选择的重要指标。

(2) 阻化衰退期要长。阻化衰退期即煤炭经阻化处理后阻止氧化的有效日期，也称为阻化剂的阻化寿命。由此可以看出，寿命与阻化率有密切关系。阻化剂的阻化率高、阻化寿命长，是理想的阻化剂。阻化率虽高，但抑制煤氧化的时间很短，即阻化寿命短，则不能认为是良好的阻化剂。因此，在选择阻化剂时，既要考虑阻化率，也要考虑阻化寿命。

(3) 安全性好，费用低。选择的阻化剂及其溶液应无毒，能防止在灭火过程中可能发生的瓦斯爆炸，并且不污染井下环境，费用较低。

(4) 来源可靠，供应充足，运输方便。井下采用的阻化剂防灭火用量大，因此，来源必须可靠，供应充足，否则延误生产。另外，运输也不能过远，而且要方便，否则会增加吨煤成本。所以，在综合考虑阻化率、来源可靠、运输费用及成本等方面的同时，应优先选择就地就近生产的阻化剂。

(5) 对井下设备、设施腐蚀性小。酸碱物质溶液对井下设备、设施的腐蚀作用不可忽视。为保证设备、设施安全正常运转、维修量小、延长使用寿命，要尽量选用腐蚀性小的阻化剂。

目前，国内外主要使用的阻化剂为吸水盐类阻化剂，如氯化钙、氯化镁等，该类阻化剂阻化效果好、价格便宜且储运方便。

5.4.3.2 阻化剂参数的确定

A 阻化剂溶液的浓度

阻化剂的浓度是影响防火效果和工作面吨煤成本的重要参数，可用式 (5-15) 计算：

$$\rho = \frac{T}{C} \times 100\% = \frac{T}{T + V} \times 100\% \tag{5-15}$$

式中　ρ——阻化剂溶液浓度,%；

　　　C——阻化剂溶液量，kg；

　　　T——阻化剂量，kg；

　　　V——用水量，kg。

阻化剂溶液的浓度是影响阻化效果和吨煤成本的重要因素。在保证阻化效果和阻化剂寿命的前提下，应尽量降低其浓度，合理的浓度应根据煤的自燃发火试验确定。

B 工作面喷洒量

遗煤吸收阻化剂溶液的数量，称为遗煤吸液量。因此，阻化剂的喷洒量取决于遗煤的吸阻化剂量和丢失煤量。对工作面上下隅角、停采线附近以及巷道煤柱破碎堆积带等重点防火区域，要增加喷洒阻化剂量，即在计算阻化剂的喷洒量时，应考虑一个富裕系数。

工作面一次喷洒阻化剂量可按式 (5-16) 计算：

$$V = K_1 \gamma_c LShA / \gamma \tag{5-16}$$

式中　　V——采煤工作面一次喷洒阻化剂的阻化剂量，m^3；

　　　　K_1——易自燃部位阻化剂液喷洒富裕系数，一般取 1.2；

　　　　γ_c——采空区遗煤容重，t/m^3；

　　　　L——工作面长度，m；

　　　　S——一次喷洒宽度，m；

　　　　h——遗煤厚度，m；

　　　　A——遗煤吸阻化剂量，t/t 煤；

　　　　γ——阻化液的容重，t/m^3。

　　遗煤的吸液量与煤的粒度分布、阻化剂溶液的浓度和煤的质量有关。一般是采空区分段（每 10~20m 一段）采取遗煤样（每段取 4 个），按粒度分级，选出 4 种不同粒度的煤样（0.6mm 以下，0.6~5mm，5~15mm，15mm 以上），然后分别与 10% 和 20% 浓度的阻化溶液试验求出其吸液量。煤的粒度越小，吸收量越大；阻化剂溶液浓度越大，煤的吸液量也越大。同时，在用式 (5-16) 计算阻化剂的喷洒量时，应根据采煤方法的不同以及采空区的实际情况增加用量。

　　关于喷洒阻化剂液量的计算还要考虑不同的采煤方法。厚煤层开采，留有护顶煤时，采空区内遗煤量大，参照式 (5-16) 计算阻化剂量时，要加大遗煤厚度和喷洒长度。分层开采工作面，计算第二分层工作面所需喷洒阻化剂时，要考虑顶板积存的浮煤。另外，除喷洒外，对上分层已形成的高温点要打钻压注阻化剂，其阻化剂用量也要根据具体情况增加。

5.4.4　阻化剂防灭火工艺

　　阻化剂防灭火工艺分三类：一是在采煤工作面向采空区遗煤喷洒阻化剂液防止煤的自燃；二是向可能或已经开始氧化发热的煤壁打钻压注阻化液；三是汽雾阻化剂，借助漏风方向向采空区送入雾化阻化剂。

5.4.4.1　喷雾阻化剂

　　喷洒阻化剂，即在采煤工作面向采空区或工作面喷洒阻化剂溶液。为此，需建立喷洒系统。喷洒系统一般有三种形式：临时性喷洒系统、半永久性喷洒系统和永久性喷洒系统。而其中以半永久性喷洒系统使用最为广泛。

　　如采用喷洒工艺，要在采空区建立半永久性的储液池或专用矿车做成临时性储液池以构成喷洒系统。工作面喷洒工艺可采取下列方式进行：把喷洒工作安排在检修期间进行，阻化剂的喷洒以工作面下部为主，上部可喷洒清水，工作面上下喷枪相向喷洒。半永久性的喷洒系统以水泥料石砌筑的储液池代矿车以供使用，其他设备与简易系统相同。

　　半永久性喷洒系统一般服务于储液池附近的几个工作面；临时性喷洒系统只是用矿车做储液容器代替储液池；而永久性喷洒系统则是在地面或水平大巷建立大容量储液池。永久性喷洒系统可服务于一个水平，临时性喷洒系统服务范围小，但较灵活。

5.4.4.2　压注阻化剂

　　为防止煤柱、工作面起采线等易自燃地点发火，需要打钻孔进行压注阻化剂处理。向煤壁打钻注液可用一般煤电钻打孔，钻孔间距根据阻化剂对煤体的有效扩散半径确定。钻孔深度应视煤壁压碎深度确定，一般孔深 2~3m，孔径 42mm，钻孔的方位、倾角要根据火源或高温点的位置而定。可用橡胶封孔器封孔。压注之前首先将固体阻化剂按需要的浓度配制成阻化剂溶液，开动阻化泵，将阻化剂吸入泵体，再由排液管经封孔器压入煤体。压注阻化液以煤壁见阻化剂即可，一次达不到效果时，可重复几次，直到煤温降到正常为止。在允许的情况下，也可将储液池建在上水平，借助静压喷洒或压注阻化液。

5.4.4.3 汽雾阻化剂

汽雾阻化剂是使阻化液雾化进入采空区阻止煤氧化、防止采空区煤炭自燃发火的技术。汽雾阻化剂以漏风风流为载体将阻化剂送到易自燃煤体的表面，延长煤的氧化进程，从而达到阻止或延缓煤炭自燃的目的，其主要作用为：

（1）汽雾阻化剂喷射到采空区等漏风地点，使其空间的空气湿度处于饱和状态，潮湿的空气在运动中和煤接触后使大量汽雾覆盖在煤的外表面，其液膜可以抑制煤的氧化。

（2）采空区等漏风氧化自热地点的温度一般都高于附近通风巷道风流中的温度，漏风携带的汽雾可以起到吸热降温的作用，使煤的氧化速度变慢。

（3）向采空区等地点连续喷射汽雾时，势必要占据采空区等漏风区域一部分空间，使这些区域的空气中含氧量减少，其浓度的降低也使煤的氧化速度减慢。

（4）增大煤体的外在水分，减小煤体表面水分的蒸发速度。

汽雾阻化剂向采空区内喷洒雾化阻化剂时，阻化液的配制、输送均在工作面进风巷内完成。阻化液经过输液泵和自动过滤器，在漏风入口处，用汽雾发生器将其雾化，由漏风风流携带雾化的阻化液微粒进入采空区与遗留在采空区的浮煤接触，防止其自燃。

汽雾阻化剂防火的工艺可根据实际情况的不同，采取不同的方式，但有以下几个工艺方面的要求：（1）按喷雾方法区分，可采用单点喷雾或多点喷雾；（2）按喷雾时间区分，可采用连续喷雾或间歇喷雾；（3）在采空区回风侧漏风地点不宜设置汽雾发生器。

为了达到汽雾阻化剂防火方面的要求，由汽雾发生器产生的阻化剂汽雾应满足以下几个方面的要求：（1）雾化率不宜低于85%；（2）雾化率超过85%时，雾滴的最大直径不宜超过100μm；（3）雾滴平均直径不宜大于15μm；（4）小于100μm雾滴的累计重量不宜少于50%。

实施汽雾阻化剂防火时，喷雾量应按式（5-17）进行计算：

$$V = QAL\gamma HS \qquad (5-17)$$

式中　V——日喷雾量，m^3/d；

　　　Q——吨煤用液量，m^3；

　　　A——工作面丢煤率，%；

　　　L——工作面长度，m；

　　　γ——实体煤容重，t/m^3；

　　　H——工作面采高，m；

　　　A——遗煤吸阻化剂量，t/t煤；

　　　S——工作面日推进度，m。

汽雾阻化剂喷洒过程中应注意的事项：

（1）在汽雾阻化剂喷洒过程中，应选择合适的喷枪喷嘴，应保证喷枪的压力不低于10MPa，以确保喷洒的阻化剂雾化后具有较好的随漏风跟随性。

（2）工作面上下隅角和停采线附近等重点防火区域，要适当加大阻化液的喷洒量，提高该处的阻化效果。

（3）汽雾阻化剂喷洒防火过程中，应对采空区内风流采样，测定其汽雾含量。保证采空区漏风风流中汽雾含量不低于 $10g/m^3$。

对掘进巷道或煤巷高冒处的自燃发火采用黄泥灌浆及水无法处理的地点，利用汽雾阻化剂灭火效果较好。汽雾阻化剂防灭火处理的重点位置是综放工作面下隅角及中间工艺巷等漏风源处，而支架间漏风通道可作为临时喷雾空间以便处理采空区残煤。喷嘴的雾化率是雾化效果的关键参数，日喷雾量依采空区丢煤量大小确定。

综上所述，阻化剂防火由于技术工艺系统简单、设备少、防火效果好等优点，在一些缺乏黄土、注浆困难的矿区得到了较为广泛的应用。该技术的关键是优选阻化剂、提高阻化剂的阻化率和延长阻化衰退期，同时还需要进一步完善其工艺设备。

5.5　凝胶防灭火

20 世纪 80 年代后期，随着我国煤矿开始广泛采用综采放顶煤开采技术，原有的防灭火技术不能完全满足安全生产的需要，凝胶防灭火新技术应运而生。1990 年西安矿院防灭火课题组和大同矿务局科研人员，把凝胶技术应用在煤矿储煤场防灭火，获得较佳效果；随后凝胶技术又被用在井下"综采面""综放面"防灭火，也获得成功，为我国的放顶煤开采防灭火提供了一项新技术。

5.5.1　凝胶及其特性

5.5.1.1　凝胶的定义和特性

胶体是指分散粒子大小在 1~100nm 的分散系，按照分散系的状态不同分为气溶胶、液溶胶和固溶胶三种。在适当的条件下，溶胶或高分子溶液中的分散颗粒相互联结成为网络结构，水介质充满网络之中，体系成为失去流动性的半固体状态的胶冻，处于这种状态的物质称为凝胶。

凝胶是胶体的一种特殊存在形式，是介于固体与液体之间的一种特殊状态，它既显示出某些固体的特性，如无流动性，有一定的几何外形，有弹性、强度和屈服值等，又保留了某些液体的特点，例如离子的扩散速率在以水为介质的凝胶中与在水溶液中相差不多。

5.5.1.2　凝胶的种类

根据制备凝胶基料化学性质的不同，凝胶主要可分为无机凝胶和有机凝胶两大类。

A　无机凝胶

无机凝胶主要是由基料、促凝剂和水按照一定比例配制成水溶液，发生凝胶作用而形成。胶体内充满着水分子和一部分其他物质，硅凝胶起框架作用，把易流动的分子固定在硅凝胶内部。成胶的过程是一个吸热过程。对于由两种原料在水中经过物理或化学作用形成的胶体，通常把主要成胶原料称为基料，把促成基料成胶的材料称为促凝剂或者凝胶剂。基料或促凝剂按照一定的比例配制成水溶液。在矿井防灭火常用的硅凝胶基料是水玻璃，碳酸氢铵或硫酸铵或氯酸钠为促凝剂。无机凝胶存在失水后干裂、粉化和灭火后的火区易复燃的不足。防火时，基料 8%~10%，促凝剂 3%~5%；灭火时，基料 6%~8%，促凝剂 2%~4%。成胶时间由基料和促凝剂的比例确定，一般基料与促凝剂在水溶液中的比例越大，成胶时间越短。当基料为 90~100kg/m³ 时，促凝剂为 20kg/m³，成胶时间为 7~8min；促凝剂比例为 30kg/m³，成胶时间为 3~4min；促凝剂为 50kg/m³，成胶时间为 25s。

促凝剂为碳酸氢钠的凝胶，防灭火性能好，成本低，但碳酸氢铵在低温下容易分解，具有很大的刺激性气味——氨味，对井下工人的健康有危害。采用偏铝酸钠等其他促凝剂，可以避免产生有害刺激性气体，但是形成的凝胶的防灭火性能和稳定性稍差，成本也高一些。

B 有机凝胶（高分子凝胶）

有机凝胶也称为高分子凝胶。高分子凝胶是指相对分子质量很高（通常为 10^4~10^6）一类的高分子化合物的溶液。这种高分子化合物吸水能力强，与水接触后，短时间内溶胀且凝胶化，最高吸水能力可达自身质量的千倍以上。目前用于矿井的高分子防灭火材料以聚丙烯酰胺、聚丙烯酸钠为主要成分。这种胶体材料与水玻璃凝胶相比，使用时仅采用单种材料，使用量小，通常为 0.3%~0.8%，在井下使用方便，且对井下环境无污染。这种胶体附着力强，可充分包裹煤炭颗粒，隔绝与氧气的接触。高分子凝胶材料的不足在于其成本高，且吸热与成胶能力均不如由水玻璃与碳酸氢铵构成的铵盐凝胶。

5.5.2 凝胶防灭火技术

凝胶防灭火技术是将基料、添加剂与水按一定比例混合，然后用泵压注到煤层发火部位，先使注入口附近火源表面降温，在泵压和自重作用下，混合液体渗入到煤体裂隙和微小孔隙中，在发火部位形成凝胶或胶体，阻断氧扩散，阻止煤体继续氧化放热，进而降低煤体内部温度，从而达到防灭火的效果。

5.5.2.1 凝胶的防灭火特性

凝胶防灭火技术作为矿井火灾的防治技术之一，依靠其独有的自身特点在防治综采面、综放面的特殊区域火灾上有明显的优点，总结起来主要有以下四点：

（1）凝胶易将流动的水分子固定起来，胶体中 90% 左右是水，从而充分发挥了水的防灭火作用。成胶前液态的溶液能渗入到煤体的裂隙和微小孔隙中，成胶后就堵塞了这些空隙和裂隙，与煤体一起形成一个凝胶整体，封堵煤的裂隙剂采空区的漏风通道，使氧分子无法进入煤体的内部。

（2）胶体能在煤的表面形成一层保护凝胶层，隔绝煤氧结合，其水蒸气形成的蒸汽层也能使采空区氧气浓度降低，减少煤与氧分子的接触机会。

（3）凝胶具有很高的热稳定性，在高温下胶体仍有很好的完整性而不被破坏。

（4）凝胶具有很好的阻化性能，促凝剂和基料本身就是一种很好的阻化剂，能够阻止煤的自燃，所以起到了一般阻化剂的阻化效果。此外，成胶时间可以控制。可以根据不同的发火情况和现场使用的工艺设备，调节其促凝剂和基料的比例从而控制凝胶的成胶时间。

5.5.2.2 材料选取的原则

用于防治矿井火灾的凝胶目前较多，但是不同的矿井对材料又有不同的要求。根据煤矿火灾的特点，矿井防灭火凝胶材料的选择应遵从以下原则：

（1）无毒无害。对井下工作人员的身体健康没有危害，对设备无腐蚀，对井下环境无污染。

（2）价格低廉，工艺设备简单。防灭火材料经济实用，同时由于受到井下特定工作环境的限制，因此要求工艺设备简单，便于在井下现场应用。

（3）要有良好的堵漏性。将氧气进入煤层的通道堵塞后，就大大地降低其空间氧气的浓度，同时，外界的氧气很难进入采空区。

（4）具有渗透性好的性能。要能够很容易进入松散煤体的内部，从而与煤体形成一个有机的整体，使氧分子很难进入煤体内部。

（5）要有良好的耐高温性能。由于在煤炭自燃的区域往往有很高的温度，因此材料只有在高温下不易分解，保持原有的特性，才能充分发挥其防灭火效果。

（6）吸热性能好。材料应该具有高的比热容，这样就能加速高温煤层温度的降低。

5.5.2.3　技术参数和性质

（1）成胶时间。矿井灭火一般选择成胶体的时间在几十秒至 10min 之间的成胶原料，根据不同的使用条件，要求胶体有不同的成胶时间。用于封闭堵漏和扑灭高温火源点，其成胶时间应控制在混合液体喷出枪头 30s 内；用于阻化浮煤自燃，其成胶时间应控制在混合液体喷出枪头 5~10min。

（2）固水性。胶体都有固水性，能够使一定量的水固定在胶体网状结构骨架中失去流动性。不同的胶体，固水的能力不同。例如，硅酸凝胶可以把 90% 以上的水固定在其网状结构中，失去流动性。一般来说，胶体的固水量都在 80% 以上。胶体能够利用固定在其内的大量水分，充分发挥水灭火的特性，不仅如此，由于固定水失去了流动性，因而可向高空堆积，扑灭巷道及工作面顶部等高处火灾。

（3）耐压性。凝胶灭火的一个重要指标是其堵漏性。胶体的耐压性对堵漏的效果有很大的影响。胶体的强度越大则能够承受的漏风压力越大，堵漏效果也越明显。耐压性与基料浓度的关系为：基料浓度越大，耐压越高。一般来说，基料在常用浓度下，胶体厚度达到 3cm，就可耐风压 2942Pa。

凝胶在现场的实际使用中，对于松散煤体，由于空隙的直径较小，一般的胶体可以起到堵漏的效果，但是在一些顶部的高冒区或大的空洞里，如果向其内部注入凝胶，由于胶体自身重力大于其支撑力，因而容易引起破裂，此时需要对胶体进行增强。常用的增强材料有黄土、粉煤灰和黏土矿物。

（4）渗透性。在矿井灭火过程中，需把胶体注入到发火的煤体里。着火的煤体常为破碎的松散煤体，它实际上是包含了大量空隙和裂隙的多孔介质。渗透性是多孔介质传导流体的性能，其数值的大小不仅与骨架的性质（颗粒成分、分布、大小、充填）有关，还与流体的性质有关。试验证明，当胶体的浓度为 2% 时，胶体的屈服值大于其自身的重力，所以可滞留在煤层中。

（5）吸热性。胶体的主要成分是水，由于水的比热容很大，因此水温的升高可以吸收大量的热能，从而降低煤层内部温度。煤的燃烧进入了高温阶段后，胶体中的水分汽化又能吸收大量的热能。基料浓度为 6% 时，$1m^3$ 胶体汽化后吸收热量为 $4 \times 10^5 kJ$。

（6）耐高温。由于凝胶内固化有大量的水，高温下的胶体中的水分缓慢蒸发，因此胶体内部温度不会升到很高，也就是说凝胶在高温下不会迅速汽化。

此外，凝胶防灭火技术还具有材料来源广泛、灭火工艺相对简单等特点。

5.5.2.4 适用范围及注意事项

凝胶对于高位火点的防治有较好的作用。如高温点发生在上部的裂隙中，用一般的防灭火技术措施难以奏效，采用注凝胶方式，可使凝胶在上部的裂隙中堆积，堵塞漏风通道，起到了防灭火的作用。对于底部的煤炭自燃点，则采用注水、黄泥或粉煤灰浆均能起到很好的作用，浆体的灭火性能会更好，因为浆体的流动性好，只要知道火源的具体位置，注入的浆体就能够达到火源点，最好采用一般注浆方法。此外，凝胶防灭火的设备操作相对简单，但对现场人员配料有较高的要求，一般无机凝胶材料的配比为基料使用量的7%~10%，促凝剂为浆量的5%~6%。正确掌握其配比，是保证凝胶防灭火技术的关键。

5.5.3 稠化砂浆防灭火技术

我国西北部地区地表缺水，山砂资源丰富，采用常规的黄泥注浆防灭火技术面临困难，注砂灭火技术却正好可以利用这些资源在这些特殊地区发挥灭火功能，但在矿井灭火实践中发现，普通的注砂方法需水量大、易脱水、易沉淀、易磨损管路。

5.5.3.1 高分子胶体防灭火材料及应用设备

根据材料结构与性能分析，以及矿用防火封堵的需要，可选择亲水性强的高分子材料作为高分子灭火胶体的主要原料。高分子灭火胶体剂有较强的吸水性，可以固定大量的水，因而具有较好的耐高温性能，交联的高分子材料具有一定强度，并且具有黏弹性，抗动压性能较好，能够满足需求。

高分子胶体要求能够固结大量的水，并且有较高的耐酸碱和耐盐性。根据高分子材料结构与性能的关系，确定以含有大量羧酸基、酰胺基、羟基等亲水性官能团的交联高分子化合物作为灭火胶体剂的主体。根据现有高吸水树脂的特点，以及亲水性官能团的类别，选择丙烯酸、丙烯酰胺、乙烯醇、乙酸乙酯等聚合。据相关实验可知高分子胶体防灭火材料具有如下性质：

（1）高分子胶体材料的固体添加剂与水按1%的比例混合形成的凝胶，与传统的硅酸凝胶浓度为10%时性能相当，从而在灭火时材料在井下的运输量可减少5/6以上，这对降低工人劳动强度，提高灭火效果非常有利。

（2）对水质依赖性小，耐酸碱，在pH>4的水中都可形成较好的胶体，一般的盐对其性能的影响不大。

（3）高分子灭火胶体材料耐火性能好，将其放入火炉中仅产生少量的水蒸气，且胶体不消失，对周围的红炭仍起灭火作用。

（4）材料具有一定的强度及渗透性、蠕变性、黏弹性，能够渗透到煤层的裂隙中，堵住漏风。在煤层间隙受力发生蠕变，不会破裂，能紧密充填煤层间隙，即使煤层压裂破碎也不会产生漏风裂隙。

（5）具有一定的触变性，在用泵进行运输时，其黏度较低，运输阻力不大，而进入煤层静止后，其黏度增大，可滞留在煤层中，吸热堵漏。

（6）具有良好的吸热性，且灭火时不会产生大量水蒸气。封堵材料中98%以上是被束缚的水，它有很大的热容，可吸收大量热，使煤温下降。材料中的水吸热后虽然能量提高，但它还受到大分子的束缚，不能迅速释放出水蒸气，可减少灭火过程中水煤气爆炸的危险。

（7）高分子灭火胶体材料在常温下脱水很慢、不变质，可长期保存在煤层中，防止煤层自燃发火或火区复燃。

（8）根据工艺需要可调节材料的溶解速度，以满足不同的工艺要求。材料的溶解速度可通过改变粒度、添加剂等手段来调节。

5.5.3.2　以黄土为主要原料的复合胶体防灭火材料及应用工艺

复合胶体防灭火材料是将高浓度的黄土或粉煤灰浆液输送到井下，在井下加入胶凝剂使之胶凝，实现良好的防灭火功能。我国西北地区黄土粒度很小并且悬浮性好，只需要着重解决其浆液的胶凝问题。

（1）复合胶体悬浮剂配方研究。在高浓度浆液中加入由西安科技大学开发的几种悬浮剂（GXA、SXW、JQY、SXG、SBX、QBX、SXD、YTS），实验研究几种悬浮剂悬浮效果最好的组合方式，从而确定其最佳配方。通过正交实验结果，选择 SXG 与 GXA 作为悬浮剂的主要组分。其中 GXA 主要起增稠作用，能提高注胶效果。SXG 主要起悬浮效果，能防止沉降堵管。根据实验情况，JMF 悬浮剂的主要组成为：GXA，1 份；SXG，19 份。该悬浮剂有较好的悬浮性，用量为 0.4‰左右（相对比例）。

（2）复合胶体胶凝剂配方研究。复合胶体是由泥浆和少量基料制备的。泥浆中含有大量离子，即其盐度较高。故复合胶体添加剂要有一定耐盐性。一般情况下，有一定的耐盐性且能在水中通过化学反应制备凝胶的原料都能在泥浆中生成复合胶体，胶体中泥浆颗粒充填在网状胶体结构之间，一般仅起充填和增强作用。

以吸水性黏土或交联的吸水树脂为基料形成的复合胶体或稠化胶体，是吸水材料吸收了大量水分，体积膨胀的结果。一般情况下，吸水黏土对含有一些盐分的泥浆水也有较强的吸收能力，水质对其吸水性影响不大。因此，吸水性好的黏土矿物通常可用作复合胶体或稠化胶体的基料。与黏土矿物相比，交联的吸水树脂具有更强的吸水能力。一些由一种单体聚合生成的吸水树脂对蒸馏水的吸收性很好，但是由于这些吸水树脂中亲水官能团比较单一，其吸水性受介质条件影响很大，在含有大量离子的泥浆中，吸水性下降很明显，因而制备复合胶体的效果不理想。因此，多种单体共聚，形成含有多种亲水官能团的吸水高分子材料以及有机-无机材料形成的复合型吸水材料是理想的复合胶体基料。

5.6　三相泡沫防灭火

三相泡沫防灭火技术集固、液、气三相材料的防灭火性能于一体，充分利用粉煤灰或黄泥的覆盖性、氮气的窒息性和水的吸热降温性进行防灭火。现场应用表明，三相泡沫灭火技术对一般采空区煤炭自燃发火、大型火区及火源位置不明区域、综放工作面的高位及巷道高冒火区、倾斜俯采综放工作面采空区煤炭自燃发火的治理和预防，效果相当明显。

5.6.1　组成及产生机理

5.6.1.1　固相成分

三相泡沫的固相成分主要是粉煤灰或黄泥。粉煤灰是通过收尘器收集的火力发电厂排烟系统中排放的细粒灰尘，占固体废弃物的 70%~85%。粉煤灰有干灰和湿灰之别，用于制备三相泡沫的是干飞灰或是干飞灰的浆液；黄泥取土主要来自矿区附近地区，一般都含有大量的杂质以及大颗粒的石头、硬块等，进入注浆池之前必须先进行过滤。

（1）颗粒粒度大小。颗粒的粒度对形成三相泡沫有很大的影响，颗粒的粒度越小，越容易形成三相泡沫，形成的三相泡沫的防灭火性能也越好；颗粒越大，固相颗粒与泡沫之间结合就越弱，颗粒不容易黏附在泡沫上，在重力的作用下就越容易沉淀下落，不能形成稳定的三相泡沫。

干灰颗粒成粉状，又称为飞灰，颗粒粒径都基本集中在 2~50μm 之间，最大颗粒粒径都小于 84μm；湿灰因细微部分都随水流失，颗粒主要集中在 5~100μm 之间，最大颗粒粒径 196.3μm；黄泥在过滤掉其中夹杂的石块溶于水后，颗粒也很小，主要集中在 1~80μm 之间，最大也不超过 128.4μm；含有炉渣、砂子的湿灰颗粒粒径主要集中在 100~1000μm 之间。

（2）物相组成。粉煤灰中的矿物组成主要有方石英、莫来石、鳞石英晶体，同时有氧化铁存在，随着燃烧时环境的不同，也可能出现磁铁矿和少量赤铁矿等晶体。但粉煤灰中的物相并不是在平衡条件下形成的。燃烧灰渣处于熔融状态，经空气快速冷却，就可能产生晶体。由于组成物中 Al_2O_3 含量较高，熔体黏度较大，加之冷却速度快，因此在晶化过程中，往往就不容易生成完整晶体，甚至在有些情况下可能保留相当量的玻璃相，按一般估计，玻璃相含量通常在 70% 以上。此外，粉煤灰中，还可能存在未燃尽的无定型碳及残留的石英和长石等晶体。黄泥样品的主体矿物成分为石英和氧化钙，还有部分莫来石、长石、硬石膏、磁铁矿和赤铁矿等矿物成分。这些成分均为亲水性很强的物质，加入的发泡剂应具有改变粉煤灰或黄泥表面物理化学性质的特性，即应使粉煤灰表面由亲水性变成疏水性，从而能使粉煤灰或黄泥等固体颗粒很容易地附着在泡沫上，形成三相泡沫群体，不同矿物质粉煤灰与黄泥配比见表 5-20。

表 5-20 不同矿物质粉煤灰与黄泥配比

成分	含量/%		成分	含量/%	
	粉煤灰	黄泥		粉煤灰	黄泥
石英（SiO_2）	20	33	硬石膏（$CaSO_4$）	—	4
莫来石（$Al_6Si_2O_{13}$）	17	6	磁铁矿（Fe_3O_4）	—	4
长石（$(Na,Ca)AlSi_3O_8$）	12	5	黏土	—	—
氧化钙（CaO）	8	16	氧化钛（TiO_2）	1	1
赤铁矿（Fe_2O_3）	5	3	其他晶体物质	3	5
高温石英（SiO_2）	3	1	其他非晶体物质	余量	余量
方解石（$CaCO_3$）	1	1			

（3）化学成分。由于黄泥颗粒属于一种惰性物质，且具有较大黏性，因此能够更牢固地黏附在气泡壁上；粉煤灰是一种活性物质，其化学成分主要是 SiO_2 和 Al_2O_3，两者总含量一般在 60% 以上，另外还含有少量的 Fe_2O_3、CaO、MgO 等。

粉煤灰溶于水中必然产生较高浓度的 Ca^{2+}，会对发泡剂和稳泡剂的性能产生一定的影响。因此，在选择发泡剂、稳泡剂时，要充分考虑到 Ca^{2+} 的作用和影响。

5.6.1.2 液相成分

三相泡沫的形成是在水质中进行的,水对固体颗粒的表面性质、发泡剂的物理化学性质都有较大的影响。水的分子结构很复杂,简单地说,水是由 H^+ 和 OH^- 组成,水中氢离子极少,但其电场强度大。水的结构近似四面体,在没有外电场的作用下,水分子的缔合可以达到几十个或几百个水分子,但是这种水偶极子之间的联系是很弱的。同时,杂质水中含有大量铁、钙离子,对三相泡沫的形成有重要的影响。

在一些缺水的矿区,可以采用井下抽到地面的废水作为液相,这样可节约水资源、降低液相水的成本。

5.6.1.3 气相成分

由于三相泡沫是通过三相泡沫发泡器物理机械发泡形成的,与化学发泡机理不同,气体通过机械搅拌、涡流运动等形成,直接被液相成分包裹起来,因此,三相泡沫的气相成分可以采用空气、氮气、二氧化碳等不溶于水或较难溶于水的气体。

(1) 从形成三相泡沫来讲,氮气和空气的效果比二氧化碳要好。氮气和空气在水中的溶解度以及被煤体的吸附能力都比二氧化碳要小得多,这样就有利于三相泡沫的形成。

(2) 从防灭火效果来讲,氮气三相泡沫要比空气三相泡沫的防灭火效果好。因为空气中含有21%的氧气,采用空气可能会给采空区带进一定量的氧气。

因此,在矿区有氮气的情况下首选氮气作为气相。一方面氮气是一种惰性气体,除非在特殊的条件和催化剂的参与下,否则很难与其他物质发生反应,因而本身就是一种很好的防灭火材料;另一方面它可以作为载体,将大量的粉煤灰或黄泥输送到采空区。

5.6.1.4 三相泡沫的产生

由于粉煤灰或黄泥颗粒表面的亲水性,当其分散在水中形成泥浆后,颗粒周围会形成一层水化层,以阻止颗粒黏附在气泡壁上。当在水中加入表面活性剂后,表面活性剂一方面能在亲水性颗粒表面形成亲水基朝向粉煤灰或黄泥、疏水基朝向水的定向吸附,使粉煤灰或黄泥表面变成疏水性,易于黏附在气泡壁上,同时表面活性剂吸附在气泡壁上,能形成稳定的水化层,且能防止气泡挤破;另一方面表面活性剂能有效地降低浆液的表面张力,有很强的发泡能力,能克服液相成分中大量阴阳离子及杂质的影响,使水容易形成大量的泡沫群体。

(1) 发泡剂。由于粉煤灰或黄泥颗粒表面亲水性强、显微结构复杂,很难悬浮,而且含有大量阴阳离子,硬度较高,因此,一般的单一表面活性剂很难使粉煤灰或泥浆悬浮,而且浆液中的各种离子与杂质很容易使发泡剂失去发泡性能。

三相泡沫发泡剂是根据三相泡沫的形成及稳定机理,通过多种发泡剂的复配,发挥各种发泡剂的协同作用,并针对三相介质的特性及防灭火要求,加入相关添加剂,研制成功的一种具有低界面张力,良好的发泡、稳泡以及阻燃性能的表面活性剂,该发泡剂能使固体介质完全悬浮,形成均匀稳定的三相泡沫。

(2) 发泡剂。根据三相泡沫中固相颗粒的特点,发泡器主要采用射流喷射的原理,主要部件之一是内置的文丘里管,文丘里管的流道截面形状是一个先收缩后扩张的圆形管子;文丘里管的扩散段周边上设有多个引入气体的孔隙,其喉颈口处设有集流器和两个可以旋转的叶轮。三相泡沫发泡器结构简单,发泡器本身不需要任何动力装置,仅依靠浆体自身的能量就足以带动，而且能适应不同固体颗粒粒径浆液材料的发泡。

5.6.2　三相泡沫防灭火机理

（1）包裹煤体，隔绝氧气，封堵漏风通道与煤体裂隙。在综放面采空区中普遍存在大量的浮煤，注入三相泡沫后三相泡沫中的固体不燃物（粉煤灰或黄泥）能起到包裹煤体、隔绝氧气、封堵采空区漏风通道与煤体裂隙的作用，进而阻止煤的氧化反应，达到防止煤炭自燃的目的。

采空区松散煤体是很复杂的多孔介质，引起煤体自燃漏风速度极小（0.001~0.5cm/s），且漏风强度是时间和空间的函数，因此可以根据采空区内氧浓度分布推算松散煤体的漏风强度。

（2）吸热降温，降低煤体和周围环境的温度。煤体与周围环境的温度升高，煤氧化反应的作用就会增加，化学反应速率和放热速率就会加快。煤炭自燃的诱因之一是煤的自燃氧化产生的热量聚集，使周围环境与煤体自身的温度升高。温度上升的速度既取决于反应产热量，又取决于周围环境的散热条件。在采空区一般漏风通道小，散热条件较差，易于形成热量积聚。当产热速率大于散热速率时，采空区内将迅速聚集大量热量，随即温度上升，化学反应速度加快，同时产生更多的热量，造成恶性循环，直至引发煤炭自燃。

泡沫灭火主要基于两个原理：一是水汽化过程要从热源中带走大量的热；二是汽化的水蒸气不断积聚形成具有隔离空气作用的屏障。当泡沫被加热到100℃时，泡沫会膨胀30%。但是液态水蒸气变成水蒸气时体积膨胀比是1700∶1。假设泡沫中的空气与水的比为1000∶1，那么当1000L这样的泡沫蒸发后，就会变成1300L的空气（膨胀率30%）加上1700L的水蒸气，也就是3000L的混合气体。空气原来还有体积比为21%的氧气量，那么随着与产生的水蒸气的混合，氧气浓度下降为：

$$21\% \times \frac{1300\%}{3000\%} = 9.1\%$$

这样浓度的氧气可以使明火熄灭。

因此往采空区注三相泡沫，可以吸收大量的热量，极大地降低煤体和周围环境的温度，快速冷却已有升温趋势的煤体，有效地阻止煤炭的自燃。

（3）降低采空区氧气浓度，抑制煤的氧化，窒息自燃的煤体。采空区氧气浓度过高，必然会加快化学反应速率和放热速率。如果三相泡沫材料中的气相采用氮气，注入采空区的氮气被封装在泡沫之中，能较长时间滞留在采空区中，充分发挥氮气的窒息防灭火作用。当泡沫破灭后，氮气充斥在采空区中，可降低采空区的氧气浓度。一般制氮机产生氮气的浓度高于97%，另外液相水蒸发后产生的水蒸气也具有一定的惰化效果，因此，持续地注入三相泡沫，能有效地将采空区氧气浓度控制在5%以下，长时间地保持采空区的惰化状态，使煤的自燃因缺氧而窒息，从而抑制煤体的自燃。

（4）湿润煤体，增加煤体的湿度。使用的发泡剂是由几种表面活性剂复配而成，对煤的自燃有很好的阻化效果，可起到阻化剂的作用；同时发泡剂作为表面活性剂，可以改善煤体表面的湿润性能，从而使煤吸收更多的水分，极大地增加煤体的湿度，当添加发泡剂0.2%后，煤体吸收水的质量增加4~6倍；另外，含有发泡剂的水在煤体表面形成一层水膜，隔断煤与氧气的结合。

（5）抑制煤体自由基的产生，阻断已有自由基和官能团的链式反应。煤炭自燃的过程包含自由基的反应，因此，为了防止煤炭自燃，需要抑制自由基的产生，切断自由基和官能团的链式反应。发泡剂溶液本身就是一种很好的阻化剂，能有效地隔绝氧气，抑制官能团和自由基的产生并中止链式反应；特别是固相成分的存在，使煤氧化过程中产生的自由基碰撞到这些大颗粒的物质而被吸收，从而能有效抑制自由基的链式反应并消除煤自燃发火的危险。

5.6.3　三相泡沫防灭火工艺

5.6.3.1　三相泡沫防灭火工艺流程

三相泡沫制备的简单工序是：在制浆站中将一定比例的水与粉煤灰或黄泥混合形成的浆液送到注浆管路中，通过定量螺杆泵将发泡剂注入注浆管路中，浆液与发泡剂在混合器中充分搅拌混合后进入发泡器，在发泡器中接入氮气管路，气体与粉煤灰或黄泥浆体相互作用产生高倍数三相泡沫。三相泡沫在使用过程中，发泡剂的添加十分灵活，可以根据现场的需要，采取井下添加或者地面添加的方式。

（1）在地面添加发泡剂。为了使注浆工艺更简单，减少井下电线连接与用电设备以及减少井下工人的劳动，提高系统运行的可靠性，在地面注浆量可调的情况下，采用直接在制浆池中添加发泡剂，将浆液与发泡剂混合搅拌好后直接注入注浆管路的方式。

（2）井下添加发泡剂。井下添加发泡剂的方式适用于浆液产生量较大而注浆量又无法控制的矿井。三相泡沫最适宜的浆液产生量为 $10 \sim 30 m^3/h$，如果浆液量过大，有可能导致发泡剂的浪费，因此，可以在井下对其进行分流，然后采用井下添加发泡剂的方式。

5.6.3.2　注三相泡沫的工艺程序

（1）检查设备。在注三相泡沫前，应该先检查注浆管路、供电设备、制氮机或空气压缩机、发泡装置、螺杆泵及一些辅助设备是否处于工作状态，以保证注三相泡沫的顺利进行。

（2）制浆。采用粉煤灰或黄泥为固相成分，制备合适浓度的泥浆，一般水土比为 $2:1 \sim 5:1$。事先尽量过滤掉浆液中的 10mm 以上的大颗粒杂质，且粉煤灰需用热电厂出来的干飞灰。制浆可以采用以下几种方式：

1）直接将粉煤灰或黄泥倒入制浆池中，加入水配制成合适浓度的浆液。

2）将热电厂出来的粉煤灰浆液通过管路直接接入到注浆池中。由于热电厂直接用水捕集后的粉煤灰浆液浓度较低，仅含有 7% ~ 8% 的粉煤灰，因此需要将粉煤灰浆流至泥浆池中，沉淀数次，经过多次沉淀，最后配制成浓度合适的浆液。

3）采用高压水枪喷射在黄泥上取土，泥浆经过过滤网过滤，除去杂物后流入注浆池配制合适浓度的浆液。

制备好合适浓度的浆液后，需要用搅拌机不断地往复搅拌，保证浆液不沉淀，使进入注浆管的浆液浓度均匀。

（3）注三相泡沫。制好合适浓度的浆液后，首先在注浆站提前供给 10min 的清水，冲洗注浆管路；接着开始注泥浆；当浆液达到注发泡剂的地点后，启动螺杆泵，将发泡剂按定量比加入注浆管路之中；当浆液和发泡剂的混合液到达发泡器后，打开气体阀门开始供气，此时形成的三相泡沫注入需要防灭火的区域；当注泡沫结束后，用清水冲洗管路，以防堵塞管路；完成这些工作后停气、停水、断电。

5.6.3.3 三相泡沫技术指标

三相泡沫技术指标见表5-21。

表 5-21 三相泡沫技术参数

技术指标	参数值	技术指标	参数值
发泡倍数	≥30 倍	耗浆量	$10 \sim 30 m^3/h$
稳定时间	$8 \sim 24h$	三相泡沫产生量	$300 \sim 900 m^3/h$
水灰质量比	$1:1 \sim 4:1$	发泡剂用量	$0.2\% \sim 0.5\%$

5.7 高瓦斯矿井防灭火技术方案

5.7.1 采煤工作面自燃监测

为尽早预报采煤工作面采空区自燃，日常监测点布置如下：

（1）采空区回风侧深部埋管，每天束管采气样进行色谱分析。

（2）回风隅角处工作面后上部由瓦斯检查员每天用便携仪分析气体情况。

（3）工作面回风隅角处巷道顶部挂 CO 和 CH_4 传感器，对气体进行实时监测。

（4）瓦检员每班在工作面巡检，每隔 60m 一个点，用金属管伸入到支架后部顶板最里端，抽出气样用便携仪分析其瓦斯及 CO、O_2 含量等。如果有 CO 等标志气体异常，则采样带回地面进行色谱分析。

（5）工作面停采期间，在原监测基础上加密巡检测点，每天 13 时左右将回风隅角及回风侧采空区气样进行色谱分析。

（6）每天将监测数据填入固定表格，分析采空区煤自燃的动态发展。

5.7.2 掘进工作面及巷道自燃监测

（1）每天对掘进头及巷道裸露煤体进行巡检，着重检测巷道相对较破碎段及地质构造带附近的自燃标志气体，并用红外测温仪测定巷道壁温度。

（2）如果巷道发现 CO 异常，首先应查明 CO 产生源，重点看巷道煤体破碎带，如裂隙带、顶板浮煤厚度较大带等。向煤体破碎带及断层带插入 $\phi16.5mm$ 管，从管内抽气，检测松散体内气体成分，进行自燃预报。

（3）每天将监测数据填入固定表格，由相关技术人员分析采空区煤自燃的动态发展。

5.7.3 采煤工作面正常生产过程中的防灭火方案

根据煤样自燃发火实验，开采煤层实际最短自燃发火期在一个月左右，必须采取必要的防灭火措施以保障安全生产。采空区进风和回风巷处（"两道"）和切眼与停采线（"两线"）是工作面的重点防灭火区域，根据现有防灭火装备和材料，建议采取压注高分子灭火胶体为主的防灭火技术措施。采煤工作面防灭火技术措施如下：

（1）保障工作面正常回采。工作面正常回采是最好和最有效的防灭火手段。应尽量避免（或减小）对工作面正常推进的影响。工作面正常生产的推进度达 5m/d 以上，只要联络巷不漏风，正常生产时采空区氧化带内的煤体就能很快进入窒熄带，不会发生自燃。

（2）及时密封联络巷。如果联络巷不及时封闭或封闭不严，由于联络巷漏风供氧，无论工作面推进多么快，联络巷附近的松散煤体都会氧化升温，有可能引起自燃。因此，及时密封联络巷对防灭火非常重要。

（3）采空区两道注胶隔离和堵漏。进风端头是工作面向采空区漏风的主要通道，氧气浓度较高，氧化带宽度大，浮煤在采空区内的氧化时间长；回风隅角是工作面负压最大的地点，由于巷道支护强度的增大，回风巷进入采空区很长一段距离后不垮落，造成漏风增加，因此需要对其进行封堵和充填，以防自燃发生。

工作面每推进 40m，对工作面两道用黄土装袋码墙，封堵未压实的空隙，利用井下移动式灌浆注胶系统，向采空区"两道"密闭墙后压注胶体，防止煤层自燃，如图 5-5 所示。

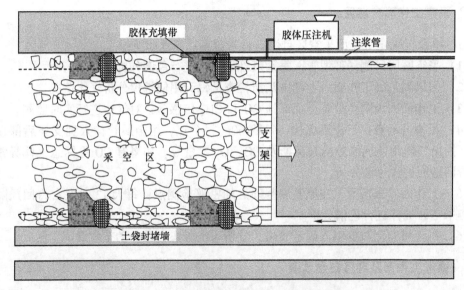

图 5-5　工作面两道注胶防灭火平面示意图

每个胶体隔离带注胶体 500m³ 左右，对于工作面切眼和停采线处联络巷内的采空区注胶量增加为其他部位的 2 倍以上，当采空区监测到 CO 增加时，注胶量亦增加为 2 倍以上。

（4）局部浮煤堆积厚度较大地带加强处理。由于煤层变厚或地质构造等原因造成的浮煤堆积较多的采空区煤层自燃危险性较大，因此，1）当工作面推进度大于 5m/d 时，可以不处理；2）工作面推进度小于 3m/d 时，沿工作面推进方向每隔 20~30m，须对厚煤堆积带注胶进行覆盖处理；3）当工作面推进度为 3~5m/d 时，每隔 30~40m，须对厚煤堆积带注胶进行覆盖处理。

5.7.4　工作面停采时的防火技术措施

（1）工作面停采期间，降低工作面风量（约为正常风量的一半）；

（2）加快工作面设备撤出速度，并做好应急准备工作（注胶管路、设备、注胶材料、打钻机具和套管必须准备到位）；

（3）对停采线后 15m 左右处采空区两道压注胶体，为不影响撤架工作，可由邻近工作面顺槽打钻进入采空区，并沿钻孔注胶；

（4）在撤架过程中，加强停采线气体、温度监测和自燃危险性预测；

（5）经检查或预测确有自燃危险性时，在危险区域支架间布置钻孔，压注胶体进行防灭火处理；

（6）工作面停采设备全部撤出以后，在适当位置按要求建立防火密闭，并留设观测孔和注浆管路；

（7）采取均压措施，减少停采线漏风，防止停采线浮煤自燃；

（8）定期（至少每星期检测一次）检测封闭区内气体、温度状况。

5.7.5　掘进工作面及巷道防灭火方案

（1）掘进工作面通过断层带等煤体破碎带及出现冒顶时须加强监测，以便及时采取防灭火措施。

（2）掘进工作面及巷道煤壁破碎，破碎带厚度超过 0.6m 时，须进行加固并喷涂；巷道冒顶区域应加强支护，并对巷道表面采取喷涂堵漏措施。

1）喷涂厚度：50~100mm。

2）喷涂范围：冒空区前后 10m，顶板需全部喷严，并喷至顶板以下 0.5~1.0m。

3）喷涂材料：喷涂材料为胶结材料砂浆、聚氨酯泡沫或轻质发泡材料等。

4）喷涂要求：喷射均匀、平整，不留孔洞及缝隙。

（3）巷道冒空区或构造带等破碎煤体范围较大，难以喷浆等措施封堵严实的情况下，向松散煤体内插管注高分子灭火胶体材料。

1）使用材料：MCJ12 高分子胶体。

2）注胶钻孔布置：钻孔倾角：60°~90°。

3）钻孔长度：终孔到实顶。

4）钻孔间距：2~3m。

5）套管要求：套管前端的花管长度不小于 200mm。

6）封孔质量：密实、牢固。

7）注胶量：巷道冒顶高度大于 1m 时，每孔压注胶体材料 $6m^3$ 左右（注满为止），并注胶体 $4m^3$；巷道冒顶高度为 0.5~1m 时，每孔注胶体等充填材料 $4m^3$ 左右，压注胶体 $3m^3$ 左右。

（4）发现巷道煤体自燃迹象（CO 异常、出现局部高温等），向有自燃迹象煤体内打钻，插管注高分子胶体防灭火；

（5）根据不同生产阶段的实际情况，对本方案进行及时调整。

5.7.6　CO 超限或小范围自燃火灾的防灭火技术方案

（1）综放工作面 CO 超限应急技术方案。综放面易燃区为进、回风顺槽，两道漏风严重是自燃的重要原因，因而处理重点为两道。如果综放面 CO 超限但尚未危及井下人员安全，可采用加快工作面推进，减少漏风和工作面开放式注胶等方式防灭火。在有自燃危险的工作面采空区预埋防火灌浆管路，以备注胶或灌浆防灭火；自燃发火危险区及已有自燃迹象的发火区应加强监测，需要采用束管监测系统监测，并由瓦检员定期巡测；工作面隔角处顶煤强行放顶，也可采用沙袋（碎煤袋）充填上下隔角空洞，或在上下隔角挂风帐，减少向采空区漏风；采取措施（如不放顶煤）加快工作面推进速度；控制工作面的风量，减少向采空区漏风；从回风侧向采空区压入注氮管路，在采空区约 20m 处（氧化自燃带范围）注入氮气，要求连续注氮，流氮流量最好 600m³/h 以上。当不能迅速控制火灾并且危及工作面安全生产时，须及时封闭工作面。

（2）工作面两道注胶体等堵漏防灭火方案。

1）注胶范围：上下隔角处支架后部 1~2m。形成倾向长 10m、宽 3m、高 7m 的胶体隔离带。

2）注胶钻孔：终孔位于两道支架后部 2m，支架顶部 3m，终孔间距 2~3m。

3）注胶材料：高分子胶体。

4）注胶工艺：在井下用小型移动式胶体压注泵，将水与高分子灭火胶体剂混合，注入自燃危险区域。注胶口距工作面 10m 左右，为防止胶流到工作面，可在工作面隔角处用垒砂袋（或碎煤袋）墙，向墙体后注复合胶体（见图 5-6）。

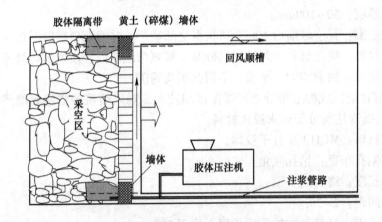

图 5-6　工作面两道自燃时注胶防灭火平面示意图

（3）工作面其他部位出现自燃迹象，可在工作面打钻机窝，沿钻机窝用快速打钻下套设备向支架后上部施工注胶钻孔，并注入高分子胶体（见图 5-7 和图 5-8）。

（4）巷道 CO 超限应急方案：

1）首先应查明 CO 产生源，重点看巷道煤体破碎带，如裂隙带、顶板浮煤厚度较大带等。

2）加强巷道支护并在巷道喷浆等方法阻止煤体进一步氧化。

3）如果采用上述技术不能有效降低 CO，应采用向巷道裂隙带及松散煤体注胶的方法灭火。

4）亦可向巷道松散煤体注入发泡堵漏材料，堵塞漏风，防止煤体进一步发生。

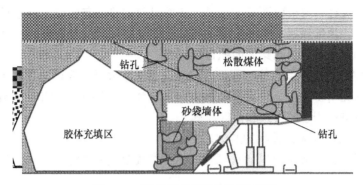

图 5-7　工作面注胶区域剖面示意图

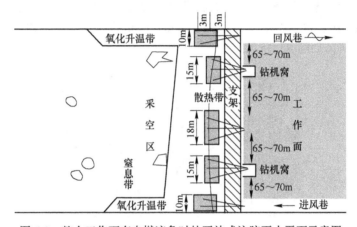

图 5-8　整个工作面有自燃迹象时的开放式注胶灭火平面示意图

5.7.7　突发性小范围外因火灾应急灭火技术方案

突发矿井外因火灾，具有偶然性和突发性，这类火灾一旦发现，火源位置比较明确，范围比较小，但发展很快、影响很大，需要及时处理。

（1）火区附近人员佩戴上自救器并迅速撤到靠近火点进风一侧；火区及其下风侧气体可影响范围为警戒区，所有人员应全部撤离警戒区；迅速切断着火点处及附近电源。

（2）如着火点附近有灭火器，可用之迅速灭火；同时接通井下静压水，用水直接扑灭明火，控制火势发展。

（3）如果上述措施不能迅速控制火势发展，应快速封闭发火区域。可采用木板墙外抹黄泥密封，或采用快速密闭材料密封，应尽量减少密闭处漏风，防止火势持续发展。

（4）向着火点注入胶体，快速灭火。

（5）注胶过程中，加强对火区气体及温度监测，以确定火区动态。

（6）火区熄灭后，可启封火区恢复通风。

5.7.8　综放面大面积煤层火灾快速灭火技术方案

采用厚煤层综放面开采工艺时，采空区遗煤量比较大，容易发生大面积自燃火灾；采煤工作面沿空侧煤柱容易破碎而发生漏风，从而引起相邻采空区或沿空巷道自燃。近距离复合煤层开采时，顶部煤层工作面间煤柱在采下部煤层时就会发生破碎，并且由于下部煤层工作面产生的漏风可能引起其大面积自燃。

（1）当采空区火灾不能迅速治理，并且火区越来越大时，应迅速封闭工作面，避免火区扩大。对于高瓦斯矿井，一旦发生自燃，应立即封闭工作面。封闭时可预留注胶管和气体观测口，以备进一步注胶灭火和火区监测。

（2）加强对火区气体、温度的监测。

（3）通过预留的注胶灭火管向火区注胶体，注胶范围在采空区进风、回风侧，距离工作面10m以内。

（4）由工作面顺槽距离工作面15m左右的煤层里沿煤层顶板平行工作面施工消火道，自消火道向工作面支架后部施工注胶钻孔。钻孔终孔点在预测的发火部位，在支架后部与支架水平距离2~3m，高度距离支架顶部2~4m。向钻孔内下套管，并沿钻孔向火区注胶体，直至灭火，具体如图5-9所示。

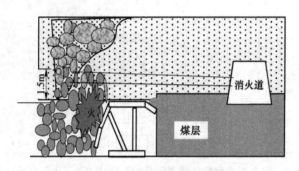

图5-9　注胶钻孔布置剖视图

复习思考题

5-1　矿井火灾预报的方法有哪些？

5-2　煤层自燃发火的防治技术措施有哪些？

5-3　简述阻化剂的作用原理，最常用的阻化剂有哪些？

6 矿井水害防治

　　煤矿水害是与瓦斯突出、粉尘爆炸、顶板冒裂、火灾等并列的五大灾害之一，其严重程度仅次于瓦斯，位列第二。长期以来，因为煤矿水害事故造成的国家和人民生命财产及经济损失极为惨重。例如，1935 年 5 月 13 日，山东淄博北大井由于巷道掘至与河水连通的断层带，造成突水，最大瞬时水量为 648m³/min，350 名矿工遇难，矿井停产报废，直到 43 年后（1978 年）才恢复矿井生产。1984 年 6 月 2 日，开滦范各庄煤矿 2171 综采工作面发生世界采矿史上罕见的陷落柱突水事故，最大突水量为 2053m³/min，致使范各庄煤矿及其周边 3 对矿井很快被水淹没。为救灾复矿，调集了当时基本上是全球范围内最权威的防治水专家和世界上最大的抽水泵进行抢险，其地面注浆封堵工程规模和场面也是空前的。该水患治理工程及相关工作历时近 1 年，直接、间接经济损失超过 5 亿元。

6.1　我国煤矿水害分区特征

　　根据我国不同聚煤区的地质、水文地质特征，结合矿井水危害程度，我国煤矿区可分为 6 个水害影响区：华北石炭二叠系煤田的岩溶-裂隙水水害区；华南晚二叠系煤田岩溶水水害区；东北侏罗系煤田裂隙水水害区；西北侏罗系煤田裂隙水水害区；西藏-滇西中生界煤田裂隙水水害区；台湾第三系煤田裂隙孔隙水水害区。

　　（1）华北石炭二叠系岩溶、裂隙水害区。该区位于阴山构造带以南，昆仑秦岭构造带东段以北，贺兰构造带以东地区。属亚湿润、亚干旱气候区，年降水量 400~1000mm，主采石炭二叠系煤层。该区矿井出水、突水较频繁，涌水量大或特大，常影响生产或淹井，排水费用负担巨大，采煤和矿井安全都受到严重威胁。区内中深部下组煤因受底部强含水层威胁有几百亿吨煤不能开采。

　　（2）华南二叠系岩溶水害区。位于昆仑-秦岭构造带东段以南，川滇构造带以东地区，属湿润气候区，年降水量 1200~2000mm。主采二叠系龙潭组和龙岩组煤层。该区矿井出水、突水频繁，经常影响生产或淹井。突水量大，矿井正常涌水量也大，需负担巨额排水电费。地面塌陷严重，井下黄泥突出堵塞井巷。矿井安全受到严重威胁，雨季更危险。

　　（3）东北侏罗系裂隙水水害区。位于阴山构造带以北地区，属亚湿润、亚干旱气候区，年降水量 400~800mm，主采侏罗系煤层。该区矿井水一般不影响生产。

　　（4）西北侏罗系裂隙水水害区。位于昆仑-秦岭构造带西段以北、贺兰构造带以西地区，属干旱气候区，局部为亚干旱区，年降水量 25~400mm，主采侏罗系煤层。本区严重缺水，存在供水问题。

　　（5）西藏-滇西中生代裂隙水水害区。属湿润、亚湿润气候区，年降水量 1000~2000mm，主采三叠系煤层，煤田储量仅占全国储量 0.1%。三叠系含煤地层均为碎屑沉积，水文地质条件比较简单，水害也不严重。

（6）台湾新近系裂隙、孔隙水水害区。属湿润气候区，年降水量1800~4000mm。该区新生代煤田储量极少，基本不采掘。

6.2　矿井水害类型

6.2.1　矿井水害名词

根据最新的《煤矿防治水细则》（煤安监〔2018〕14号），煤矿是指直接从事煤炭生产和煤矿建设的业务单元，可以是法人单位，也可以是非法人单位，包括井工煤矿和露天煤矿。矿井是指从事地下开采的煤矿。矿井水是指在矿井建设、生产过程中，通过各种通道渗入、滴入、淋入、流入、涌入和溃入井下的所有水源的水，统称矿井水。

突水是指含水层水的突然涌出；透水是指老空水的突然涌出；离层水是指煤层开采后，顶板覆岩不均匀变形及破坏形成的离层空腔积水。

矿井水害是指凡影响生产、威胁采掘工作面或矿井安全的、增加吨煤成本和使矿井局部或全部被淹没的矿井水。

矿井水灾（水害事故、透水事故）是指矿井在建设和生产过程中，由于防治水措施不到位而导致地表水和地下水通过裂隙、断层、塌陷区、井筒、老窑等各种通道无控制地涌入矿井工作面，造成作业人员被困、伤亡或矿井财产损失的灾害事故。

6.2.2　矿井水害类型

矿井水害按照造成矿井水害的水源类型，分为地表水害（含大气降水水害、地表滑坡和井上下泥石流灾害）、地下水害、老空水害，其中地下水害按储水空隙特征又分为孔隙水害、裂隙水害和岩溶水害等，岩溶水害又按含水层的厚度细分为薄层灰岩和厚层灰岩水害；按照导水通道性质，分为断裂破碎带水害、岩溶坍陷和"天窗"水害、陷落柱水害、钻孔水害、采动裂隙水害；按照水流方向与采掘工程的关系，分为底板水害、顶板水害、侧帮水害、前方水害、后方水害。见表6-1。

（1）地表水害。水源是大气降水、地表水体（江河、湖泊、水库、坑塘、泥石流）。水源通过井口、采后冒裂带、岩溶塌陷坑、断层带及封闭不良钻孔充水或导水进入矿井。一旦发生将影响生产和淹井。

（2）老空水害。水源是老窑、小窑、废巷及采空区积水。当巷道接近或遇到老窑积水区时，往往在短时间内涌出大量老空水，来势凶猛，具有很大的破坏性，常造成恶性事故。

（3）孔隙水水害。水源是第四系或新近系松散层中的孔隙水。当煤层被松散含水的流沙层、砂层、沙砾层、卵石层、黏土砂层覆盖时，由于开采前水文地质情况不清，或者没有按规定留设安全煤岩柱，或者留设的煤岩柱受到破坏，使得回采后水、砂或泥溃入井下，淤塞巷道甚至造成淹井。

（4）裂隙水水害。水源为砂岩、砾岩等裂隙含水层的水。煤层顶部有厚层砂岩和砾岩，当裂隙发育且与上覆第四系松散层和下伏奥陶系含水层有水力联系时，可导致大突水事故。在没有其他水源补给的情况下，其水量有限，基本不会对煤矿的安全生产形成很大的威胁。

（5）薄层灰岩岩溶水水害。水源主要是华北石炭二叠系煤田的太原组薄层灰岩岩溶水。一般情况下，煤层顶底板的薄层灰岩含水层（组）是可以疏干的。但当薄层灰岩含水层（组）与地表水体或与厚层灰岩含水层发生水力联系时，含水层（组）的富水性便大大增加、补给能力增强，常发生较大灾害性事故。

（6）厚层灰岩岩溶水水害。该类水害分为南方型和北方型。南方型为二叠系茅口和栖霞厚层灰岩含水层，其补给主要是大气降水和地表水。正常情况下赋存于煤层底板之下，中间几乎没有隔水层，采掘该灰岩含水层附近煤层时常发生突水、突泥等，来势迅猛，破坏力极大。北方型主要是奥陶系或寒武系厚层灰岩含水层，该含水层岩溶裂隙发育，富水性好，导水性强。正常情况下赋存于主采煤层之下，煤层与含水层间常有不同厚度的隔水层，水害的发生常与构造或采动有关。此类水害难于预测预防，一旦发生危害很大。

表 6-1　矿井水害类型

水害类别		水　源	水源进入矿井的途径或方式
地表水水害		大气降水、地表水体（江、河、湖泊、水库、沟渠、坑塘、池沼、泉水和泥石流）	井口、采后导水裂缝带、岩溶地面塌陷坑或洞、断层带及煤层顶、底板或封孔不良的旧钻孔充水或导水
老空水水害		古井、老窑、废巷及采空区积水	采掘工作面接近或沟通时，老空水进入巷道或工作面
孔隙水水害		第三系、第四系松散含水层孔隙水、流沙水或泥沙等，有时为地表水补给	采后导水裂缝带、地面塌陷坑、断层带及煤层顶、底板含水层裂隙及封孔不良的旧钻孔导水
裂隙水水害		砂岩、砾岩等裂隙含水层的水，常常受到地表水或其他含水层水的补给	采后导水裂缝带、断层带、采掘巷道揭露顶板或底板砂岩层，或封孔不良的老钻孔导水
岩溶水水害	薄层灰岩	主要为华北石炭二叠纪煤田的太原群薄层灰岩岩溶水（山东省一带为徐家庄灰岩水），并往往得到中奥陶系灰岩水补给	采后导水裂缝带、断层带及陷落柱，封孔不良的老钻孔，或采掘工作面直接揭露薄层灰岩岩溶裂隙带突水
	厚层灰岩	煤层间接顶板厚层灰岩含水层，并往往受地表水补给	采后导水裂缝带、采掘工作面直接揭露或地面岩溶塌陷坑
		煤系或煤层的底板厚层灰岩水（在我国煤矿区主要是华北的中奥陶系厚层（500～600m）、灰岩水和南方晚二叠统阳新灰岩水），对煤矿开采威胁最大，也最严重	采后底鼓裂隙、断层带、构造破碎带、陷落柱或封孔不佳的老钻孔和地面岩溶塌陷坑吸收地表水

6.3　矿井水害防治技术现状

矿山水害与其形成的条件有关。矿井充水条件包括充水水源、涌水通道和充水强度（涌水量）。这三个条件在特定条件下的不同组合决定了不同的矿井水害类型和灾害程度。煤矿工作者经过多年的不懈努力，对各类煤矿水害防治的基础理论、探测方法、预测预报方法、快速综合治理等技术进行了广泛的研究和应用，在新技术、新装备的开发和引进方面进行了大量的、有成效的工作，并取得长足发展。形成了适合我国矿井水害不同阶段预测、评价与治理的较完整理论体系及与之配套的技术方法，并在全国大部分矿区得到广泛应用。特别是在华北地区，通过各方面的共同努力，数十亿吨受奥陶系灰岩水害威胁的煤炭资源得以解放。

概括地讲，矿井水害防治技术包括矿井水文地质条件探查、矿井的开采方法及矿井水害治理等。

6.3.1　水文地质探查技术

水文地质勘探的主要任务是探查采矿影响到的含水层及其富水性，构造及"不良地质体"控水特征，老窑分布范围及其积水情况等。勘探范围包括区域、井田、采区及工作面。工作顺序应由面到点，由大到小，先区域后井田，先采区后工作面。

传统技术和手段在矿井水文地质勘探中发挥了极为重要的作用，随着科学技术的进步和发展，特别是电子技术、计算机技术的突飞猛进，使水文地质勘探技术和手段发生了质的飞跃，现在物探、化探、钻探、测试与试验及模拟计算等技术方法和手段，特别是这些方法和手段的综合应用，已能比较好地解决矿井水文地质勘探中的大部分问题。

6.3.1.1　水文地质试验技术

水文地质试验技术的基本方法是以水文地质理论为基础，以水文地质钻探、抽（放）水试验、底板岩石力学试验为主要手段，探查含水层及其富水性，主要含水层水文地质边界条件，各含水层之间的水力联系等，并获取建立水文地质概念模型的相关资料。同时，探查煤层底板隔水层岩性、厚度、结构及阻水能力。在钻探过程中测试承压水原始导升高度，通过岩芯测试岩石物理、力学性质等。

抽（放）水试验是其中最核心的方法，它不仅能为水文地质计算提供资料，而且重要的是抽（放）水试验过程本身就能反映含水层的水文地质特性。因此，抽（放）水试验是水文地质勘探最为有效和首选的技术方法之一。但该方法的缺点是历时长、费用高。

脉冲干扰试验是一项新的水文地质连通测试技术，其原理是通过水文地质观测点对地下水流场进行脉冲激发，根据波的衍射、叠加与消减等原理，计算水文地质参数，评价水文地质条件。该方法快捷、准确、工程量小、时间短、费用低，可弥补抽（放）水试验时因钻孔出水量小而不能反映水文地质条件的弊端。

6.3.1.2　地球物理勘探技术

地球物理勘探技术经过多年的发展，在地质、水文地质探查中的地位和作用越来越明显，越来越重要。加上其方便、快捷的优势，近几年在煤矿防治水领域得到了极大推广和利用，常用的效果比较好的方法有以下几种：

（1）地震勘探。包括二维和三维地震勘探，是弹性波地面探查构造及"不良地质体"的最有效方法。在设计新采区前，必须用三维地震进行勘探，主要应用于以下8个方面：1）查明潜水面埋藏深度；2）查明落差大于5m的断层；3）查明区内幅度大于5m的褶曲；4）查明区内直径大于20m的陷落柱；5）探明区内煤系地层底部奥陶系灰岩顶界面及岩溶发育程度；6）探测采空区和岩浆侵入体；7）查明基岩起伏形态、古河道、古冲沟延伸方向；8）了解基岩风化带厚度。

（2）瞬变电磁（TEM）探测技术。TEM法观测的是二次电场，因此对低阻体特别灵敏，是地面（已有人尝试井下使用）探测含水层及其富水性、构造及其含水情况、老窑及其积水多少的主要手段。

（3）高密度高分辨率电阻率法探测技术。使用单极—偶极装置，通过连续密集地采集测线的电响应数据，实现了地下分辨单元的多次覆盖测量，具有压制静态效应及电磁干扰的能力，对施工现场适应性强。该法使直流电法在探测小体积孤立异常体方面取得了突破。可准确直观地展现地下异常体的赋存形态，是地面、井下探测岩溶、老窑及其他地下洞体的首选方法。

（4）直流电法探测技术。属于全空间电法勘探，可在地面及井下使用。主要应用在以下4个方面：1）巷道底板富水区探测；2）底板隔水层厚度、（奥灰承压水）原始导高带探测；3）掘进头和侧帮超前探测，导水构造探测；4）潜在突水点、老窑积水区、陷落柱探测。

（5）音频电穿透探测技术。由于探测深度的限制，一般只应用于井下。主要探查：1）回采区段煤层及底板下100m内的含水构造及其富水区域平面分布范围，并进行水害块段深度探测；2）工作面顶板老窑、陷落柱、松散层孔隙内含水情况及平面分布范围探测；3）掘进巷道前方导水、含水构造探测；4）注浆效果检查。

（6）瑞利波探测技术。探测对象是断层、陷落柱、岩浆岩侵入体等构造和地质异常体，以及煤层厚度、相邻巷道、采空区等。探测距离80~300m，其优点是可进行井下全方位超前探测。

（7）钻孔雷达探测技术。通过钻孔（单孔或多孔）探查岩体中的导水构造、富水带等。

（8）无线电波坑透技术。采面切眼贯通后，要进行无线电波坑透，查明采面煤体内的构造发育情况。

（9）地震槽波探测技术。可用于：1）探明煤层内小断层的位置及延伸展布方向；2）陷落柱的位置及大小；3）煤层变薄带的分布；4）进行井下高分辨率二维地震勘探，探测隔水层厚度、煤层小构造及导水断裂等。

另外，还有其他一些地球物理勘探方法，如超前机载雷达、建场法多道遥测探测技术等。

6.3.1.3 地球化学勘探技术

主要通过水质化验、示踪试验等方法，利用不同时间、不同含水层的水质差异，确定突水水源，评价含水层水文地质条件，确定各含水层之间的水力联系。主要的技术方法包括：

（1）水化学快速检测技术。用于井下出水点、钻孔水样本的快速检测。

（2）透（突）水水源快速识（判）别技术。通过水化学数据库，利用水质判别模型快速判别突水水源。

（3）连通试验。是查明含水层内部、含水层之间、地下水与地表水之间相互联系的一种见效快、成本低的试验手段。它对判断矿井充水水源、分析含水层之间的水力联系等都具有很重要的意义。该方法通常在放水试验过程中使用。

6.3.1.4　钻探技术

最近十几年来，国内外钻探技术飞速发展。从适合地面、井下探放水，探构造及不良地质体（陷落柱、岩溶塌洞）到水文地质勘查、注浆堵水成孔等用途的地面钻机、坑道钻机，其能力和性能均有极大加强，同时定向钻进技术随着钻孔测斜技术的提高也逐步走向成熟。现在不管是地面用钻机还是井下坑道钻机均可实现"随钻测斜、自动纠偏"，可以说现有钻探技术已能很好地满足水文地质探测中对钻探手段的技术要求。

6.3.1.5　监测测试技术

（1）基本水文地质监测。主要仪器设备包括水位水压遥测系统、水位水压自动记录仪和水量监测仪（电磁流量仪）。主要监测内容有：1）矿井各含水层和积水区水位水压变化情况；2）矿井所在地区降水量、矿井不同区域涌水量及其变化情况；3）矿井受水害威胁区水文地质动态变化情况；4）矿井防排水设施运行状况；5）地面钻孔水位、水温监测等。

（2）煤层底板或防水煤（岩）柱突水监测。主要设备为底板突水监测仪。监测方法是，通过埋设在钻孔中的应力、应变、水压、水温传感器监测工作面回采过程中应力、应变、水压、水温的变化情况，数据传送到地面中心站后，利用专门的数据处理软件判断能否发生突水。主要应用于具有底板突水危险的工作面回采过程中的突水监测。

（3）原位地应力测试。主要设备是原位应力测试仪，是一种以套筒致裂原理为基础的原位地应力测试仪器。通过监测工作面回采前、回采过程中的地应力变化，应用专门数据处理软件判断是否发生突水。该技术主要用于底板突水监测。

（4）岩体渗透性测试。主要设备是多功能三轴渗透仪。通过调节岩体的三向应力状态，测试不同应力状态下的水压、水量变化，以反映岩体渗透性随应力的变化规律。

6.3.2　矿井水害评价理论及技术

6.3.2.1　矿井充水类型评价

矿井充水类型按充水水源类型可分为岩溶充水型、裂隙充水型、孔隙充水型，按条件复杂程度可分为简单、中等、复杂、极复杂四种类型。

6.3.2.2　突水机理及预测预报技术

（1）突水预测理论。主要有：1）经验理论，即突水系数理论、"下三带"理论、递进导升理论；2）以力学模型为基础的突水机理与预测理论，有薄板结构理论、关控层理论、强渗通道说、岩水应力关系说等。

（2）突水预测预报方法。主要有：五图一双系数法、三图一双预测法、模糊综合评判法、人工神经网络方法、基于多含水层水力联系法等。

6.3.2.3　涌水量计算与评价

（1）建立在地下水渗流理论基础之上的解析法和数值法；（2）建立在回归分析等数理统计理论之上的经验公式法、比拟法、Q-S曲线外推法；（3）建立在质量守恒定律基础上的水均衡法。解析法和数值法一般应用在严格按稳定流、非稳定流标准观测的抽（放）

水试验后预测涌水量。经验公式法、比拟法、Q-S曲线外推法应用在有大量统计资料的矿区。水均衡理论应用在输入输出水量容易观测计算的矿区。各种方法对资料和相关条件的要求不尽相同，可选择适合矿井实际的计算方法。综合比较，数值法建立在严格的数据观测基础上，充分考虑了含水层的非均质性、各向异性和水文地质系统的边界条件等，计算结果比较准确，已得到广泛应用。

6.3.3 煤矿水害防治技术

6.3.3.1 水害防治工作的基本方针

煤矿水害防治应以"预测预报、有疑必探、先探后掘、先治后采"为基本原则，据矿井水害实际情况制定相应的"防、堵、疏、排、截"综合防治措施。

"预测预报"就是要在查清矿井水文地质条件的基础上，对矿井的水文地质类型、水害隐患、严重程度进行分析研究，并通过相应的水文地质工作对矿井水文地质条件进行分采区、分工作面评价，固定安全区、临界危险区和危险区。"有疑必探"是指在预测预报工作的基础上，对没有把握的区域或块段采用物探、化探、钻探等方法和手段进行综合探查，以探明水害疑点或可疑作业区域。"先探后掘"是指在综合探查的基础上，在确保巷道掘进或工作面回采没有水患威胁时，方可实施掘进或回采作业。"先治后采"是指在综合探查的基础上对于有水害隐患区域，必须采取有针对性的措施，直到完全消除水害威胁后才能组织正常作业。

"防、堵、疏、排、截"五项综合治理措施，"防"就是对于矿井边界、导水断层、高压强含水层、导水陷落柱等一定要采取留设防水煤（岩）柱或通过改变采煤方法来预防，并对其他可能诱发矿井水害的水源、通道实施加固、隔离、阻断等措施。"堵"即针对有安全隐患的矿井充水水源、涌水通道，必须超前进行注浆封堵，或对强含水层、隔水层进行注浆封闭或加固处理。"疏"主要指能疏干的充水源要坚决疏干，不能疏干的（如华北型奥陶系灰岩水）要结合安全带压开采上限要求，采用疏水降压等措施实现安全作业。"排"既指排水供水相结合，使矿区水资源得到综合利用，又指建立安全可靠的矿井排水系统。"截"即通过开挖沟渠，修筑堤坝、防渠，修筑堤坝、防水帐幕等截流措施，拦截地表河流、水库等地表水及松散层孔隙水。

6.3.3.2 水害防治基本技术路线

在矿井开发的不同阶段，由于任务不同，相应的防治水要求也不一样，一般的水害防治技术路线有以下3种：

（1）矿建中或建井前，应进行矿井水文地质综合勘探，查清矿井的水文地质条件；预测评价矿井涌水量，进行矿井防排水系统的设计。在此基础上根据矿井的未来（如5年）采掘计划制定矿井的总体防治水规划，确定不同阶段的防治水目标。（2）开采过程中，应建立水害安全保障体系，包括物探探测仪器、钻探、注浆设备、排水设施、水闸门、水闸墙、防治水组织结构、安全避灾路线等，以及巷道掘进前方超前探测、采区采面精细探查，以查清掘进头、采区及工作面的水文地质条件，并对有突水危险的工作面进行突水监测，根据监测结果及时调控优化防治水方案，编写救灾预案。（3）闭井前或采矿完成后，要对矿井闭井安全条件进行评价，制定矿井关闭过程安全措施，监测拟关闭废井与邻近矿井的水源情况，制定废弃矿井的水防范措施。并将废弃矿井采空区准确地标绘在地质图、采掘工程平面图等图纸上，同时将相关资料报送上级管理部门进行备案。

6.4 地面防治水

地面防排水工作主要包括河床铺底与填堵陷坑、排除积水、河流改道、修建水库及修筑排洪渠、防洪堤等。

6.4.1 地面防洪调查

煤矿企业必须查清矿区及其附近的地面水流系统的汇水情况、疏水能力和有关水利工程的概况，掌握当地历年降水量和最高洪水位的资料，建立疏水、防水和排水系统。调查研究时，要掌握以下情况：

（1）掌握矿区的地形条件，地面河流和已有防水工程的分布，圈定井田受水面积和低洼地带，查明煤层、含水层露头和地表塌陷裂缝的分布与范围。

（2）掌握当地历年的降雨量和最高洪水位，特别是暴雨强度资料及其周期性；调查地表水流在井田内所处位置、流向、水位、河流决口以及分流后的情况；观测河床坡度、河床性质和疏水能力。

（3）在工业广场的河床附近，通过煤层露头、透水岩层、塌陷区，观测地表水的流量变化，同时注意河水下渗情况，确定河床漏失段的漏失量，测量河流、沟渠的洪水高程，调查发生日期和涨落经历时间，用以确定最大洪峰的流量。

（4）了解已有地面防治水工程，分析工程布置是否合理以及竣工后的实际效益；调查各项工程质量，有无因质量低劣对防治地表水不起作用继续漏水等现象。

将上述调查收集到的资料，填绘在矿区或井田地质地形图上，然后根据当地地形、地质、水文、气象等条件，因地制宜、统筹安排，根据不同情况，分别采用疏、防、排、截等各种措施，对地表水进行综合治理。

6.4.2 地表水防治措施

6.4.2.1 井口及工业场地的防洪与泄洪

井口及工业场地是煤矿生产的咽喉与腹地，为保证在任何情况下均使井口和其他地面设施不至于被洪水淹没，井口和各种工业建筑物的基础标高均应高于当地历年最高洪水位。在矿井设计时，井口及工业场地应选择在不受洪水威胁的地点，避免布置在山洪口及其受淹区。如受地形限制，当井口及工业场地标高低于当地最高洪水位时，必须修筑堤坝、沟渠等来疏通水路，或者将井口及主要建筑物的标高加高，使其高出当地最大洪水位0.5~1.0m。

6.4.2.2 修筑排洪渠

在多雨季节山洪暴发，位于山麓或山前平原地区的矿井，有大量洪水流入矿区，积水下渗，可造成井下大量涌水。这就需要修筑地面引洪渠网，防止洪水进入煤层开采段或矿区内。一般可在矿区上方山坡处垂直于来水方向修建排洪渠，拦截洪水。排洪渠可大致沿地形等高线布置,并保持适当的坡度,而后根据地形特点将洪水引出矿区。

6.4.2.3 河床铺底和填堵陷坑

(1)河床铺底。当河槽底下局部地段出露有透水很好的充水层或塌陷坑时,为了减少地表水及第四系潜水对矿井充水层补给,可在漏水地段铺筑不透水的人工河床。

(2)填堵陷坑。矿区的岩溶洞穴、塌陷裂缝和废弃的小煤窑等,都可能在地面形成塌陷坑和较大的缝隙,易成为雨水或地表水流入井下的通道。因此,必须采取防治措施,一方面要防止地面积水,另一方面对于面积不大的塌陷裂缝和塌陷坑要及时填堵。

6.4.2.4 修筑防洪堤隔绝水源

当矿区含煤地层中的可采煤层距离冲积层及地表很近时,而且在潜水含水层下部具有稳定隔水层的情况下,地表水与冲积层水随时都有灌入矿井的危险,为了有效地防止地表水涌入矿井,应修筑阻水堤,用水泥及黏土筑成,其下部构筑在冲积层底部隔水层上,隔绝地表水与冲积层水对矿井的补给,保证安全生产。

6.4.2.5 注浆节流堵水

富水含水层与地表水保持经常性水力联系的矿区,在井巷施工中,有的地段涌水量很大,对安全生产、施工条件和设备的维护等都很不利。为了防止地表水的渗透补给,可用注浆手段截流堵水,形成隔水帷幕,截断地表水源的通路。

防治矿区地表水是一项比较复杂的工作,必须根据当地地形、地质、水文地质和气象等条件,因地制宜地选择防治措施,综合治理。事实表明,片面地采取单一措施,是不可能收到理想防治效果的,只有从实际状况出发,采取多种措施构成完整的地表水防治系统,才能取得较好的效果。

6.5 井下防治水

6.5.1 顶板水防治

我国绝大多数煤矿,煤层的上覆含水层为砂岩裂隙含水层,砂岩含水层中的裂隙水常常沿裂隙进入采掘工作面,造成顶板滴水和淋水,影响采掘作业,甚至在矿山压力作用下,伴随着回采放顶,导致大量的水灌入井下,造成垮面停产和人身事故。目前,采用的主要方法是疏水,即在顶板向上打孔,直到含水层,然后进行疏水,直到不影响生产。

顶板疏水的方法要视具体情况而定,在能用其他方法保证安全生产的前提下尽量不采用疏水,如巷道的掘进或工作面的回采不足以破坏其顶板含水层,顶板的淋水主要是裂隙带、大型构造带与上覆含水层沟通,此时尽量采用注浆封堵裂隙,保护其上覆完整的水系,保护水资源。如含水层距顶板较近,采掘活动可能完全破坏其上覆的水系,含水层的水迟早要进入采空区,此时最好提前疏水。顶板疏水的安全措施、设施及方法可参考老空区探放水。

6.5.2 底板承压水防治

我国华北、华东和西北地区石炭系之中和之下,普遍存在着太原系灰岩和奥陶系灰岩,南方部分矿区煤层之下存在着140~170m厚的茅口组灰岩。这些灰岩岩溶发育,含水丰富,其中60%的煤矿不同程度地受到底板岩溶承压水的威胁。

有一定的水压、储存和流动于煤层底板灰岩中的水体称为底板岩溶水,又称底板承压水。对煤层安全开采影响最大,影响范围最广的是石炭二叠系之下的奥陶系灰岩,该灰岩岩溶和裂隙均发育,富水性强,厚度较大,距离煤层通常为20~60m。奥灰水的水压随开采深度增加而增加,突水事故概率逐年上升。

6.5.2.1 基本概念

(1) 煤层底板岩溶水。赋存和运动于煤层底板岩溶地层空间中的水体和水流叫作煤层底板岩溶水,又称底板承压水。太原群灰岩、奥陶系灰岩、茅口灰岩岩溶发育,含水丰富,不同于松散层内的孔隙水和基岩裂隙水,具有本身的径流特征和运动规律。

(2) 隔水层。为存在于含水层与开采煤层底板、巷道和采空区之间的能阻碍或减弱水流动的岩层。该岩层内的孔隙不连通,地下水无运动条件,称为隔水层,亦称保护层。

(3) 突水系数计算公式:

$$T = \frac{p}{M} \tag{6-1}$$

式中 T——突水系数,MPa/m;

      p——底板隔水层承受的实际水头值,MPa,水压应当从含水层顶界面起算,水位值取近3年含水层观测水位最高值;

      M——底板隔水层厚度,m。

式 (6-1) 适用于采煤工作面,就全国实际资料看,底板受构造破坏的地段突水系数一般不得大于0.06MPa/m,隔水层完整无断裂构造破坏的地段不得大于0.1MPa/m。

6.5.2.2 底板突水的类型

(1) 按突水地点分,底板突水有巷道突水与采煤工作面突水。

(2) 按突水的动态表现形式有:

1) 爆发型。直接在采掘工作地点附近发生,一旦突水,突水量在瞬间即达到峰值,突水峰值过后,突水量趋于稳定或逐渐减小。爆发型突水来势猛、速度快、冲击力大,常有岩块碎屑伴水冲出。

2) 缓冲型。直接在采掘工作地点附近发生,突水量由小到大逐渐增长,经几小时、几天甚至几个月才达到峰值。

3) 滞后型。采掘工作面推进到一定距离后,在巷道或采空区内发生突水,其滞后时间为几天、几个月甚至几年,突水量可急可缓。

(3) 按突水量的大小可分为:

1) 特大型突水事故,突水量为50m³/min以上。

2) 大型突水事故,突水量为20~49m³/min。

3) 中型突水事故,突水量为5~19m³/min。

4) 小型突水事故,突水量小于5m³/min。

6.5.2.3 影响底板突水的因素

在采动附加应力和底板水压力作用下,底板岩体产生移动、破坏,在底板形成底板采动导水破坏带、底板阻水带和底板承压水导升带。底板阻水带的厚度、承压水的压力是决定底板突水的关键因素。国内有的学者提出底板突水的"六因素说"，即煤层底板含水层的富水性、含水层的水头压力、地质构造、底板隔水层的厚度与结构、矿山压力以及开采。

A 水源条件

水源条件包括水量和水压，水量是突水的物质基础，水压是突水的动力。水量越丰富，突水量越大，危害性越大。

水压的作用表现为处于封闭状态的岩溶水不断地溶蚀、冲刷构造裂隙，形成通道，由含水层上升进入到底板隔水层，从而破坏底板隔水层。水压越大，这种破坏作用越严重，地下水导升带就越大。

B 矿山压力

绝大部分工作面底板突水与矿压作用有直接关系，影响矿压作用的因素有顶板岩体结构、支护方式、控顶距等。矿山压力诱发底板突水，有如下规律：

（1）无周期来压或周期来压不明显的顶板，支承压力较小，对底板破坏轻，突水事故较少；有周期来压的顶板，突水多发生在初次来压或周期来压期间，因为在初次来压或周期来压期间对底板破坏严重。在时间上，突水多发生在工作面初次来压和正常推进中二次来压或周期来压。

（2）突水点的位置多数在工作面后部采空区边缘附近。因为该处顶板垮落不充分，底板处于膨胀状态，断裂张开，阻水能力最弱。突水点多位于采空区周边，靠近煤壁 4~7m 处或最外一排支柱的外侧。这主要由于采空区周围煤柱上产生支承压力，采空区周围底板岩体卸载，在支承压力的作用下向采空区突出、膨胀，产生竖向裂隙和层间裂隙（离层），导致突水。

（3）顶板初次来压之前，在开切眼附近，由于老顶大而较长时间的悬露，或直接顶岩层垮落后不接顶，使底板岩层形成较大的自由面，给底板岩层的移动与破坏创造了条件。因此，开切眼附近是底板最易突水的位置之一。

（4）工作面推进速度慢、工作面突然停止推进或在工作面停采线处，容易发生突水事故。这是由于工作面推进速度慢或停止推进时，支承压力作用的时间较长，底板岩层破坏严重。工作面推进速度快时，采空区底板还来不及形成较大的断裂就会由膨胀状态变为压缩状态，有利于防止底板突水。慢推进较快推进易突水，突然停止推进也易形成突水。推进速度慢，底板变形充分，裂隙发育，破坏深度大。

（5）区段煤柱承受工作面侧向支承压力，随工作面推进侧向支承压力越来越大，再加上区段煤柱边缘处采空区顶板垮落不充分，因此，区段煤柱附近也是发生底板突水的最可能位置之一。矿压引起的底板破坏深度为 6~20m。

C 隔水层的阻水能力

隔水层的阻水能力取决于隔水层的强度、厚度和裂隙发育程度。强度越大、厚度越大、裂隙越少，其阻水能力越大。阻水能力一般以单位厚度所能承受的水压值表示，其单位为 MPa/m。根据现场实际资料，一般为 0.1~0.3MPa/m。

底板隔水层厚度越大，抵抗水压、矿压的破坏能力越强，矿井开采底板突水的几率越小；隔水层岩体的强度越大，受采动影响后越不容易破坏，底板突水的可能性越小。底板突水除了与底板隔水层厚度、强度有关外，还与底板隔水层岩体的结构有关。底板岩层结构对底板突水有较大的影响，在承压水上开采时，应对底板岩体结构仔细分析，根据不同情况，采取不同的处理方法。

D　地质构造

地质构造尤其是断层，是造成底板突水的主要原因之一。根据国内 4 个矿区 163 个底板突水工作面的统计，由地质构造引起的突水事故占 67.5%。断层之所以成为底板突水的主要因素，有以下原因：

(1) 断层的存在使地板岩体的连续遭到破坏，在采动附加应力的作用下，岩体易沿断层移动，从而使采动破坏深度增大，造成突水。根据现场实测，断层破碎带岩体的导水裂隙带深度是正常岩体的 2 倍左右。

(2) 断层的存在破坏了底板岩体的完整性，降低了岩体的强度。岩体容易破坏，底板导水破坏带深度增大。

(3) 断层上下盘错动，缩短了煤层与底板含水层之间的距离，有时甚至使断层一盘的矿层与另一盘的含水层直接接触，使工作面易发生突水。

(4) 当断层破碎带或断层影响带为充水或导水构造，工作面揭露断层时即会发生突水。断层是否导水与断层的性质有关。正断层较逆断层易导致工作面突水。当断层面与岩层夹角较小或接近平行时，其导水性较差；反之则导水性较强。当断层带两侧都是坚硬岩层时，导水性强；当断层一侧为坚硬岩体，另一侧为软弱岩体时，导水性弱；当断层带两侧都是软弱岩体时，则断层带的充填情况较好，其导水性很弱，甚至不导水。

E　开采方法的影响

开采方法对底板突水的影响主要表现在两方面：

(1) 工作面斜长。工作面斜长对底板突水的影响比采深、煤层倾角、底板岩层强度等都明显。工作面斜长越大，底板岩层破坏深度越大，工作面越容易突水；反之亦然。

(2) 开采面积。工作面底板突水与开采面积关系十分密切，不同矿区有各自不同的突水面积。当开采面积大于突水面积后，底板要产生突水。

因此，控制开采面积是控制底板突水的有效方法。一些矿区采用条带开采、巷式开采等方法减小开采面积，防止底板突水。

F　底板破坏深度

底板破坏深度与开采深度、煤层开采厚度、煤层倾角、工作面长度、顶底板岩石性质（抗破坏能力）、采煤方法、顶板管理方法以及是否有断层等因素有关（现场实测最小的为 3.5m，最大的达到 38m）。统计资料表明底板破坏深度与采深 H、工作面长度 L、煤层倾角 α 有关。

6.5.2.4　承压水上采煤方案

在承压水体上采煤，要根据具体的地质和开采技术条件，选择合适的治理方案。根据我国历年来的实践，主要有以下几种方案。

(1) 深降强排方案。设置各种疏水工程，如疏水井巷、疏水钻孔等，将岩溶水水位人为地降低到开采水平以下，以确保安全地进行开采。这种方案的优点是：防止底板突水效果最好，能确保矿井安全生产。其缺点是：疏水工程量大、设备多、电耗大，因而投资大、成本高；由于疏水引起的水位降低，使附近的工农业用水缺乏，并造成地表下沉。此外，当井田内奥灰水量极为丰富、补给来源充足时，深降强排方案难以实现。

（2）外截内排方案。实质是在井田内某一区域外围的集中径流带采用钻孔注浆的方法建立人工帷幕，截断矿井的补给水，然后在开采范围内进行疏水，将承压水的水位降低到开采水平以下。这种方案可以确保矿井的安全生产，而且克服了深降强排的缺点。但这种方案只能适用于特定的条件，如水文地质条件清楚，补给径流区集中，帷幕截流工程易于施工等。

（3）带压开采方案。实质是在开采过程中利用隔水层的阻水能力，防止底板突水。此时，由于承压水位高于开采水平，煤层底板隔水层受到承压水压力的作用，因此称带压开采。带压开采无须事先专门排水，在经济上花费较少，并且也可能做到安全开采。但带压开采不能确保不发生底板突水事故，特别是在水文地质条件复杂的地区，底板突水的可能性更大。因此，在采用带压开采方案时，首先要进行论证，并要采取一系列安全措施，还要有足够的备用排水能力。

（4）带压开采综合治理方案。带压开采综合治理方案的实质是在查清区域地质、矿井水文地质及构造地质情况的基础上进行带压开采。在开采之前，要在矿区外围堵截地下水的补给水源；在开采过程中，视矿井涌水量的水压大小进行适当的疏水降压，从而达到安全开采的目的。这种方案具有相对安全、经济等优点，适用范围广。但要实现带压开采综合治理方案，还需采取一系列安全技术措施，事先采用底板注浆加固的方法，先加固底板，再进行采煤。

6.5.2.5 底板水的疏放

我国的许多煤矿，煤层底板下蕴藏有丰富的地下水，这种地下水常常具有很高的承压水头，压力有时高达20MPa。在采掘活动中，工作面底板在水压和矿山压力的共同作用下，底板隔水岩层开始变形，产生底鼓，继之出现裂缝。当裂缝向下发展延深达到含水层时，高压水便会突破底板涌入矿井，造成突水事故。

底板突水的现象，在我国华北型煤田的矿井中屡见不鲜。当含水层距煤层底板较近时（小于30m）更容易发生突水事故，这种情况下可以考虑底板疏水。

（1）底板疏水应考虑的条件：

1）含水层距煤层底板的距离小于30m，含水层具有高水压，但含水量较小底板疏水，可以采用。

2）底板含水层为独立含水层且其含水量不大，没有与其底部或顶部的强含水层（水压高、水量大）沟通，可以考虑底板疏水降压。

3）当含水层水压高、水量大的情况下，可以考虑分片帷幕隔离法，把开采的区域与未开采区域隔离开，避免未开采区域的水进入开采区域，然后在开采区域进行疏水降压。

总之，底板疏水考虑的主要原则是在短时间内把含水层的水降到安全水位，同时尽量不破坏原有的地下水系，保护水资源。

（2）底板疏水降压的方法：

1）巷道疏放水法。将巷道布置于含水层中，利用巷道直接疏放。当含水层水量不大，含水不均匀时，可以采用这种方法，但注意矿井要具有足够的排水能力时才能使用，否则在含水层中掘进巷道是不可能的。

2) 降压钻孔疏放水法。防止底板突水，一方面是增加隔水层的"抗破坏能力"，如用注浆增加隔水层抗张强度及留设防水煤柱或保护煤皮以加大隔水层厚度；另一方面是降低或消除"破坏力"的影响，如疏放水降压等。根据安全水头的概念，疏放水降压并不需要将底板水的水头无限制地降低，乃至完全疏干，只要将底板水的静水压力降至安全水头以下，即可达到防治底板水的目的。疏放降压钻孔和顶板放水孔一样，是在计划疏降的地段，在采区巷道或专门设置的疏干巷道中，每隔一定距离向底板含水层打钻孔放水，使之形成降落漏斗，逐步将静止水位降至安全水头以下。

6.5.3 老空水防治

老空水（采空区、老窑和已经报废的井巷积水）积存于生产、开拓水平以上或邻近的矿区，虽然其水压一般不大，但水量集中，来势迅猛，一旦揭露具有很大的冲击力和破坏力，对人身安全的危害极大。其防治的主要措施就是"探水"与"放水"。

6.5.3.1 探放水工程设计

（1）基础资料的收集。基础资料包括矿区水文地质、矿区采掘工程平面图、老空区预计积水范围、积水量、水压、邻近矿区的开采情况、地表河流、建筑物、地质构造带及其与含水层的水力联系。

（2）现开拓开采系统的详细分析。通过仔细分析矿井目前及今后的开拓开采系统，包括邻近矿区的系统，也要作详细分析，进而确定探水巷道的开拓方向、施工次序、规格和安全措施。

（3）探水钻孔组数、个数、方向、角度、深度和施工技术要求。

（4）探水施工与掘进工作的安全措施。

（5）受水威胁地区信号联系和避灾路线的确定。

（6）通风措施和瓦斯检查制度。

（7）防排水设施，如水闸门、水闸墙等的设计以及水仓系统和能力的具体安排。

（8）水情及避灾联系汇报制度和灾害处理措施。

6.5.3.2 探放水工程主要实施步骤

A 探水前应注意的事项

（1）检查排水系统、水沟、水仓、水泵及排水管路等设施是否正常运转，是否达到设计的最大排水能力。

（2）检查探水巷瓦斯浓度及围岩的稳定情况，如有异常应及时处理。

（3）检查避灾路线及通信设施是否畅通。

（4）辅助材料是否齐全。主要有临时支护材料、封孔材料及堵水材料等。

B 探水起点的确定

根据探水工程的设计，确定探水的起点，对于已明确的积水区，根据分析划出3条界线，即积水线、探水线与警戒线。如图6-1所示。

（1）积水线。调查核定积水区的边界，也即小窑采空区的范围，其深部界线应根据小窑的最深下山划定。

（2）探水线。沿积水线外推60～150m的距离画一条线，此数值大小视积水范围的可

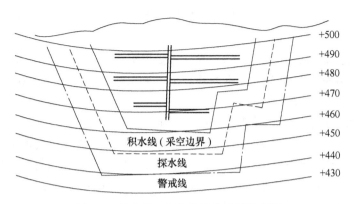

图 6-1 积水线、探水线和警戒线示意图

靠程度、水头压力、煤的强度大小确定。当掘进巷道达到此线就应开始探水。对于矿井开采造成的老空、老巷、水窝等积水区，其位置准确，水压不超过 1MPa。探水线至推断的积水区的最小距离：在煤层中不得少于 30m，在岩层中不得少于 20m。

（3）警戒线。是从探水线再外推 50~150m。当巷道进入此线，就应警惕积水的威胁，注意迎头的变化，当发现有透水征兆时就应提前探水。

C 探水孔的布置

探放水钻孔布置应以确保不漏老空、保证安全生产、探水工作量最小为原则。

（1）探水钻孔的超前距、允许掘进距离、帮距和密度。如图 6-2 所示，探水时从探水线开始向前方打钻探水，一次打透积水的情况较少，所以常是探水—掘进—探水循环进行，而探水钻孔的终孔位置应始终保持超前掘进工作面一段距离，这段距离简称超前距。实际工作中超前距在煤层中一般采用 30m，在岩层中取 20m。经探水后证明无水害威胁，可以安全掘进的长度，称为允许掘进距离。

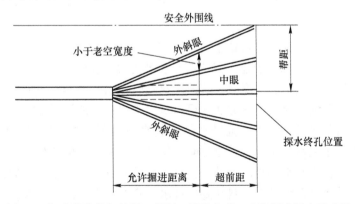

图 6-2 探水钻孔的超前距、帮距、钻孔密度、允许掘进距离示意图

探水钻孔一般不少于 3 个，一个为中心眼，另两个为外斜眼，与中线呈一定角度，呈扇形布置。中心眼终点与外斜眼终点之间的距离称为帮距。帮距一般应等于超前距，有时可略比超前距小 1~2m。

钻孔密度，是指允许掘进距离的终点处探水钻孔之间的间距。间距的大小应视具体情况而定，一般不应大于古空老巷的尺寸。例如，古空老巷道宽为 3m，则巷道允许掘进终点钻孔间距最大不得超过 3m。

（2）探水钻孔布置方式。钻孔的布置方式要根据探水巷与积水区域的相对位置而定，原则上要保证掘进巷道周围 30m 范围内的安全，根据巷道与积水区的相对空间位置关系，确定钻孔的深度、数量与方位。

（3）探水孔的钻进方式。钻机钻探前，一定要做好安全工作，保证孔口的安全设置，如孔口管、泄水测压三通、孔口水门和钻杆逆止阀等。视钻孔的深度确定其钻孔直径，而开孔孔径应比孔口管直径大 1~2 级，深度大于 10m，然后安设孔口管，注浆固化，固化好后再钻进 0.5~1m，向孔内压水，试验压力大于预计放水时的水压，稳压时间至少保持半小时，孔口管周围没有漏水现象，说明合乎要求，否则需重新注浆加固。然后按设计的深度进行钻进。

6.6　水害应急处置

6.6.1　矿井突水抢险救灾

6.6.1.1　现场紧急处理抢险

矿井发生突水时，无论其水量大小，危害程度如何，现场管理人员都必须在保证自身安全的条件下迅速组织抢险工作。如停止工作面施工、组织抢救遇难者、有序撤离无关人员，有条件时，组织进行加固巷道等防止事故扩大的技术处理，组织水情观测，并报告矿调度室。灾情严重时，现场管理人员有权指挥或带领工人主动撤离现场。由于矿井突水是一个逐步恶化的演变过程，所以现场工作人员，特别是班组长、区队长和技术人员，在处理突水事故的初始阶段起着非常重要的作用。他们是直接指挥者，又是现场紧急处理的操作者。因此，应经常对他们进行防水、治水技术知识和安全技术操作规程培训教育，以提高他们现场紧急处理突水事故的技能。

在现场紧急处理、抢险中，根据水情发展和突水现场条件，可以采取构筑临时水闸墙控制水情、紧急投入强排水等措施，特别是当水势较猛、水压较大，有可能发生出水口破坏扩大或发生冲毁流水巷道的情况时，快速构筑临时挡水闸墙非常重要，一方面可以使涌水按照人为规定的路线流泄，另一方面又可以对出水口和巷道加固保护。

在矿井突水时的紧急抢险中，抢排水是控制水势漫延、防止灾情恶化的另一有效措施，主要应突出一个快字，千方百计抢时间，争速度，减少淹矿的程度和损失。除了充分利用突水水平和未被淹水平排水能力外，也可以使用非正常作业条件下的抢排水，如竖井卧泵排水、竖井潜水泵群强排水、斜井卧泵排水、斜井潜水泵群排水等，总的指导思想是调动一切可利用的排水设施，充分利用各种排水场地，形成综合强排水能力，联合排水以减缓或控制矿井淹没水位上涨。当联合排水能力超过突水水量时，同时可以进行追水，减少矿井损失，恢复被淹井巷。

6.6.1.2　抢险救灾指挥系统

当发生可能淹矿、淹水平或多人遇难的重大水害事故时，矿井应建立抢险救灾指挥系统。矿（公司）调度室接到突水水情报告后，必须立即通知矿长（经理）、总工程师、主管矿长（副经理）、安全处长、救护队长及有关部门，由矿长（经理）负责全权指挥，组织有关人员立即赶赴现场进行抢险，并立即报告集团公司总调度室，当灾情严重可能造成重大损失和危害时，矿应成立以矿长（经理）为总指挥的抢险救灾指挥部，其职责分工是：

矿长（经理）——处理灾害事故的全权指挥者；

总工程师——矿长处理灾害事故的第一助手和处理事故计划制订者；

有关副矿长（副经理）——根据营救人员和灾害处理计划，负责组织落实分管范围内的有关事项；

安监处长——根据批准的营救遇难人员和水害处理计划，对抢险救灾工作的安全进行有效监督；

救护队长——对矿山救护队的行动具体负责，指挥领导救护队根据营救遇难人员和处理事故计划，完成营救遇难人员和有关事故处理。

其他有关领导和部门，如通风、地测、生产、机电、供应、后勤、政工、通信、医院、保卫等，应根据需要作为抢险救灾成员，完成分管的工作，并服从指挥部统一指挥，协调联动。当发生矿井淹没特大透水事故时，还应有专门部门和人员做好被淹矿井的人员安置和分流工作，以保证职工的情绪稳定。

矿务局（总公司）总调度室接到重大突水灾害报告后，必须立即向局长（总经理）及有关领导报告，通知附近矿井的矿山救护队和局救护大队待命，准备支援抢险救灾，并向上级主管部门报告。矿务局（总公司）及上级主管部门应立即派出有经验的技术人员和管理人员及部门负责人赶赴现场参加抢险救灾工作。根据灾情发展，必要时可以参加指挥或成立高一级的抢险救灾指挥系统，以便动员全局、全省乃至全国力量进行抢险保矿或治水复矿。

6.6.1.3 抢险救灾方案

矿井发生大的突水后，处理工作一般分为抢险救灾、治水保矿、治水复矿三个阶段。其中，前两个阶段是关键，其目的是通过现场紧急抢险处置，努力控制水情恶化，尽量减少人员伤亡，千方百计保护矿井，使损失降低到最低程度，并为治水复矿恢复生产打下基础。

矿井突水后，其抢险治水方案不外乎闭闸封水、强排水、注浆堵水等方法，一般情况下是三种方式结合进行，可起到更好更快的效果，无论采取何种抢险救灾方案，一般应突出以下几个方面：

（1）水情要落实掌握清楚，并且对水情的发展变化趋势做出预测，这样才能根据水情变化，有针对性地采取措施，编制方案。所以突水期间加强水文地质工作十分重要。

（2）无论采取何种方案，必须根据变化了的情况对方案随时进行调整，在矿井突水救灾中，还没有固定的模式可遵循，只有治水复矿完成后，其抢险救灾和治水复矿才形成比较完整的方案，方案实施中发生变化是必然的。

（3）无论编制何种方案，必须因地制宜，符合现场实际。有条件时尽量采用比较成熟的新设备、新技术。

（4）抢险救灾方案编制的主导思想应立足于一个快字，只有争取时间，才能尽可能地减少损失。

（5）无论采取何种抢险救灾方案，均应尽量避免给后期矿井恢复工作留下后遗症或困难，一般在编制抢险救灾方案的同时，就应该提前考虑矿井恢复问题。

（6）采取综合方法抢险救灾时，各方法间必须协调联动，互相配合，互相创造条件。强排水与注浆堵水同时进行时，应以强排水为前提，调整注浆工艺，以适应大动力水条件下注浆；当以强排水控制水情最终打闸封堵突水点时，强排水应为构筑水闸墙创造条件，尽量采取多种方式降低水位。

6.6.2 抢险救灾中的控水、排水和注浆堵水技术

控水、排水是矿井突水抢险及治理过程中常用的保矿或复矿技术，在条件允许的情况下，两项技术结合应用，会获得很好效果。

6.6.2.1 矿井突水时的强排水技术

矿井突水时强排水方案的制定，必须根据矿井突水地点、突水量、井巷工程条件、采空区及淹没区域水文条件，预测矿井淹没过程中不同标高的最大涌水量以及未被淹没泵房的设备能力等，来编制强排水方案。可分以下几种情况：

（1）矿井突水水平的排水泵房未被淹没前的强排水，此时，矿井突水量及可能最大突水量的预测是关键。

1）认真测定涌水量和预测最大可能的涌水量。

2）启动全部排水能力强行排水。

3）当突水量较大，核实能力不足时，有条件的矿井可以关闭井底车场水闸门限制放水。

4）有条件时可向低标高井巷部分放水。

其主要目的是坚守排水泵房为扩大排水能力赢得时间。

（2）突水水平泵房被淹水位仍上涨时的强排。

1）减缓水位上涨的一般措施。封堵未淹井巷内一切可以封堵的涌水，对在排水能力不足情况下减缓水位淹没速度能起到很好作用，如关闭未淹井巷涌水钻孔，对部分下放的涌水采取闸墙封堵或建临时排水站等。总之，要努力防止上巷涌水下灌而增加淹没矿井的水量。

2）制止淹没水位上涨的重要措施。主要是迅速建立临时强排水基地，临时强排水基地应尽可能接近淹没水位，又需保证不被继续上涨的水位淹没，所以必须依据矿井突水量、预测最大突水量、可能被淹没井巷及采空区充水体积等资料，预计水位上升到各未淹水平的时间，为临时排水基地选址和建立留出时间。

① 竖井潜水泵强排水。竖井大型潜水泵排水是矿井抢险救灾和排水复矿的最好形式。主要优点是，大型潜水泵扬程高、流量大、泵组截断面尺寸小，一个井筒内可安装多台，形成很大的排水能力；主要缺点是，潜水泵适于预定期限内集中全力完成排水任务，不适合长期消耗性排水，一般排水时间超过半年，泵组的各种事故就会不断出现，并且正常条件下潜水泵适于排清水，对矿井水适应性差。

② 斜井卧式离心泵排水。优点是安装技术比较简单，初期试验工程量小，不需要大型悬吊设备，收效快；缺点是随着淹没水位的升降移泵接（拆）管的工作量大，管理比较复杂，运行条件较竖井差，开泵的台时利用率比竖井低。

根据实际情况，可以采用单泵一级排水、双泵一级排水、小泵群组合多级排水等的排列组合。

6.6.2.2 矿井突水时的控水技术

建立永久水闸墙控制涌水，是矿区治理涌水常用的一种方法，矿井突水初期，为了控制涌水漫流，加固巷道和出水口，用以掩护永久水闸墙的施工，可以采取快速码砌袋装水泥墙的办法，为永久水闸墙施工创造条件，根据水情变化和突水场地及相关巷道条件，最终构筑永久水闸墙以控制涌水。

A 堵（控）水闸墙设计施工应注意问题

（1）堵水闸墙设计前，要全面弄清设计条件，如闸墙预计承压力、断面、支护形式和原掘进方法，拟选定混凝土强度等级，闸墙硐室围岩性质、硬度和力学参数。

（2）闸墙形式的选择。若突水水压比较大，可以选择楔形水闸墙；如果水压特别大，可构筑多段楔形水闸墙。

（3）水闸墙要构筑在致密坚硬且无裂隙的岩石中。

（4）水闸墙周边沟槽应嵌入到岩石中，并事先埋好注浆管，充填缝隙，使之与围岩构成一体。

（5）永久水闸墙施工。一般都留设泄水管路和阀门，注意阀门管路防腐处理。对于长期封水的水闸墙管路阀门，最好使用不锈钢材料。

B 堵水闸墙设计

井下永久水闸墙设计一般选用式（6-2）：

$$B = \frac{KpS_2}{2.57b_2 + 2h_2\tau} \tag{6-2}$$

式中 B——防水闸墙厚度，m；

p——静水压力，MPa；

S_2——背水面巷道断面积，m^2；

K——混凝土结构抗剪设计安全系数；

b_2——背水面巷道净宽度，m；

h_2——背水面巷道直墙高度，m；

τ——混凝土的抗剪强度（如果原岩抗剪强度低则用围岩值）。

还应选用式（6-3）对闸墙厚度按剪应力进行验算：

$$S = \frac{pab}{2(a+b)\tau_{\text{剪}}} \tag{6-3}$$

式中 S——间墙厚度，m；

p——水压，MPa；

a——巷道净宽度，m；

b——巷道高度，m；

$\tau_{\text{剪}}$——密闭材料许用抗剪强度，MPa。

也可用式（6-4）验算：

$$L = \frac{p_s SK}{0.1Sp_j} = \frac{p_s K}{0.1p_j} \tag{6-4}$$

式中　　L——闸墙长度，m；

　　　p_S——设计水压，MPa；

　　　S——巷道断面积，m^2；

　　　K——安全系数；

　　　p_j——岩石的抗压强度，MPa。

永久水闸墙安全系数，一般取6~8较为合适。

6.6.2.3　矿井突水时的注浆堵水技术

矿井突水后，一方面组织人力采取强排水和打闸分区隔离方式制止水患漫延和控制淹没水位上涨；另一方面根据水情和突水条件，在无法分区隔离，且矿井永久排水能力又不足以排除突水水量时，应及时采取注浆堵水方法封堵水源。所以在抢险救灾同时，要认真编制注浆堵水方案。在编制注浆堵水方案时，要尽量遵循下列原则：

（1）必须清楚掌握矿井地质及水文地质条件。掌握突水发生的原因、突水点的位置、突水通道的性质、突水量的变化、突水点附近地质及工程地质条件、采掘状况，并且有准确的相关图纸。以便明确堵水位置，分析钻探及注浆的难度，做到各方面条件分析充分，设计考虑周全。

（2）注浆堵水设计中第一批钻孔位置原则上应首先针对出水点附近设计并施工，以便尽快确定突水补给通道的性质并提前注浆封堵，为注浆堵水打好基础。但钻孔终孔位置应考虑注浆时浆液流失问题，特别是在动水条件下，应适当考虑浆液扩散问题。

（3）无论是静水条件还是动水条件下注浆，其前期一般应以增加出水口阻力为目标，尽量减小过水断面，而后再加大注浆强度，达到堵水目的。

（4）注浆钻孔直径不宜过小，以不影响钻进速度为原则，提高效率。

（5）注浆堵水方案最终形成是一个动态变化过程，随着对突水水源通道及地质水文条件的深入了解，注浆方案随时调整，所以注浆场地以及钻孔布设要留有余地，以适应依据变化了的情况而修正的注浆方案。

（6）注浆堵水工程要进行多方案对比，如钻孔数量、施工顺序、注浆工艺等，以便好中选优，综合运用。

（7）注浆钻探设备选型可靠，注浆材料充分保证。

（8）注浆工艺一般采取分段下行注浆，一般不采取孔口混合注浆。

（9）注浆堵水设计要明确规定配合注浆堵水过程中的地质及水文地质工作内容，认真分析有关资料，以指导修正注浆工艺及注浆方案。

（10）前期注浆堵水钻孔施工，一般都带有探测的性质，所以探查应列入设计内容。

复习思考题

6-1　常用矿井涌水量的预测方法有哪些？

6-2　矿井水害预测的方法有哪些？

6-3　试述矿井水害的应急处置程序。

7 矿尘防治技术

7.1 矿尘及其性质

7.1.1 矿尘及其分类

7.1.1.1 矿尘的概念

矿尘是指在矿山生产和建设过程中产生的各种煤岩微粒的总称。

在矿山生产和建设过程中，钻孔作业、炸药爆破、掘进机及采煤机作业、顶板管理、矿物的装载及运输等各个环节都会产生大量的矿尘。而不同的矿井由于煤、岩地质条件和物理性质的不同，采掘方法、作业方式、通风状况和机械化程度的不同，矿尘的生成量有很大差异；即使在同一矿井里，产尘的多少也因地因时发生变化。一般来说，在现有防尘技术措施的条件下，各生产环节产生的浮游矿尘比例大致为：采煤工作面产尘量占 45%～80%，掘进工作面产尘量占 20%～38%，锚喷作业点产尘量占 10%～15%，运输通风巷道产尘量占 5%～10%，其他作业点占 2%～5%。各作业点随机械化程度的提高，矿尘的生成量也将增大，因此，防尘工作更加重要。

7.1.1.2 矿尘及其分类

矿尘除按其成分可分为岩尘、煤尘等多种无机粉尘外，还有多种不同的分类方法，下面介绍常用的分类方法：

（1）按矿尘粒径划分：

1）尘。粒径大于 $40\mu m$，相当于一般筛分的最小颗粒，在空气中极易沉降。

2）细尘。粒径为 $10\sim40\mu m$，肉眼可见，在静止空气中作加速沉降。

3）微尘。粒径为 $0.25\sim10\mu m$，用光学显微镜可以观察到，在静止空气中作加速沉降。

4）超微尘。粒径小于 $0.25\mu m$，要用电子显微镜才能观察到，在空气中作扩散运动。

（2）按矿尘的存在状态划分：

1）游离矿尘。悬浮于矿内空气中的矿尘，简称浮尘。

2）沉积矿尘。从矿内空气中沉降下来的矿尘，简称落尘。

浮尘和落尘在不同环境下可以相互转化，浮沉在空气中飞扬的时间不仅与尘粒的大小、重量、形式等有关，还与空气的湿度、风速等大气参数有关。矿山除尘研究的直接对象是悬浮于空气中的矿尘，因此，一般所说的矿尘就是指这种状态下的矿尘。

（3）按矿尘的粒径组成范围划分：

1）全尘（总粉尘）。各种粒径的矿尘之和。对于煤尘，常指粒径为 1mm 以下的尘粒。

2）呼吸性粉尘。主要指粒径在 $7.07\mu m$ 以下的微细尘粒，它能通过人体上呼吸道进入肺区，是导致尘肺病的病因，对人体危害甚大。

7.1.2　矿尘的危害

矿尘具有很大的危害性，表现在 4 个方面：

（1）污染工作场所，危害人体健康，引起职业病。工人长期吸入矿尘后，轻者会患呼吸道炎症、皮肤病，重者会患尘肺病，而尘肺病引发的矿工致残和死亡人数在国内外都十分惊人。据国内某矿务局统计，尘肺病的死亡人数为工伤事故死亡人数的 6 倍；德国煤矿死于尘肺病的人数曾比工伤事故死亡人数高 10 倍。因此，世界各国都在积极开展预防和治疗尘肺病的工作，并已取得较大进展。

（2）某些矿尘在一定条件下可以爆炸。有爆炸危险性的煤尘能够在完全没有瓦斯存在的情况下爆炸，对于瓦斯矿井，煤尘还有可能与瓦斯同时爆炸。煤尘或瓦斯煤尘爆炸，都会给矿山以突然性的袭击，酿成严重灾害。例如，1906 年 3 月 10 日法国柯利尔煤矿发生的特大煤尘爆炸事故，死亡 1099 人；1942 年 4 月 26 日，中国辽宁本溪煤矿发生一起世界上最大的瓦斯煤尘爆炸事故，死亡 1527 人，伤 268 人。

（3）加速机械磨损，缩短精密仪器使用寿命。随着矿山机械化、自动化程度的提高，矿尘对设备性能及其使用寿命的影响将会越来越突出，应引起高度的重视。

（4）降低工作场所能见度，增加工伤事故的发生。在某些综采工作面割煤时，工作面煤尘浓度高达 $4000 \sim 8000 mg/m^3$，有的甚至更高。这种情况下，工作面能见度极低，往往会导致误操作，造成人员意外伤亡。

7.1.3　含尘量的计量指标

7.1.3.1　矿尘浓度

单位体积矿内空气中所含浮尘的数量称为矿尘浓度，其表示方法有以下两种：

（1）质量法。每立方米空气中所含浮尘的质量，单位为 mg/m^3。

（2）计数法。每立方厘米空气中所含浮尘的数量，单位为粒/cm^3。

我国规定采用质量法计量矿尘浓度。计数法因其测定复杂且不能很好地反映矿尘的危害性，因而在国外使用也越来越少。矿尘浓度的大小直接影响着矿尘危害的严重程度，是衡量作业环境的劳动卫生状况和评价防尘技术效果的重要指标。因此，《煤矿安全规程》对井下有人工作的地点和人行道空气中的总粉尘、呼吸性粉尘浓度标准做了明确规定，见表 7-1，同时还规定作业地点的粉尘浓度，井下每月测定 2 次，井上每月测定 1 次。

表 7-1　《煤矿安全规程》规定的作业场所空气中粉尘浓度标准

粉尘中游离 SiO_2 含量/%	最高允许浓度/$mg \cdot m^{-3}$	
	总粉尘	呼吸性粉尘
<10	10	3.5
10~50	2	1.0
50~80	2	0.5
≥80	2	0.3

7.1.3.2　矿尘的分散度

分散度是指矿尘整体组成中各种粒级尘粒所占的百分比。分散度的表示方法有两种：

(1) 质量分散度。各种粒级尘粒的质量占总质量的百分比。

(2) 数量分散度。各种粒级尘粒的颗粒数占总颗粒数的百分比。

粒级的划分是根据粒度大小和测试目的确定的，我国工矿企业将矿尘粒级划分为 4 级：小于 $0.2\mu m$，$2 \sim 5\mu m$，$5 \sim 10\mu m$，大于 $10\mu m$。

矿尘分散度是衡量矿尘颗粒大小构成的一个重要指标，是研究矿尘性质与危害的一个重要参数。矿尘总量中微细颗粒多，所占比例大时，称为高分散度矿尘；反之，如果矿尘中粗大颗粒多，所占比例大时，称为低分散度矿尘。矿尘的分散度越高，危害性越大，捕获越困难。《煤矿安全规程》规定粉尘分散度每半年测定 1 次。

7.1.3.3　产尘强度

产尘强度是指生产过程中采落煤中所含的粉尘量，常用的单位为 g/t。

7.1.3.4　相对产尘强度

相对产尘强度指每采掘 $1t$ 或 $1m^3$ 矿岩产生的矿尘量，常用的单位为 mg/t 或 mg/m^3。凿岩或井巷掘进工作面的相对产尘强度可按每钻进 $1m$ 钻孔或掘进 $1m$ 巷道计算。相对产尘强度使产尘量与生产强度联系起来，便于比较不同生产情况下的产尘量。

7.1.3.5　矿尘沉积量

矿尘沉积量是指单位时间在巷道表面单位面积上所沉积的矿尘量，单位为 $g/(m^3 \cdot d)$。这一指标用来表示巷道中沉积粉尘的强度，是确定岩粉撒布周期的重要依据。

7.1.4　矿尘性质

了解矿尘的性质是做好防尘工作的基础，矿尘的性质取决于构成的成分和存在的状态，矿尘与形成它的矿物在性质上有很大的差异，这些差异隐藏着巨大的危害，同时也决定着矿井防尘技术的选择。

7.1.4.1　矿尘中游离 SiO_2 的含量

矿尘中游离 SiO_2 的含量是危害人体的决定因素，其含量越高，危害越大。因此，《煤矿安全规程》规定生产作业点粉尘中游离 SiO_2 含量每半年测定 1 次，在变更工作面时也应测定 1 次。游离 SiO_2 是许多矿岩的组成成分，如煤矿常见的页岩、砂岩、砾岩和石灰岩等中游离 SiO_2 的含量通常多在 $20\% \sim 50\%$，煤尘中的含量一般不超过 5%。

7.1.4.2　矿尘的粒度与比表面积

矿尘粒度是指矿尘颗粒的平均直径，单位为 μm。

矿尘的比表面积是指单位质量矿尘的总表面积，单位为 m^3/kg，或 cm^3/g。

矿尘的比表面积与粒度成反比，粒度越小，比表面积越大，因而这两个指标都可以用来衡量矿尘颗粒的大小。煤岩破碎成微细的尘粒后，首先其比表面积增加，因而化学活性、溶解性和吸附能力明显增加；其次更容易悬浮于空气中，表 7-2 为在静止空气中不同粒度的尘粒从 $1m$ 高处降落到底板所需的时间；另外，粒度减小容易使其进入人体呼吸系统，据研究，只有 $5\mu m$ 以下粒径的矿尘才能进入人的肺内，是矿井防尘的重点对象。

表 7-2　尘粒沉降时间

粒度/μm	100	10	1	0.5	0.2
沉降时间/min	0.043	4.0	420	1320	5520

7.1.4.3　矿尘的湿润性

矿尘的湿润性是指矿尘与液体亲和的能力。湿润性决定采用液体除尘的效果，容易被水湿润的矿尘称为亲水性矿尘，不容易被水湿润的矿尘称为疏水性矿尘。对于亲水性矿尘，当尘粒间相互凝聚，尘粒逐渐增大、增重，其沉降速度加速，矿尘能从空气流中分离出来，可达到除尘目的。矿井常用的喷雾洒水和湿式除尘器就是利用矿尘的湿润性使其沉降的。对于疏水性矿尘，一般不宜采用湿式除尘器，而多采用水中添加湿润剂，增加水滴的动能等方法进行湿式除尘。

7.1.4.4　矿尘的荷电性

矿尘是一种微小粒子，因空气的电离以及尘粒之间的碰撞、摩擦等作用，使尘粒带有电荷，既可能是正电荷，也可能是负电荷，带有相同电荷的尘粒，互相排斥，不易凝聚沉降；带有异性电荷时则相互吸引，加速沉降，因此，有效利用矿尘的这种荷电性，也是降低矿尘浓度、减少矿尘危害的方法之一。

7.1.4.5　矿尘的光学特性

矿尘的光学特性包括矿尘对光的反射、吸收和透光强度等性能。在测尘技术中，通常利用矿尘的光学特性来测定它的浓度和分散度。

(1) 尘粒对光的反射能力。光透过含尘气流的强弱程度与岩粒的透明度、形状、大小及气流含尘浓度有关，主要取决于气流含尘浓度和尘粒大小。当尘粒直径大于 $1\mu m$ 时，光线由于被直接反射而损失；当气流含尘浓度相同时，光的反射值随粒径减小而增加。

(2) 尘粒的透光性。含尘气流对光线的透明程度，取决于气流含尘浓度的高低。当浓度为 $0.115g/m^3$ 时，含尘气流是透明的，可以通过 90%的光；随着浓度的增加，其透明度将大为减弱。

(3) 光强衰减程度。当光线通过含尘气流时，由于尘粒对光的吸收和散射等作用，会使光强减弱。

7.1.4.6　矿尘的燃烧性和爆炸性

有些矿尘（主要是煤尘和硫化矿尘）在空气中达到一定浓度时，在高温热源的作用下，能发生燃烧和爆炸。

7.2　矿山尘肺病

7.2.1　尘肺病及其发病机理

尘肺病是工人在生产中长期吸入大量微细粉尘而引起的以纤维组织增生为主要特征的肺部疾病。它是一种严重的矿工职业病，一旦患病，目前还很难治愈。因其发病缓慢，病程较长，且有一定的潜伏期，不同于瓦斯、煤尘爆炸和冒顶等工伤事故那么触目惊心，因此，往往不被人们重视。而实际上由尘肺病引发的矿工致残和死亡人数，在国内外都远远高于各类伤亡事故的总和。

7.2.1.1 尘肺病的分类

煤矿尘肺病按吸入矿尘的成分不同，可分为以下3类：

（1）硅肺病（矽肺病）。由于吸入含游离 SiO_2 含量较高的岩尘而引起的尘肺病称为硅肺病。患者多为长期从事岩巷掘进的矿工。

（2）煤硅肺病（煤矽肺）。由于同时吸入煤尘和含游离 SiO_2 的岩尘而引起的尘肺病称为煤硅肺病。患者多为岩巷掘进和采煤的混合工种矿工。

（3）煤肺病。由于大量吸入煤尘而引起的尘肺病多属煤肺病。患者多为长期单一地在煤层中从事采掘工作的矿工。

我国煤矿工人工种变动较大，长期固定从事单一工种的很少，因此，煤矿尘肺病中以煤硅肺病比重最大，约占80%，单纯的硅肺、煤肺病较少。

作业人员从接触矿尘开始到肺部出现纤维化病变所经历的时间称为发病工龄。上述3种尘肺病中最危险的是硅肺病，其发病工龄最短（一般在10年左右），病情发展快、危害严重。煤肺病的发病工龄一般为20~30年，煤硅肺病介于两者之间，但接近后者。

7.2.1.2 尘肺病的发病机理

尘肺病的发病机理至今尚未完全研究清楚。关于尘肺病形成的论点和学说有多种。

进入人体呼吸系统的粉尘大体上经历以下4个过程：

（1）在上呼吸道的咽喉、气管内，含尘气流由于沿程的惯性碰撞作用使大于 $10\mu m$ 的尘粒首先沉降在其内。经过鼻腔和气管黏膜分泌物黏结后形成痰排出体外。

（2）在上呼吸道的较大支气管内，通过惯性碰撞及少量的重力沉降作用，使 $5\sim10\mu m$ 的尘粒沉积下来，经气管、支气管上皮的纤毛运动，咳嗽随痰排出体外。

因此，真正进入下呼吸道的粉尘，其粒度均小于 $5\mu m$，一般来说，空气中 $5\ \mu m$ 以下的矿尘是引起尘肺病的主要原因。

（3）在下呼吸道的细小支气管内，由于支气管分支增多，气流速度减慢，使部分 $2\sim5\mu m$ 的尘粒依靠重力沉降作用沉积下来，通过纤毛运动逐级排出体外。

（4）粒度约为 $2\mu m$ 的粉尘进入呼吸性支气管和肺内后，部分可随呼气排出体外；另一部分沉积在肺泡壁上或进入肺内，残留在肺内的粉尘仅占总吸入量的 $1\%\sim2\%$ 以下。残留在肺内的尘粒可杀死肺泡，使肺泡组织形成纤维病变，出现网眼，逐步失去弹性而硬化，无法担负呼吸作用，使肺功能受到损害，降低人体抵抗能力，并容易诱发其他疾病，如肺结核、肺心病等。在发病过程中，由于游离的 SiO_2 表面活性很强，加速了肺泡组织的死亡，因此，硅肺病是各种尘肺病中发病期最短、病情发展最快也最为严重的一种。

7.2.2 尘肺病的发病症状及影响因素

7.2.2.1 尘肺病的发病症状

尘肺病的发展有一定的过程，轻者影响劳动生产力，严重时丧失劳动能力，甚至死亡。这一发展过程是不可逆的，因此，应尽早发现，及时治疗，以防病情恶化。尘肺病可分为3期：

第一期：重体力劳动时，呼吸困难、胸痛、轻度干咳。

第二期：中等体力劳动或正常工作时，感觉呼吸困难，胸痛、干咳或带痰咳嗽。

第三期：做一般工作甚至休息时，也感到呼吸困难、胸痛，连续带痰咳嗽，甚至咳血和行动困难。

7.2.2.2 影响尘肺病的发病因素

（1）矿尘的成分。能够引起肺部纤维病变的矿尘，多半含有游离 SiO_2，其含量越高，发病工龄越短，病变的发展程度越快。

对于煤尘，引起煤肺病的主要是它的有机质（即挥发分）含量。据试验，煤化作用程度越低，危害越大，因为煤尘危害和肺内的积尘量都与煤化作用程度有关。

（2）矿尘粒度及分散度。尘肺病变主要是发生在肺脏的最基本单元，即肺泡内。矿尘粒度不同，对人体的危害性也不同。$5\mu m$ 以上的矿尘对尘肺病的发生影响不大；$5\mu m$ 以下的矿尘可以进入下呼吸道并沉积在肺泡中，最危险的粒度是 $2\mu m$ 左右的矿尘。由此可见，矿尘的粒度越小，分散度越高，对人体的危害就越大。

（3）矿尘浓度与尘肺病的发生和进入肺部的矿尘量有直接的关系，也就是说，尘肺的发病工龄和作业场所的矿尘浓度成正比。国外统计资料表明，在高矿尘浓度场所工作时，平均 $5\sim10$ 年就有可能导致硅肺病，如果矿尘中的游离 SiO_2 含量达 $80\%\sim90\%$，甚至 $1.5\sim2$ 年即可发病。空气中的矿尘浓度降低到《煤矿安全规程》规定的标准以下，工作几十年，肺部吸入的矿尘总量仍不足以达到致病的程度。

（4）个体方面的因素。矿尘引起尘肺病是通过人体而进行的，所以人的机体条件，如年龄、营养、健康状况、生活习性、卫生条件等对尘肺的发生、发展有一定的影响。

在目前的技术水平下，尘肺病尽管很难完全治愈，但可以预防。只要领导重视，增加资金投入，积极开展尘肺病预防及治疗方面的研究，完善技术措施，推广综合防尘，就可以达到降低尘肺病的发病率及死亡率的目的。

7.3 煤尘爆炸及预防

煤尘爆炸和瓦斯爆炸一样都属于矿井中的重大灾害事故。我国历史上最严重的一次煤尘爆炸发生在 1942 年日本侵略者统治下的本溪煤矿，死亡 1549 人，伤残 246 人，死亡的人员中大多为 CO 中毒，事故发生前，巷道内沉积了大量煤尘，电火花点燃局部聚积的瓦斯从而引起重大煤尘爆炸事故。

7.3.1 煤尘爆炸的机理及特征

7.3.1.1 煤尘爆炸的机理

煤尘爆炸是在高温或一定点火能的热源作用下，空气中氧气与煤尘急剧发生氧化反应，是一种非常复杂的链式反应。一般认为，其爆炸机理及过程如下：

（1）煤本身是可燃物质，当它以粉末状态存在时，总表面积显著增加，吸氧和被氧化的能力大大增强，且遇见火源，氧化过程迅速展开。

（2）当温度达到 $300\sim400\,℃$ 时，煤的干馏现象急剧增强，放出大量的可燃性气体，主要成分为甲烷、乙烷、丙烷、丁烷、氢和 1% 左右的其他碳氢化合物。

（3）形成的可燃气体与空气混合，在高温作用下吸收能量，在尘粒周围形成气体外壳，即活化中心，当活化中心的能量达到一定程度后，链式反应开始，游离基迅速增加，发生了尘粒的闪燃。

（4）闪燃形成的热量传递给周围的尘粒，并使之参与链式反应，导致燃烧过程急剧循环进行，当燃烧不断加剧，使火焰速度达到每秒数百米后，煤尘的燃烧便在一定临界条件下跳跃式地转变为爆炸。

7.3.1.2 煤尘爆炸的特征

（1）形成高温、高压、冲击波。煤尘爆炸火焰温度为1600~1900℃，爆源的温度达到2000℃以上，这是煤尘爆炸得以自动传播的条件之一。

在矿井条件下，煤尘爆炸的平均理论压力为736kPa，但爆炸压力随着离开爆源距离的延长而跳跃式增大。爆炸过程中如遇障碍物，压力将进一步增加，尤其是连续爆炸时，后一次爆炸的理论压力是前一次的5~7倍。煤尘爆炸产生的火焰速度可达1120m/s，冲击波速度为2340m/s。

（2）煤尘爆炸具有连续性。煤尘爆炸具有很高的冲击波速，能将巷道中落尘扬起，甚至使煤体破碎形成新的煤尘，导致新的爆炸，有时可如此反复多次，形成连续爆炸，这是煤尘爆炸的重要特征。

（3）煤尘爆炸的感应期。煤尘爆炸也有一个感应期，即煤尘受热分解产生足够数量的可燃气体形成爆炸所需的时间。根据试验，煤尘爆炸的感应期主要取决于煤的挥发分含量，一般为40~280ms，挥发分越高，感应期越短。

（4）挥发分减少或形成"黏焦"。煤尘爆炸时，参与反应的挥发分占煤尘挥发分含量的40%~70%，致使煤尘挥发分减少，根据这一特征，可以判断煤尘是否参与了井下的爆炸。对于气煤、肥煤、焦煤等黏结性煤的煤尘，一旦发生爆炸，一部分煤尘会被焦化，黏结在一起，沉积于支架和巷道壁上，形成煤尘爆炸所特有的产物——焦炭皮渣或黏块，统称"黏焦"。"黏焦"也是判断井下发生爆炸事故时是否有煤尘参与的重要标志。

（5）产生大量的一氧化碳气体。煤尘爆炸时产生的一氧化碳气体，在灾区气体中的浓度可达2%~3%，甚至高达8%左右。爆炸事故中70%~80%的受害者是由于一氧化碳气体中毒造成的。

7.3.2 煤尘爆炸的条件

煤尘爆炸必须同时具备3个条件：煤尘本身具有爆炸性；煤尘必须悬浮于空气中，并达到一定浓度；存在能引起煤尘爆炸的高温热源。

7.3.2.1 煤尘的爆炸性

煤尘的爆炸性是指，悬浮在空气中的煤尘在一定浓度范围内如果有充足的氧气（17%以上），遇到火源便会发生燃烧或爆炸的性质。

煤尘具有爆炸性是煤尘爆炸的必要条件。煤尘爆炸危险性必须经过国家授权的单位进行鉴定。

7.3.2.2 悬浮煤尘的浓度

井下空气中只有悬浮的煤尘达到一定浓度时，才可能引起爆炸，单位体积中能够发生煤尘爆炸的最低和最高煤尘量称为下限和上限浓度。低于下限浓度或高于上限浓度的煤尘都不会发生爆炸。煤尘爆炸的浓度范围与煤的成分、粒度、引火源的种类和温度及试验条件等有关。一般来说，煤尘爆炸的下限浓度为 $30 \sim 50 g/m^3$；上限浓度为 $1000 \sim 2000 g/m^3$。其中，爆炸力最强的浓度范围为 $300 \sim 500 g/m^3$。

一般情况下，浮游煤尘达到爆炸下限浓度的情况是不常有的，但是爆破、爆炸和其他震动冲击都能使大量落尘飞扬，在短时间内使浮尘量增加，达到爆炸浓度。因此，确定煤尘爆炸浓度时，必须考虑落尘这一因素。

7.3.2.3 引燃煤尘爆炸的高温热源

煤尘的引燃温度变化范围较大，它随着煤尘性质、浓度及试验条件的不同而变化。我国煤尘爆炸的引燃温度为 $610 \sim 1050℃$，一般为 $700 \sim 800℃$。煤尘爆炸的最小点火能为 $4.5 \sim 40mJ$。这样的温度条件，几乎一切火源均可达到，如爆破火焰、电气火花、机械摩擦火花、瓦斯燃烧或爆炸、井下火灾等。根据 20 世纪 80 年代的统计资料，由于爆破和机电火花引起的煤尘爆炸事故分别占总数的 45% 和 35%。

7.3.3 影响煤尘爆炸的因素

（1）煤的挥发分。煤尘爆炸主要是在尘粒分解的可燃气体（挥发分）中进行的，因此，煤的挥发分数量和质量是影响煤尘爆炸的最重要因素。一般来说，煤尘的可燃挥发分含量越高，爆炸性越强，即煤化作用程度低的煤，其煤尘的爆炸性强，随煤化作用程度的增高而爆炸性减弱。

（2）煤的灰分和水分。煤内的灰分是不燃性物质，能吸收能量，阻挡热辐射，破坏链式反应，降低煤尘的爆炸性。

煤的灰分对爆炸性的影响还与挥发分含量的多少有关，挥发分小于 15% 的煤尘灰分的影响比较显著；大于 15% 时，天然灰分对煤尘的爆炸几乎没有影响。水分能降低煤尘的爆炸性，因为水的吸热能力大，能促使细微尘粒聚结为较大的颗粒，减少尘粒的总表面积，同时还能降低落尘的飞扬能力。煤的天然灰分和水分都很低，降低煤尘爆炸性的作用不显著，只有人为地掺入灰分（撒岩粉）或水分（洒水）才能防止煤尘的爆炸。

（3）煤尘粒度。粒度对爆炸性的影响极大。粒径 1mm 以下的煤尘粒子都可能参与爆炸，而且爆炸的危险性随粒度的减小而迅速增加，$75\mu m$ 以下的煤尘特别是 $30 \sim 75\mu m$ 的煤尘爆炸性最强，因为单位质量煤尘的粒度越小，总表面积越大，粒径小于 $10\mu m$ 后，煤尘爆炸性增强的趋势变得平缓，煤尘粒度对爆炸压力也有明显的影响。煤炭科学研究总院重庆研究院的试验结果表明，同一煤种在不同粒度条件下，爆炸压力随粒度的减小而增高，爆炸范围也随之扩大，即爆炸性增强。粒度不同的煤尘引燃温度也不相同。煤尘粒度越小，所需引燃温度越低，且火焰传播速度也越快。

（4）空气中的瓦斯浓度。瓦斯参与使煤尘爆炸下限降低。随着瓦斯浓度的增高，煤尘爆炸浓度下限急剧下降，这一点在有瓦斯煤尘爆炸危险的矿井应引起高度重视。一方面，煤尘爆炸往往是由瓦斯爆炸引起的；另一方面，有煤尘参与时，小规模的瓦斯爆炸可能演变为大规模的煤尘瓦斯爆炸，造成严重的后果。

（5）空气中氧的含量。空气中氧的含量高时，点燃煤尘的温度可以降低；氧的含量低时，点燃煤尘云困难，当氧含量低于 17% 时，煤尘就不再爆炸。煤尘的爆炸压力也随空气中含氧的多少而不同。含氧高，爆炸压力高；含氧低，爆炸压力低。

（6）引爆热源。点燃煤尘云造成煤尘爆炸，就必须有一个达到或超过最低点燃温度和能量的引爆热源。引爆热源的温度越高，能量越大，越容易点燃煤尘云，而且煤尘初爆的强度也越大；反之，温度越低，能量越小，越难点燃煤尘云，即使引起爆炸，初始爆炸的强度也很小。

7.3.4 预防煤尘爆炸的技术措施

预防煤尘爆炸的技术措施主要包括减、降尘措施，防止煤尘引燃措施及隔绝煤尘爆炸措施等3个方面。

7.3.4.1 减降尘措施

减、降尘措施是指在煤矿井下生产过程中，通过减少煤尘产生量或降低空气中悬浮煤尘含量以达到从根本上杜绝煤尘爆炸的可能性的目的。为达到这一目的，煤矿广泛采取以煤层注水为主的多种防尘手段。

（1）煤层注水实质。煤层注水是采煤工作面最重要的防尘措施之一，在开采之前预先在煤层中打若干钻孔，通过钻孔注入压力水，使其渗入煤体内部，增加煤的水分，从而减少煤层开采过程煤尘的产生量。煤层注水的减尘作用主要有以下3个方面：1）煤体内的裂隙中存在着原生煤尘，水进入后，可将原生煤尘湿润并黏结，使其在破碎时失去飞扬能力，有效地消除产尘源。2）水进入煤体内部，并使之均匀湿润。当煤体在开采中受到破碎时，绝大多数破碎面均有水存在，消除了细粒煤尘的飞扬，预防了浮尘的产生。3）水进入煤体后使其塑性增强，脆性减弱，改变了煤的物理力学性质，当煤体因开采而破碎时，脆性破碎变为塑性变形，因而减少了煤尘的产生量。

（2）影响煤层注水效果的因素：

1）煤的裂隙和孔隙的发育程度。对于不同成因及煤岩种类的煤层来说，其裂隙和孔隙的发育程度不同，注水效果差异也较大。煤体的裂隙越发育越易注水，可采用低压注水。根据煤炭科学研究总院抚顺研究院建议：低压小于2943kPa，中压为2943~9810kPa，高压大于9810kPa。若煤体裂隙不够发育，则需采用高压注水才能取得预期效果，但是当出现一些较大裂隙时，注水易散失于远处或煤体之外，对预湿煤体也不利。

煤体的孔隙发育程度一般用孔隙率表示，它是指孔隙的总体积与煤的总体积的百分比。根据实测资料，当煤层的孔隙率小于4%时，煤层的透水性较差，注水无效果；孔隙率为15%时，煤层的透水性最高，注水效果最佳；而当孔隙率达40%时，煤层成为多孔均质体，天然水分丰富，无须注水，多属于褐煤。

2）上覆岩层压力及支承压力。地压的集中程度与煤层的埋藏深度有关，煤层埋藏越深，地层压力越大，而裂隙和孔隙变得更小，导致透水性能降低，因而随着矿井开采深度的增加，要取得良好的煤体湿润效果，需要提高注水压力。在长壁工作面的超前集中应力带以及其他大面积采空区附近的集中应力带，因承受的压力增高，其煤体的孔隙率与受采动影响的煤体相比要小60%~70%，减弱了煤的透水性。

3）液体性质的影响。煤是极性小的物质，水是极性大的物质，两者之间极性差越小，越易湿润。为了降低水的表面张力，减小水的极性，提高对煤的湿润效果，可以在水中添加表面活性剂。阳泉一矿在注水时加入0.5%浓度的洗衣粉，注水速度比原来提高24%。

4）煤层内的瓦斯压力。煤层内瓦斯压力是注水的附加阻力。水压克服瓦斯压力后才是注水的有效压力，因此，在瓦斯压力大的煤层中注水时，往往需要提高注水压力，以保证湿润效果。

5）注水参数的影响。煤层注水参数是指注水压力、注水速度、注水量和注水时间。注水量或煤的水分增量是煤层注水效果的标志，也是决定煤层注水除尘率高低的重要因素。通常，注水量或煤的水分增量变化为 50%～80%，注水量或煤的水分增量都与煤层的渗透性、注水压力、注水速度及注水时间有关。

（3）煤层注水方式。注水方式是指钻孔的位置、长度和方向。按国内外注水状况，有以下 4 种方式：

1）短孔注水。短孔注水是在采煤工作面垂直煤壁或与煤壁斜交打钻孔注水，注水孔长度一般为 2～3.5m。

2）深孔注水。深孔注水是在采煤工作面垂直煤壁打钻孔注水，孔长一般为 5～25m。

3）长孔注水。长孔注水是从采煤工作面的运输巷或回风巷，沿煤层倾斜方向平行于工作面打上向孔或下向孔注水，孔长 30～100m；当工作面长度超过 120m 而单向孔达不到设计深度或煤层倾角有变化时，可采用上向、下向钻孔，联合布置钻孔注水。

4）巷道钻孔注水。由上邻近煤层的巷道向下煤层打钻注水或由底板巷道向煤层打钻注水。在一个钻场可打多个垂直于煤层或扇形布置方式的钻孔。巷道钻孔注水采用小流量、长时间的注水方法，湿润效果良好；但是打岩石钻孔不经济，而且受条件限制，因此很少采用。

（4）注水系统。注水系统分为静压注水和动压注水系统。

利用管网将地面或上水平的水通过自然静压差导入钻孔的注水称为静压注水。静压注水采用橡胶管将每个钻孔中的注水管与供水管连接起来，其间安装有水表和截止阀，干管上安装压力表，然后通过供水管路与地表或上水平水源相连。静压注水系统如图 7-1 所示。

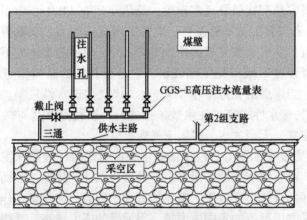

图 7-1 静压注水系统示意图

利用水泵或风泵加压将水压入钻孔的注水称为动压注水，水泵可以设在地面集中加压，也可以直接设在注水地点进行加压。

（5）注水参数。

1) 注水压力。注水压力的高低取决于煤层透水性的强弱和钻孔的注水速度。通常，透水性强的煤层采用小于3MPa的低压注水，透水性较弱的煤层采用3~10MPa的中压注水，必要时可采用大于10MPa的高压注水。如果水压过小，注水速度太低；水压过高，又可能导致煤岩裂隙猛烈扩散，造成大量蹿水或跑水。适宜的注水压力，是通过调节注水流量使其不超过地层压力而高于煤层的瓦斯压力。

国内外经验表明，低压或中压长时间注水效果好。在我国，静压注水大多属于低压，动压注水中压居多。对于初次注水的煤层，开始注水时，可对注水压力和注水速度进行测定，找出两者的关系，根据关系曲线选定合适的注水压力。

2) 注水速度。注水速度是指单位时间内的注水量。为了便于对各钻孔注水流量进行比较，通常以单位时间内每米钻孔的注水量来表示。注水速度是影响煤体湿润效果及决定注水时间的主要因素，在一定煤层条件下，钻孔的注水速度随钻孔长度、孔径和注水压力的不同而增减。

实践表明，有些煤层（如阳泉二矿）在注水压力不变的情况下，注水流量随时间延长发生不同程度的降低。为了增加注水流量，可适当提高注水压力，例如把原来的静压注水在短时间内改为动压注水，将煤层裂隙扩张一下，以增强煤层透水性，然后再恢复静压注水。

一般来说，小流量注水对煤层湿润效果最好，只要时间允许，就应采用小流量注水。静压注水速度一般为 $0.001 \sim 0.027 \mathrm{m}^3/(\mathrm{h} \cdot \mathrm{m})$，动压注水速度为 $0.002 \sim 0.24 \mathrm{m}^3/(\mathrm{h} \cdot \mathrm{m})$。若静压注水速度太低，可在注水前进行孔内爆破，提高钻孔的透水能力，然后再进行注水。

3) 注水量。注水量是影响煤体湿润程度和降尘效果的主要因素。它与工作面尺寸、煤厚、钻孔间距、煤的孔隙率及含水率等多种因素有关。确定注水量首先要确定吨煤注水量，各矿应根据煤层的具体特征综合考察。一般来说，中厚煤层的吨煤注水量为 $0.015 \sim 0.03 \mathrm{m}^3/\mathrm{t}$；厚煤层为 $0.025 \sim 0.04 \mathrm{m}^3/\mathrm{t}$。机采工作面及水量流失率大的煤层取上限值，炮采工作面及水量流失率小或产量较小的煤层取下限值。

4) 注水时间。每个钻孔的注水时间与钻孔注水量成正比，与注水速度成反比。在实际注水中，常把在预定的湿润范围内的煤壁出现均匀渗出水珠的现象，作为判断煤体是否全面湿润的辅助方法。均匀渗出水珠后或均匀渗出水珠后再过一段时间便可结束注水。

7.3.4.2 防止煤尘引燃的措施

防止煤尘引燃的措施与防止瓦斯引燃的措施大致相同，需要注意的是，瓦斯爆炸往往会引起煤尘爆炸。此外，煤尘在特别干燥的条件下可产生静电，放电时产生的电火花也能自身引爆。

7.3.4.3 隔绝煤尘爆炸的措施

防止煤尘爆炸的危害，除采取防尘措施外，还应采取降低爆炸威力、隔绝爆炸范围的措施。

（1）清除落尘。定期清除落尘、防止积尘煤尘参与爆炸可有效降低爆炸威力，使爆炸因得不到煤尘补充而逐渐熄灭。

（2）撒布岩粉。撒布岩粉是指定期在井下某些巷道中撒布惰性岩粉，增加沉积粉尘的灰分，抑制煤尘的传播。

一般惰性岩粉为石灰岩粉和泥岩粉。对惰性岩粉的要求如下：

1）可燃物含量不超过 5%，游离 SiO_2 含量不超过 10%。

2）不含有害有毒物质，吸湿性差。

3）粒度应全部通过 50 号筛孔（即粒径全部小于 0.3mm），其中至少有 70% 能通过 200 号筛孔（即粒径小于 0.075mm）。

撒布岩粉时要求把巷道的顶、帮底及背板后侧暴露处都用岩粉覆盖；岩粉的最低撒布量在做煤尘爆炸鉴定的同时确定，但煤尘和岩粉混合的煤尘，不燃物含量不得低于 80%；撒布岩粉的巷道长度不小于 300m，如果巷道长度小于 300m 时，全部巷道都应撒布岩粉。对巷道中的煤尘和岩粉的混合粉尘，每 3 个月至少应化验 1 次，如果可燃物含量超过规定含量时，应重新撒布。

（3）设置水棚。水棚包括水槽棚和水袋棚两种，设置应符合以下基本要求：

1）主要隔爆棚组应采用水槽棚，水袋棚只能作为辅助隔爆棚组。

2）水棚组应设置在巷道的直线段内，其用水量按巷道断面计算，主要隔爆棚组的用水量不小于 $400L/m^2$，辅助水棚组不小于 $200L/m^2$。

3）相邻水棚组中心距为 0.5~1.0m，主要水棚组总长度不小于 30m，辅助水棚组不小于 20m。

4）首列水棚组距工作面的距离，必须保持在 60~200m 范围内。

5）水槽或水袋距顶板、两帮距离不小于 0.1m，其底部距轨面不小于 1.8m。

6）水内如混入煤尘量超过 5% 时，应立即换水。

（4）设置岩粉棚。岩粉棚分轻型和重型两种。由安装在巷道中靠近顶板处的若干块岩粉台板组成，台板的间距稍微大于板宽，每块台板上放置一定数量的惰性岩粉，当发生煤尘爆炸时，火焰前的冲击波将台板震倒，岩粉弥漫于整个巷道中，火焰到达时，岩粉从燃烧的煤尘中吸收热量，使火焰传播速度迅速下降，直至熄灭。

岩粉棚的设置应遵守以下规定：

1）按巷道断面积计算，主要岩粉棚的岩粉量不得少于 $400kg/m^2$，辅助岩粉棚不得少于 $200kg/m^2$。

2）轻型岩粉棚的排间距 1.0~2.0m，重型为 1.2~3.0m。

3）岩粉棚的平台距侧帮立柱的空隙不小于 50mm，岩粉表面与顶梁的空隙不小于 100mm，岩粉板距轨面不小于 1.8m。

4）岩粉棚距可能发生煤尘爆炸的地点不得小于 60m，也不得大于 300m。

5）岩粉板与台板及支撑板之间严禁用钉固定，以利于煤尘爆炸时岩粉板有效地翻落。

6）岩粉棚上的岩粉每月至少检查和分析一次，当岩粉受潮变硬或可燃物含量超过 20% 水量时，应立即更换，岩粉量减少时应立即补充。

（5）设置自动隔爆棚。自动隔爆棚是利用各种传感器，将瞬间测量的煤尘爆炸时的各种物理参量迅速转换成电讯号，指令机构的演算器根据这些讯号准确计算出火焰传播速度，选择恰当时机发出动作讯号，让抑制装置强制喷洒固体或液体等消焰剂，从而可靠地扑灭爆炸火焰，阻止煤尘爆炸蔓延。目前许多国家正在研究自动隔爆装置，并在有限范围内试验应用。

7.4　矿山综合防尘

矿山综合防尘是指采用各种技术手段减少矿山粉尘的产生量、降低空气中的粉尘浓度，以防止粉尘对人体、矿山等产生危害的措施。

根据我国矿山几十年来积累的丰富的防尘经验，大体上将综合防尘技术措施分为通风除尘、湿式作业、密闭抽尘、净化风流、个体防护及一些特殊的除、降尘措施。

7.4.1　通风除尘

通风除尘是指通过风流的流动将井下作业地点的悬浮矿尘带出，降低作业场所的矿尘浓度，因此，搞好矿井通风工作能有效地稀释和及时地排出矿尘。

决定通风除尘效果的主要因素是风速及矿尘密度、粒度、形状及湿润程度等。风速过低，粗粒矿尘将与空气分离下沉，不易排出；风速过高，会将落尘扬起，增大矿内空气中的粉尘浓度。因此，通风除尘效果是随风速的增加而逐渐增加的，达到最佳效果后，如果再增大风速，效果又开始下降。排除井巷中的浮尘要有一定的风速。将能使呼吸性粉尘保持悬浮并随风流运动排出的最低风速称为最低排尘风速。同时，将能最大限度排除浮尘而又不致使落尘二次飞扬的风速称为最优排尘风速。一般来说，掘进工作面的最优风速为 $0.4 \sim 0.7 \mathrm{m/s}$，机械化采煤工作面为 $1.5 \sim 2.5 \mathrm{m/s}$。

《煤矿安全规程》规定的采掘工作面最高容许风速为 $4\mathrm{m/s}$，不仅考虑了工作面供风量的要求，同时也充分考虑到煤岩尘的二次飞扬问题。

7.4.2　湿式作业

湿式作业是利用水或其他液体，使之与尘粒相接触而捕集粉尘的方法。它是矿井综合防尘的主要技术措施之一，具有所需设备简单、使用方便、费用较低和除尘效果较好等优点。其缺点是增加了工作场所的湿度，恶化了工作环境，能影响煤矿产品的质量，除缺水和严寒地区外，一般煤矿应用较为广泛，我国煤矿较成熟的经验是采取以湿式凿岩为主，配合喷雾洒水、水封爆破和水炮泥以及煤层注水等防尘技术措施。

《煤矿安全规程》规定，"矿井必须采取综合防尘措施，并建立完善的防尘洒水管路系统"。防尘供水形式的确定取决于水源，现场一般采用利用井下水为水源的静压供水。利用井下水为水源的动压供水系统，采用井下专用排水设备将井底水仓的水直接送到井下各用水地点。

7.4.2.1　湿式凿岩、钻孔

该方法的实质是指在凿岩和打钻过程中，将压力水通过凿岩机、钻杆送入并充满孔底，以湿润、冲洗和排除产生的矿尘。

在煤矿生产环节中，井巷掘进产生的粉尘不仅量大，而且分散度高。据统计，煤矿尘肺病患者中95%以上发生于岩巷掘进工作面。煤巷和半煤岩巷的煤尘瓦斯燃烧、爆炸事故发生率也占较大比重。而掘进过程中的矿尘又主要来源于凿岩和钻孔作业。据实测，干式钻孔产尘量占掘进总产尘量的80%~85%，而湿式凿岩的除尘率可达90%以上，并能提高凿岩速度15%~25%。因此，湿式凿岩、钻孔能有效降低掘进工作面的产尘量。

7.4.2.2　洒水

洒水降尘是用水湿润沉积于煤堆、岩堆、巷道周壁、支架等处的矿尘。当矿尘被水湿润后，尘粒间会相互附着凝集成较大的颗粒，附着性增强，矿尘就不易飞起。在炮采、炮掘工作面爆破前后洒水，不仅有降尘作用，而且还能消除炮烟、缩短通风时间。煤矿井下可以采用人工洒水或喷雾器洒水。对于生产强度高、产尘量大的设备和地点，还可设自动洒水装置。

喷雾洒水是将压力水通过喷雾器，在旋转或冲击的作用下，使水流雾化成细微的水滴喷射至空气中，它的捕尘作用如下：

（1）在雾体作用范围内，高速流动的水滴与浮尘碰撞接触后，尘粒被湿润，在重力作用下下沉。

（2）高速流动的雾体将其周围的含尘空气吸引到雾体内湿润下沉。

（3）将已沉落的尘粒湿润黏结，使之不易飞扬。苏联的研究结果表明，在掘进机上采用低压洒水，降尘率为 43%~78%，采用高压喷雾时可达到 75%~95%；炮掘工作面采用低压洒水，降尘率为 51%，高压喷雾达 72%，对微细粉尘的抑制效果明显。

喷雾洒水的方式有以下几种。

（1）掘进机喷雾洒水。掘进机喷雾分为内喷雾和外喷雾两种。外喷雾多用于捕集空气中悬浮的矿尘，内喷雾是通过掘进机切割机构上的喷嘴向割落的煤岩处直接喷雾，在矿尘生成的瞬间将其抑制。较好的内外喷雾系统可使空气中含尘量减少 85%~95%。

掘进机的外喷雾采用高压喷雾时，高压喷嘴安装在掘进机截割臂上，启动高压泵的远程控制按钮和喷雾开关均安装在掘进机司机的操作台上。掘进机截割时，开动喷雾装置；掘进机停止工作时，关闭喷雾装置。喷雾水压控制在 10~15kPa 范围内，降尘效率可达 75%~95%。

（2）采煤机喷雾洒水。采煤机的喷雾系统分为内喷雾和外喷雾两种方式。采用内喷雾时，水由安装在截割滚筒上的喷嘴直接向截齿的切割点喷射，形成湿式截割；采用外喷雾时，水由安装在截割部的固定箱摇臂上或挡煤板上的喷嘴喷出，形成水雾覆盖尘源，从而使粉尘湿润沉降。喷嘴是决定降尘效果好坏的主要部件，喷嘴的形式有锥形、伞形、扇形、束形。一般来说，内喷雾多采用扇形喷嘴，也可采用其他形式；外喷雾多采用扇形和伞形喷嘴，也可采用锥形喷嘴。

（3）综放工作面喷雾洒水。综放工作面具有尘源多、产尘强度高、持续时间长等特点。因此，为了有效地降低产尘量，除了实施煤层注水和采用低位放顶煤支架外，还要对各产尘点进行广泛的喷雾洒水。

1）放煤口喷雾。一般放顶煤支架在放煤口都装备有控制放煤产尘的喷雾器，但由于喷嘴布置和喷雾形式不当，降尘效果不佳。为此，可改进放煤口喷雾器结构，布置为双向多喷头喷嘴，扩大降尘范围；选用新型喷嘴，改善雾化参数；有条件时，水中添加湿润剂，或在放煤口处设置半遮蔽式软质密封罩，控制煤尘扩散飞扬，提高水雾捕尘效果。

2）支架间喷雾。支架在降柱前移和升柱过程中会产生大量的粉尘，同时由于通风断面小、风速大，来自采空区的矿尘量大增，因此，采用喷雾降尘时，必须根据支架的架型和移架产尘的特点，合理确定喷嘴的布置方式和喷嘴型号。前喷雾点设有两个喷嘴，移架时可以对支架前半部空间的粉尘加以控制，同时还可以作为随机水幕；后喷雾点设有两个喷嘴，分别设于支架梁前连杆上，位于前连杆中部，控制支架后侧空间的粉尘。

3) 转载点喷雾。转载点降尘的有效方法是封闭加喷雾。通常在采煤工作面输送机与顺槽输送机连接处转载点加设半密封罩，罩内安装喷嘴，以消除飞扬的浮尘，降低进入采煤工作面的风流含尘量。

7.4.2.3 水炮泥和水封爆破

水炮泥就是将装水的塑料袋代替一部分炮泥，填于炮眼内，爆破时水袋破裂，水在高温高压下汽化，与尘粒凝结，达到降尘的目的。

采用水炮泥可比单纯用土炮泥时的矿尘浓度低 20%~50%，尤其是呼吸性粉尘含量有较大的减少。同时，水炮泥还能降低爆破产生的有害气体，缩短通风时间，能防止爆破引燃瓦斯。

水炮泥的塑料袋应难燃、无毒，有一定的强度。水袋封口是关键，装满水后，能将袋口自行封闭。水封爆破是将炮眼的炸药先用一小段炮泥填好，然后再给炮眼口填一小段炮泥，两段炮泥之间的空间插入细注水管注水，注满后抽出注水管，并将炮泥上的小孔堵塞。

7.4.3 净化风流

净化风流是使井巷中含尘的空气通过一定的设施或设备捕获矿尘的技术措施。目前，使用较多的是水幕和湿式除尘装置。

7.4.3.1 水幕净化风流

水幕是由敷设于巷道顶部或两帮的水管上间隔地安上数个喷雾器喷雾形成的。喷雾器的布置应以水幕布满巷道断面且尽可能靠近尘源为原则。净化水幕应安设在支护完好、壁面平整无断裂破碎的巷道段内。

一般安设位置如下：

(1) 矿井总入风流净化水幕，距井口 20~100m 巷道内。

(2) 采区入风流净化水幕，风流分叉口支流内侧 20~50m 巷道内。

(3) 采煤回风流净化水幕，距工作面回风口 10~20m 回风巷内。

(4) 掘进回风流净化水幕，距工作面 30~50m 巷道内。

(5) 巷道中产尘源净化水幕，尘源下风侧 5~10m 巷道内。

水幕的控制方式可根据巷道条件，选用光电式、触控式或各种机械传动的控制方式。选用的原则是既经济合理又安全可靠。

7.4.3.2 湿式除尘装置

除尘装置（或除尘器）是指把气流或空气中含有的固体粒子分离并捕集起来的装置，又称集尘器或捕尘器。根据是否利用水或其他液体，除尘装置可分为干式和湿式两大类。煤矿一般采用湿式除尘装置。

目前，我国常用的除尘器有 SCF 系列除尘风机、KGC 系列掘进机除尘器、TC 系列掘进机除尘器、MAD 系列风流净化器及奥地利 AM-50 型掘进机除尘设备、德国 SRM-330 掘进除尘设备等。

7.4.4　个体防护

个体防护是指通过佩戴各种防护面具以减少吸入人体粉尘的措施。因为井下各生产环节虽然采取了系列防尘措施，但仍会有少量微细矿尘悬浮于空气中，甚至个别地点不能达到卫生标准，因此，个体防护是防止矿尘对人体伤害的最后一道关卡。

个体防护的用具主要有防尘口罩、防尘风罩、防尘帽及防尘呼吸器等，其目的是使佩戴者能呼吸净化后的清洁空气而不影响正常工作。

（1）防尘口罩。矿井要求所有接触粉尘作业人员必须佩戴防尘口罩，对防尘口罩的基本要求是：阻尘率高、呼吸阻力和有害空间小、佩戴舒适、不妨碍视野。普通纱布口罩阻尘率低、呼吸阻力大，潮湿后有不舒适的感觉，应避免使用。

（2）AFM-1 型防尘安全头盔。煤炭科学研究总院重庆分院研制出的 AFM-1 型防尘安全头盔或称送风头盔与 LKS-7.5 型两用矿灯匹配。在该头盔间隔中，安装有微型轴流风机、主过滤器、预过滤器，面罩可自由开启，由透明有机玻璃制成，送风头盔进入工作状态时，环境含尘空气被微型风机吸入，预过滤器可截留 80%~90% 的粉尘，主过滤器可截留 99% 以上的粉尘。经主过滤器排出的清洁空气，一部分供呼吸，剩余气流带走使用者头部散发的部分热量，由出口排出。

其优点是与安全帽一体化，减少佩戴口罩的憋气感。AFM-I 型送风头盔的技术特征：LKS-7.5 型矿灯电源可供照明 11h，同时供微型风机连续工作 6h 以上，阻尘率大于 95%；净化风量大于 200L/min；耳边噪声小于 75dB(A)；安全帽（头盔）、面罩具有一定的抗冲击性。

（3）AYH 系列压风呼吸器。AYH 系列压风呼吸器是一种隔绝式的新型个人和集体呼吸防尘装置。矿井压缩空气在经离心脱去油雾、活性炭吸附等净化过程中，经减压阀同时向多人均衡配气供呼吸。目前生产的有 AYH-1 型、AYH-2 型和 AYH-3 型 3 种型号。

个体防护不可以也不能完全代替其他防尘技术措施。防尘是首位的，鉴于目前绝大部分矿井尚未达到国家规定的卫生标准的情况，采取一定的个体防护措施是非常必要的。

复习思考题

7-1　粉尘爆炸的条件及过程是什么？

7-2　影响粉尘爆炸的因素有哪些？

7-3　何为综合防尘？

8 矿 山 救 护

8.1 矿山救护队

矿山救护队是处理矿井火、瓦斯、煤尘、水、顶板等各种灾害事故的专业队伍，是职业性、技术性组织。矿山救护队员是煤矿井下一线特种作业人员。实践证明，矿山救护队在预防和处理矿山灾害事故中发挥了重要作用。

8.1.1 矿山救护队组织及工作性质

8.1.1.1 矿山救护队的组织及职责

（1）对矿山救护大队、中队、小队组织结构的规定：

1）大队不少于2个中队，并设有技术科、战训科、后勤科等职能科室。

2）中队不少于3个小队，并有相应的技术组、后勤组（包括司机、充填修理工等）。

3）小队不少于9名队员。

（2）对救护大队抢险救灾责任范围和功能的规定：

1）是本矿区的救护指挥中心，当本矿区井下发生事故时，协调指挥各中队联合作战。

2）是本矿区救护队指战员的演习训练和培训中心，负责组织各中队的比武、联合演习训练、抽查、达标验收、业务竞赛等活动。负责本区域救护队指战员的初培、复训和新技术、新装备推广专项培训工作。

（3）对矿山救护中队每天值班小队数目的规定。救护中队每天应有2个小队分别担负值班、待机任务，以保证发生火灾、爆炸、突出等重大事故时按《煤矿安全规程》规定的小队数目出动和救灾时设立待机队，保证安全救灾。

（4）为进一步加强矿井救灾能力，提高员工防灾抗灾能力，煤矿企业可根据本企业情况建立适当规模的辅助救护队，即非专职救护队，但辅助救护队每年必须接受不少于2个月的正规培训和训练，其装备必须由职业救护队员按规定进行检查等维护保养。

（5）独立值班中队应由3个小队组成，如每天保证有两个小队值班，则大量占用指战员的休息时间，故独立值班中队应由3个以上小队组成。

（6）小队不少于9人是指在队值班人员，而非小队在册人员，故必须保证队员休假期、老队员更新时期、指战员培训、复训、井下经常性的烧焊监护、井下急救站值班、替班等情况下有足够的值班人员问题。

8.1.1.2 救护队工作性质

矿山救护队的职业性在于：救护指战员要以抢险救灾为中心任务，必须时刻保持高度警惕。严格管理、严格训练，熟悉矿井巷道路线，检查消除隐患，并有不少于6人的小队执行昼夜值班，接到事故通知后要在 1min 内出动（不需乘车时出动时不超过 2min）。

矿山救护队的技术性在于：为了完成抢险救灾工作，每个矿山救护队指战员必须熟悉矿井采掘、通风、机电、急救和处理矿井各种灾害事故以及安全法规等方面的技术业务知识；了解各种救护装备的性能、构造和维护保养，并能熟练操作和排除故障；掌握在处理矿井灾害过程中需要救护队进行的各种技术操作等。

矿山救护人员的工作是非常繁重和艰苦的，也是非常光荣的。他们对煤矿安全生产负有重要责任。

特种作业人员是指因本岗位工作特殊，操作复杂，不是普通工人能够胜任的操作人员。

矿山救护工作是煤矿安全工作的最后一道防线，矿山救护队执行抢险救灾任务是以小队为单位工作的。这就要求每个参加抢救工作的救护队员都必须严格按照规定的程序动作，服从命令、听从指挥，只有这样，才能保证安全地完成救灾任务。否则，每一个救护队员的微小失误都会使救护小队贻误战机，可能造成抢险救灾工作的失败。

8.1.1.3 矿山救护队资质

矿山救护队的资质根据其具备的矿山应急救援活动综合能力，包括队伍编制、人员构成与素质、技术装备、技术水平、管理水平、救援能力、标准化等要素分为五个级别。

（1）一级矿山救护队应具有独立承担矿山特大以上事故的抢救与处置的能力。可以在全国范围内从事矿山及相关行业生产安全事故的应急救援工作。

（2）二级矿山救护队应具有独立承担矿山特大事故的抢救与处置的能力。可以在本省区从事矿山及相关行业生产安全事故的应急救援工作。

（3）三级矿山救护队应具有独立承担矿山重大事故和联合处理矿山特大事故抢救与处理的能力。可以在本地区从事矿山及相关行业生产安全事故的应急救援工作。

（4）四级矿山救护队应具有独立承担矿山重大事故和联合处理矿山特大事故抢救与处理的能力。可以在本县（矿区）从事矿山及相关行业生产安全事故的应急救援工作。

（5）五级矿山救护队应具有独立承担矿山一般事故和联合处理矿山重大事故抢救与处理的能力。可以在本企业从事矿山救护工作。

未取得矿山救护队资质认证的不得擅自从事矿山救护活动。矿山救护队的资质认证工作和证书的获得必须依照《矿山救护队资质认定办法》的规定取得。

8.1.2 救护成员任职资格

8.1.2.1 救护队长任职资格及职责

A 矿山救护队大、中队长资格

（1）应该具有 5 年以上从事煤矿生产、安全、技术管理工作资历。因为煤矿井下环境恶劣，条件艰苦，5 年以上的煤矿工作经历，可对煤矿企业的工作环境和工作任务有一个较全面的了解和认识。

（2）应该具有 3 年以上从事矿山救护工作的资历。当发生灾变事故后，遭到破坏的灾区现场更加危险。3 年以上的矿山救护工作经历，可对矿山救护队的工作性质、任务和环境有一个较全面的了解和清醒的认识。

（3）具备以上两条资历的救护大、中队长，基本掌握矿山救护队的行动原则、抢险救灾程序等方面的救灾技术。只有这样，才能履行好矿山救护大、中队长的职责。在处理矿井灾变事故时，能够准确地判断灾情，果断地调度指挥，制定合理、安全的救灾方案。

B 救护大队长处理事故职责

（1）及时随队出发到事故矿井，负责指挥各中队的矿山救护工作。

（2）在事故矿井，是负责矿山救护队工作的领导人，必要时亲自带领救护队下井进行矿山救护工作。

（3）参加抢救指挥部的工作，参与制定事故处理方案，并组织制定矿山救护队的行动计划和安全技术措施。

（4）掌握矿山救护工作进度，合理组织和调动战斗力量，保证救护任务的完成。

（5）与指挥部总指挥研究变更事故处理方案。

C 救护中队长处理事故职责

（1）接到命令后，立即带领指战员奔赴事故矿井，担负中队作战工作的领导责任。

（2）到达事故矿井后，命令各小队做好下井准备，同时了解事故情况，向抢救指挥部领取救护任务，制定中队行动计划并向小队传达任务。

（3）当事故矿井领导人不在时，可根据矿井灾害预防和处理计划及事故实际情况立即开展救护工作。

（4）向小队长布置任务时，要讲明完成任务的方法、时间，应补充的装备、工具和救护时的注意事项等。

（5）在整个救护工作过程中，与工作小队保持经常联系，掌握工作进程，向工作小队及时供应装备和物资。

8.1.2.2 矿山救护队人员年龄及身体

（1）对矿山救护大队、中队指挥员年龄上限的规定。大队指挥员年龄不应超过55岁，中队指挥员年龄不应超过45岁。

（2）对矿山救护队员年龄和年龄比例的规定。矿山救护队员的年龄不应超过40岁，35岁以下的队员应保持在2/3以上。

（3）对救护队全体指战员身体素质检查周期的规定。矿山救护队指战员每年应到医院检查身体1次。

（4）对检查身体不合格、超龄的人员调整的规定。救护队工作性质决定了救护指战员的年龄、身体条件应适合救护工作的需要。但是，对救护指战员身体必须健康的要求应该是刚性的，而对救护指战员的年龄上限应保持弹性。随着社会的进步和人们健康水平的提高，极少数超龄指战员仍能胜任本岗位工作，故应允许保留少数能发挥特殊作用、身体健康、有技术专长及丰富经验的超龄人员。有下列疾病之一者，严禁从事矿山救护工作。

1）有传染性疾病者。

2）色盲、近视（1.0以下）及耳聋者。

3）心血管系统有疾病者。

4）高血压、低血压、眩晕症者。

5）脉搏不正常者。

6）呼吸系统有疾病者。

7）强度神经衰弱者。

8）尿内有异常成分者。

9）经医生检查认为不适合者。

10）经实际考核身体不适应救护工作者。

8.1.2.3 新招队员文化及培训要求

救护队工作性质决定救护队招收新队员应符合年龄 25 周岁以下、初中文化程度、1 年以上井下工作年限的要求。新队员经过 3 个月的基础培训后成为正式救护队员前要进行 3 个月的编队实习。经过 3 个月的基础知识培训后考试合格说明掌握了一定的安全和救护理论知识，经过 3 个月的编队实习合格可以达到掌握一定的救护工作技能的要求。因为救护工作专业技术性较强，必须在实践中体会、掌握仪器的性能、使用方法和技巧，熟悉救护队的工作方法和程序、指战员之间的相互了解和配合。通过培训学习和编队实习，再经过综合考评合格后，才能成为正式的矿山救护队员，才能够参加矿井灾害事故的抢救工作。

8.2 矿山救护装备

《煤矿安全规程》对矿山救护队及人员最低技术装备做了如下规定：

（1）对大、中队和个人的最低技术装备配备要求的规定。规定中增加了科技含量较高的新装备，如信息、通信装备，正压呼吸器等。

（2）对矿山救护队的救护装备、器材、防护用品和安全检测仪器、仪表，必须符合国家标准或行业标准的规定。实验或不成熟的产品、没有合格证的产品不得投入矿山救护队的值班装备。

（3）矿山救护队的战备值班和抢险救灾工作，都是以小队为单位。上级部门组织检查、比武和达标验收时，都是按事故性质检查出动小队应配置的装备。矿山救护队及其指战员的最低技术装备标准应符合表 8-1、表 8-2、表 8-3 的规定。

表 8-1 矿山救护大队最低技术装备标准

类别	装备名称	要 求	单位	数量	备注
车辆	装备车		辆	2	面包车
	化验车	能安设和操作化验设备 120km/h	辆	1	
	指挥车		辆	2~3	
通信	录音电话		部	2	
	灾区移动电话		套	1	
	移动电话		部	5	每人 1 部
设备	惰气灭火装置		套	1	
	高倍数泡沫灭火机	500m³/min BGP400 型	套	1~2	
	惰泡发射机		套	1	
	高扬程灭火泵		台	2	
仪器	气体分析仪		套	1	
	便携式爆炸三角形测定仪		台	1	

类别	装备名称	要　求	单位	数量	备注
信息	计算机		台	1	
	传真机		台	1	
	复印机		台	1	
	摄像机		台	1	
	录像机		台	1	

表 8-2　矿山救护中队最低技术装备标准

类别	装备名称	要　求	单位	数量	备注
车辆	矿山救护车	100km/h 120km/h	辆	2~3	
	指挥车		辆	1	
	装备车		辆	1	
通信	程控电话		部	1	
	灾区电话		套	4	
	移动电话		部	4	每人1部
仪器	呼吸器		台	9	4h，正压氧 2h，正压氧
	自动苏生器		台	6	
	红外线测温仪		台	2	
	氧气呼吸器校验仪		台	6	
装备	氧气充填泵		台	2	
	高倍数泡沫灭火机		台	1	
	防爆工具	BGP400 型或 BGP200 型	套	5	
	液压起道器		台	5	
	工业冰箱		台	1	

表 8-3　矿山救护队员个人最低技术装备标准

装备名称	要　求	单　位	数量
4h 呼吸器	推广使用正压呼吸器	台	1
自救器	压缩氧	台	1
企业消防服装	按公安消防服装标准执行	套/年	1
战斗服	带反光标志	套/年	1
劳动保护用品	按规定执行	套	1

8.3 矿工自救

大量事实证明，当矿井发生灾害事故后，矿工在万分危急的情况下，依靠自己的智慧和力量，积极、正确地采取救灾、自救、互救和避灾措施，是最大限度地减少事故损失的重要环节。

8.3.1 发生事故时灾场人员的行动原则

不同事故采取不同的行动原则。

（1）积极抢救。当发生火灾事故初期，波及范围和危害程度都比较小，这是处理事故、减少损失的最有利时机。在保证自身安全的前提下，现场人员要尽可能召集附近人员，利用现有的设备和工具材料将其消除在萌芽阶段。

在抢救时，必须保持统一的指挥和严密的组织，严禁冒险蛮干和惊慌失措，严禁各行其是和单独行动；要采取防止灾区条件恶化和保障救灾人员安全的措施，特别要提高警惕，避免中毒、窒息、爆炸、触电、二次突出、顶帮二次垮落等再生事故的发生。

（2）及时报告灾情。发生灾变事故后，若不能就地及时或无力消除事故，事故地点附近的人员则应尽量了解或判断事故性质、地点和灾害程度，并迅速利用最近处的电话或其他方式向矿调度室汇报，迅速向事故可能波及的区域发出警报，使其他工作人员尽快知道灾情。在汇报灾情时，要将看到的异常现象（火烟、飞尘等）、听到的异常声响、感觉到的异常冲击如实汇报，不能凭主观想象判定事故性质，以免给领导造成错觉，影响救灾。

（3）安全撤离。当受灾现场不具备事故抢救的条件，或可能危及人员的安全时，由在场负责人员或有经验的老工人带领，根据矿井灾害预防和处理计划中规定的撤退路线和当时当地的实际情况，尽量选择安全条件最好、距离最短的路线，迅速撤离危险区域，到安全地方。如井下发生透水事故时，应避开水头冲击，然后撤退到上部水平，不要进入透水地点附近的平巷或下山独头巷道中；当独头上山下部唯一出口被淹没无法撤退时，可在独头上山迎头暂避待救；独头上山水位上升到一定位置后，上山上部能因空气压缩增压而保持一定的空间。若是采空区或老窑涌水，要防止有害气体中毒或窒息。

灾区人员撤出路线选择得正确与否决定了自救的成败。

在撤退时，要服从领导、听从指挥，根据灾情使用防护用品和器具；遇有溜煤眼、积水区、垮落区等危险地段，应探明情况，谨慎通过。

（4）妥善避灾。如无法撤退（通路被冒顶阻塞、在自救器有效工作时间内不能达到安全地点等）时，应迅速进入预先筑好的或就近快速建筑的临时避难硐室，妥善避灾，等待矿山救护队的救援，切忌盲动。

事故现场实例表明，遇险人员在采取合适的自救措施后，是能够坚持较长时间而获救的。例如，1983年1月23日某煤矿掘进巷道发生火灾后，除3名工人及时冲出火源脱离危险外，还有23名工人被堵在灾区里面。他们迅速撤退到平巷迎头，并用竹笆、风筒很快建造了一道临时密闭，又在这个密闭内8m处，用溜槽、工作服、竹笆、风筒等建造了更严密的第二道临时密闭。然后，派一个人在密闭附近监视，其他人员躺下休息。5h后，由救护队救出。相反，如果自救措施不当，则可能造成死亡。例如，1961年某矿井下配电室发生火灾，53 名遇险人员中有 45 人所处的地点、环境相似，但是在事故发生 18h 后，只有 18 人还活着，现场勘察和被救人员表明：1）凡避难位置较高的均死亡，位置较低的绝大部分人保住了生命。2）俯卧在底板上并用沾水毛巾堵住的人保住了生命；与此相反，特别是迎着烟雾方向的人均死亡。3）事故发生后，恐慌乱跑，大哭大叫的人大部分死亡。

8.3.2 矿工自救设施与设备

8.3.2.1 避难硐室

避难硐室是供矿工遇到事故无法撤退而躲避待救的一种设施。避难硐室有两种：一是预先设在采区工作地点安全出口路线上的避难硐室，也称永久避难硐室；二是事故发生后因地制宜构筑的临时避难硐室。《"煤矿安全规程"执行说明》对永久避难硐室的要求是：设在采掘工作面附近和发爆器启动地点，距采掘工作面的距离应根据具体条件确定；室内净高不得小于 2m，长度和宽度应根据同时避难的最多人数确定，每人占用面积不得小于 $0.5m^2$；室内支护必须良好，并设有与矿井调度室直通的电话；室内必须设有供给空气的设施，每人供风量不少于 $0.3m^3/min$；室内应配备足够数量的隔离式自救器；避难硐室在使用时必须用正压通风。临时避难硐室是利用独头巷道、硐室或两道风门间的巷道，由避难人员临时修建的。为此应事先在这些地点备好所需的木板、木桩、黏土、沙子和砖等材料，在有压气条件下还应装有带阀门的压气管。当无上述材料时，避难人员可用衣服和身边现有的材料临时构筑，以减少有害气体侵入。

进入避难硐室时，应在硐室外留有衣物、矿灯等明显标志，以便救护队寻找。避难时应保持安静，避免不必要的体力和空气消耗。室内只留有一盏矿灯照明，其余矿灯关闭，以备再次撤退时使用。在硐室内可间接敲打铁器、岩石等，发出呼救信号。

8.3.2.2 压风自救装置

压风自救装置利用矿井已装备的压风系统，由管路、自救装置、防护罩三部分组成。目前美国、英国、日本等国已在煤矿普遍使用。1987 年煤炭科学研究总院重庆分院研制了适合我国煤矿的压风自救装置系统，并在江西省英岗岭煤矿试用，效果良好。20 世纪 90 年代以后，我国不少矿井使用了压风自救系统。在井下使用的压风自救装置系统应安装在硐室、有人工作场所附近、人员流动的井巷等地点。当井下出现煤与瓦斯突出预兆或突出时，避难人员应立即去自救装置处，解开防护袋，打开通气开关，迅速钻进防护袋内。压气管路中的压缩空气经减压阀节流减压后充满防护袋，对袋外空气形成正压力，使其不能进入袋内，从而保护避难人员不受有害气体的侵害。防护袋是用特制塑料经热合形成，具有阻燃和抗静电性能。每组压风自救装置上安多少个头，应视工作场所的人数而定。矿井压风自救及供水装置如图 8-1 所示。

8.3.2.3 自救器

自救器是一种体积小、携带轻便，但作用时间短的供矿工个人使用的呼吸保护器。主要用途是当煤矿井下发生事故时，矿工佩戴它可以通过充满有害气体的井巷，迅速离开灾区。因此，《煤矿安全规程》规定："入井人员必须随身携带自救器。"

自救器分为过滤式和隔离式两类，隔离式自救器又有化学氧和压缩氧两种。我国生产有 AZL-40 型、AZL-60 型、MZ-3 型和 MZ-4 型等过滤式自救器，AZH-40 型化学氧自救器，

图 8-1　矿井压风自救及供水装置

AYG-45 型和 AYG-60 型压缩氧自救器。例如 AZL-60 型过滤式自救器，是主要用于矿井发生火灾或爆炸时防止 CO 中毒的呼吸保护装置，它适用于周围空气中 O_2 浓度不低于 18% 的条件。当 CO 浓度小于 1.5%、环境温度在 50℃ 以下时，使用时间可达 60min。自救器的滤罐密闭在外壳内，外壳由上下壳体、密封圈、封口带、开启扳手、腰带挂环、封印条和号码牌等组成，密封后可以长期携带（3 年）或存放（5年）。过滤式自救器如图 8-2 所示。

矿山重大事故应急救援是国内外广泛关注的一项防灾、减灾工作，既涉及通风安全基础理论和应用技术，也涉及设计、计划和管理等部门。针对我国矿山重大事故频繁发生的严峻形势，为改善和提高企业和个人应对矿山灾害的紧急处

图 8-2　过滤式自救器

理和管理的能力，必须掌握矿山重大事故应急救援系统的构成、应急预案的编制原则、矿山应急救援行动及救援仪器装备。

复习思考题

8-1　叙述发生事故时灾场人员的行动原则。

8-2　矿工永久避难硐室的基本要求有哪些？

8-3　简述化学氧自救器和压缩氧自救器的优缺点。

煤矿安全生产事故预防及处理

9.1　煤矿安全生产事故预防和处理计划

为了及时发现并排除煤矿安全生产隐患，落实煤矿安全生产责任，预防煤矿生产安全事故发生，保障职工的生命安全和煤矿安全生产，2005 年 8 月 31 日国务院第 104 次常务会议通过了《国务院关于预防煤矿生产安全事故的特别规定》。该规定明确了煤矿企业是预防煤矿生产安全事故的责任主体，煤矿企业负责人对预防煤矿生产安全事故负主要责任，国务院有关部门和地方各级人民政府应当建立并落实预防煤矿生产安全事故的责任制，监督检查煤矿企业预防煤矿生产安全事故的情况，及时解决煤矿生产安全事故预防工作中的重大问题。

9.1.1　国务院关于预防煤矿生产安全事故的特别规定

（1）煤矿企业是预防煤矿生产安全事故的责任主体。煤矿企业负责人（包括一些煤矿企业的实际控制人，下同）对预防煤矿生产安全事故负主要责任。

（2）国务院有关部门和地方各级人民政府应当建立并落实预防煤矿生产安全事故的责任制，监督检查煤矿企业预防煤矿生产安全事故的情况，及时解决煤矿生产安全事故预防工作中的重大问题。

（3）县级以上地方人民政府负责煤矿安全生产监督管理的部门、国家煤矿安全监察机构设在省、自治区、直辖市的煤矿安全监察机构（以下简称煤矿安全监察机构），对所辖区域的煤矿重大安全生产隐患和违法行为负有检查和依法查处的职责。

县级以上地方人民政府负责煤矿安全生产监督管理的部门、煤矿安全监察机构不依法履行职责，不及时查处所辖区域的煤矿重大安全生产隐患和违法行为的，对直接责任人和主要负责人，根据情节轻重，给予记过、记大过、降级、撤职或者开除的行政处分；构成犯罪的，依法追究刑事责任。

（4）煤矿未依法取得采矿许可证、安全生产许可证、煤炭生产许可证、营业执照和矿长未依法取得矿长资格证、矿长安全资格证的，煤矿不得从事生产。擅自从事生产的，属非法煤矿。

负责颁发前款规定证照的部门，一经发现煤矿无证照或者证照不全从事生产的，应当责令该煤矿立即停止生产，没收违法所得和开采出的煤炭以及采掘设备，并处违法所得 1 倍以上 5 倍以下的罚款；构成犯罪的，依法追究刑事责任；同时于 2 日内提请当地县级以上地方人民政府予以关闭，并可以向上一级地方人民政府报告。

（5）负责颁发采矿许可证、安全生产许可证、煤炭生产许可证、营业执照和矿长资格证、矿长安全资格证的部门，向不符合法定条件的煤矿或者矿长颁发有关证照的，对直接责任人，根据情节轻重，给予降级、撤职或者开除的行政处分；对主要负责人，根据情节轻重，给予记大过、降级、撤职或者开除的行政处分；构成犯罪的，依法追究刑事责任。

前款规定颁发证照的部门，应当加强对取得证照煤矿的日常监督管理，促使煤矿持续符合取得证照应当具备的条件。不依法履行日常监督管理职责的，对主要负责人，根据情节轻重，给予记过、记大过、降级、撤职或者开除的行政处分；构成犯罪的，依法追究刑事责任。

（6）在乡、镇人民政府所辖区域内发现有非法煤矿并且没有采取有效制止措施的，对乡、镇人民政府的主要负责人以及负有责任的相关负责人，根据情节轻重，给予降级、撤职或者开除的行政处分；在县级人民政府所辖区域内1个月内发现有2处或者2处以上非法煤矿并且没有采取有效制止措施的，对县级人民政府的主要负责人以及负有责任的相关负责人，根据情节轻重，给予降级、撤职或者开除的行政处分；构成犯罪的，依法追究刑事责任。

其他有关机关和部门对存在非法煤矿负有责任的，对主要负责人，属于行政机关工作人员的，根据情节轻重，给予记过、记大过、降级或者撤职的行政处分；不属于行政机关工作人员的，建议有关机关和部门给予相应的处分。

（7）煤矿的通风、防瓦斯、防水、防火、防煤尘、防冒顶等安全设备、设施和条件应当符合国家标准、行业标准，并有防范生产安全事故发生的措施和完善的应急处理预案。

煤矿有下列重大安全生产隐患和行为的，应当立即停止生产，排除隐患：

1）超能力、超强度或者超定员组织生产的。

2）瓦斯超限作业的。

3）煤与瓦斯突出矿井，未依照规定实施防突出措施的。

4）高瓦斯矿井未建立瓦斯抽放系统和监控系统，或者瓦斯监控系统不能正常运行的。

5）通风系统不完善、不可靠的。

6）有严重水患，未采取有效措施的。

7）超层越界开采的。

8）有冲击地压危险，未采取有效措施的。

9）自然发火严重，未采取有效措施的。

10）使用明令禁止使用或者淘汰的设备、工艺的。

11）年产6万吨以上的煤矿没有双回路供电系统的。

12）新建煤矿边建设边生产，煤矿改扩建期间，在改扩建的区域生产，或者在其他区域的生产超出安全设计规定的范围和规模的。

13）煤矿实行整体承包生产经营后，未重新取得安全生产许可证和煤炭生产许可证，从事生产的，或者承包方再次转包的，以及煤矿将井下采掘工作面和井巷维修作业进行劳务承包的。

14）煤矿改制期间，未明确安全生产责任人和安全管理机构的，或者在完成改制后，未重新取得或者变更采矿许可证、安全生产许可证、煤炭生产许可证和营业执照的。

15）有其他重大安全生产隐患的。

（8）煤矿企业应当建立健全安全生产隐患排查、治理和报告制度。煤矿企业应当对本规定第七条第二款所列情形定期组织排查，并将排查情况每季度向县级以上地方人民政府负责煤矿安全生产监督管理的部门、煤矿安全监察机构写出书面报告。报告应当经煤矿企业负责人签字。

煤矿企业未依照前款规定排查和报告的，由县级以上地方人民政府负责煤矿安全生产监督管理的部门或者煤矿安全监察机构责令限期改正；逾期未改正的，责令停产整顿，并对煤矿企业负责人处3万元以上15万元以下的罚款。

（9）煤矿有本规定第八条第二款所列情形之一，仍然进行生产的，由县级以上地方人民政府负责煤矿安全生产监督管理的部门或者煤矿安全监察机构责令停产整顿，提出整顿的内容、时间等具体要求，处50万元以上200万元以下的罚款；对煤矿企业负责人处3万元以上15万元以下的罚款。

对3个月内2次或者2次以上发现有重大安全生产隐患，仍然进行生产的煤矿，县级以上地方人民政府负责煤矿安全生产监督管理的部门、煤矿安全监察机构应当提请有关地方人民政府关闭该煤矿，并由颁发证照的部门立即吊销矿长资格证和矿长安全资格证，该煤矿的法定代表人和矿长5年内不得再担任任何煤矿的法定代表人或者矿长。

（10）对被责令停产整顿的煤矿，颁发证照的部门应当暂扣采矿许可证、安全生产许可证、煤炭生产许可证、营业执照和矿长资格证、矿长安全资格证。

被责令停产整顿的煤矿应当制定整改方案，落实整改措施和安全技术规定；整改结束后要求恢复生产的，应当由县级以上地方人民政府负责煤矿安全生产监督管理的部门自收到恢复生产申请之日起60日内组织验收完毕；验收合格的，经组织验收的地方人民政府负责煤矿安全生产监督管理的部门的主要负责人签字，并经有关煤矿安全监察机构审核同意，报请有关地方人民政府主要负责人签字批准，颁发证照的部门发还证照，煤矿方可恢复生产；验收不合格的，由有关地方人民政府予以关闭。

被责令停产整顿的煤矿擅自从事生产的，县级以上地方人民政府负责煤矿安全生产监督管理的部门、煤矿安全监察机构应当提请有关地方人民政府予以关闭，没收违法所得，并处违法所得1倍以上5倍以下的罚款；构成犯罪的，依法追究刑事责任。

（11）对被责令停产整顿的煤矿，在停产整顿期间，由有关地方人民政府采取有效措施进行监督检查。因监督检查不力，煤矿在停产整顿期间继续生产的，对直接责任人，根据情节轻重，给予降级、撤职或者开除的行政处分；对有关负责人，根据情节轻重，给予记大过、降级、撤职或者开除的行政处分；构成犯罪的，依法追究刑事责任。

（12）对提请关闭的煤矿，县级以上地方人民政府负责煤矿安全生产监督管理的部门或者煤矿安全监察机构应当责令立即停止生产；有关地方人民政府应当在7日内做出关闭或者不予关闭的决定，并由其主要负责人签字存档。对决定关闭的，有关地方人民政府应当立即组织实施。

关闭煤矿应当达到下列要求：

1）吊销相关证照。

2）停止供应并处理火工用品。

3）停止供电，拆除矿井生产设备、供电、通信线路。

4）封闭、填实矿井井筒，平整井口场地，恢复地貌。

5）妥善遣散从业人员。

关闭煤矿未达到前款规定要求的，对组织实施关闭的地方人民政府及其有关部门的负责人和直接责任人给予记过、记大过、降级、撤职或者开除的行政处分；构成犯罪的，依法追究刑事责任。

依照本条第一款规定决定关闭的煤矿，仍有开采价值的，经依法批准可以进行拍卖。

关闭的煤矿擅自恢复生产的，依照本规定第五条第二款规定予以处罚；构成犯罪的，依法追究刑事责任。

(13) 县级以上地方人民政府负责煤矿安全生产监督管理的部门或者煤矿安全监察机构，发现煤矿有本规定第八条第二款所列情形之一的，应当将情况报送有关地方人民政府。

(14) 煤矿存在瓦斯突出、自然发火、冲击地压、水害威胁等重大安全生产隐患，该煤矿在现有技术条件下难以有效防治的，县级以上地方人民政府负责煤矿安全生产监督管理的部门、煤矿安全监察机构应当责令其立即停止生产，并提请有关地方人民政府组织专家进行论证。专家论证应当客观、公正、科学。有关地方人民政府应当根据论证结论，做出是否关闭煤矿的决定，并组织实施。

(15) 煤矿企业应当依照国家有关规定对井下作业人员进行安全生产教育和培训，保证井下作业人员具有必要的安全生产知识，熟悉有关安全生产规章制度和安全操作规程，掌握本岗位的安全操作技能，并建立培训档案。未进行安全生产教育和培训或者经教育和培训不合格的人员不得下井作业。

县级以上地方人民政府负责煤矿安全生产监督管理的部门应当对煤矿井下作业人员的安全生产教育和培训情况进行监督检查；煤矿安全监察机构应当对煤矿特种作业人员持证上岗情况进行监督检查。发现煤矿企业未依照国家有关规定对井下作业人员进行安全生产教育和培训或者特种作业人员无证上岗的，应当责令限期改正，处10万元以上50万元以下的罚款；逾期未改正的，责令停产整顿。

县级以上地方人民政府负责煤矿安全生产监督管理的部门、煤矿安全监察机构未履行前款规定的监督检查职责的，对主要负责人，根据情节轻重，给予警告、记过或者记大过的行政处分。

(16) 县级以上地方人民政府负责煤矿安全生产监督管理的部门、煤矿安全监察机构在监督检查中，1个月内3次或者3次以上发现煤矿企业未依照国家有关规定对井下作业人员进行安全生产教育和培训或者特种作业人员无证上岗的，应当提请有关地方人民政府对该煤矿予以关闭。

(17) 煤矿拒不执行县级以上地方人民政府负责煤矿安全生产监督管理的部门或者煤矿安全监察机构依法下达的执法指令的，由颁发证照的部门吊销矿长资格证和矿长安全资格证；构成违反治安管理行为的，由公安机关依照治安管理的法律、行政法规的规定处罚；构成犯罪的，依法追究刑事责任。

(18) 县级以上地方人民政府负责煤矿安全生产监督管理的部门、煤矿安全监察机构对被责令停产整顿或者关闭的煤矿，应当自煤矿被责令停产整顿或者关闭之日起3日内在当地主要媒体公告。

被责令停产整顿的煤矿经验收合格恢复生产的，县级以上地方人民政府负责煤矿安全生产监督管理的部门、煤矿安全监察机构应当自煤矿验收合格恢复生产之日起3日内在同一媒体公告。

县级以上地方人民政府负责煤矿安全生产监督管理的部门、煤矿安全监察机构未依照本条第一款、第二款规定进行公告的，对有关负责人，根据情节轻重，给予警告、记过、记大过或者降级的行政处分。

公告所需费用由同级财政列支。

（19）国家机关工作人员和国有企业负责人不得违反国家规定投资入股煤矿（依法取得上市公司股票的除外），不得对煤矿的违法行为予以纵容、包庇。

国家行政机关工作人员和国有企业负责人违反前款规定的，根据情节轻重，给予降级、撤职或者开除的处分；构成犯罪的，依法追究刑事责任。

（20）煤矿企业负责人和生产经营管理人员应当按照国家规定轮流带班下井，并建立下井登记档案。

县级以上地方人民政府负责煤矿安全生产监督管理的部门或者煤矿安全监察机构发现煤矿企业在生产过程中，1 周内其负责人或者生产经营管理人员没有按照国家规定带班下井，或者下井登记档案虚假的，责令改正，并对该煤矿企业处 3 万元以上 15 万元以下的罚款。

（21）煤矿企业应当免费为每位职工发放煤矿职工安全手册。

煤矿职工安全手册应当载明职工的权利、义务，煤矿重大安全生产隐患的情形和应急保护措施、方法以及安全生产隐患和违法行为的举报电话、受理部门。

煤矿企业没有为每位职工发放符合要求的职工安全手册的，由县级以上地方人民政府负责煤矿安全生产监督管理的部门或者煤矿安全监察机构责令限期改正；逾期未改正的，处 5 万元以下的罚款。

（22）任何单位和个人发现煤矿有本规定第五条第一款和第八条第二款所列情形之一的，都有权向县级以上地方人民政府负责煤矿安全生产监督管理的部门或者煤矿安全监察机构举报。

受理的举报经调查属实的，受理举报的部门或者机构应当给予最先举报人 1000 元至 1 万元的奖励，所需费用由同级财政列支。

县级以上地方人民政府负责煤矿安全生产监督管理的部门或者煤矿安全监察机构接到举报后，应当及时调查处理；不及时调查处理的，对有关责任人，根据情节轻重，给予警告、记过、记大过或者降级的行政处分。

（23）煤矿有违反本规定的违法行为，法律规定由有关部门查处的，有关部门应当依法进行查处。但是，对同一违法行为不得给予两次以上罚款的行政处罚。

（24）国家行政机关工作人员、国有企业负责人有违反本规定的行为，依照本规定应当给予处分的，由监察机关或者任免机关依法做出处分决定。

国家行政机关工作人员、国有企业负责人对处分决定不服的，可以依法提出申诉。

（25）当事人对行政处罚决定不服的，可以依法申请行政复议，或者依法直接向人民法院提起行政诉讼。

（26）省、自治区、直辖市人民政府可以依据本规定制定具体实施办法。

9.1.2 矿井灾害预防和处理计划的编制

《煤矿安全规程》是我国安全生产法律体系中的一个重要行政法规，其本身具有强制性的法律效力。《煤矿安全规程》第十二条明文规定"煤矿必须编制年度灾害预防和处理计划，并根据具体情况及时修改。灾害预防和处理计划由矿长负责组织实施。"编制灾害预防和处理计划，是对"安全第一、预防为主、综合治理"方针的具体贯彻，是坚持"以人为本"原则的具体体现，是煤矿实现安全生产的一项重要措施；也是对煤矿生产中一旦发生重大灾害事故，能够快速有效地组织救灾的具体措施，并可以作为现场人员及救护队处理事故、抢救人员的行动纲领，以便将事故消灭在初始阶段、防止事故扩大，把事故的损失减少到最低程度。

煤矿常见的重大灾害事故有五类，即瓦斯煤尘爆炸、矿井火灾、煤与瓦斯突出、矿井突水、冲击地压和大面积冒顶。

9.1.2.1 灾害预防和处理计划编制的原则

鉴于矿井灾害的危险性和复杂性，灾害预防和处理计划要根据具体情况及时修改，在编制灾害预防和处理计划时根据其最终目的应坚持以下原则：

（1）贯彻执行预防为主的方针，坚持防治结合的原则，保障矿井安全生产；

（2）作为事故处理和抢救人员的行动纲领；

（3）便于将事故消灭在初始阶段或防止事故扩大，将损失减小到最低程度。

9.1.2.2 灾害预防和处理计划的内容

灾害预防和处理计划的内容包括矿井重大灾害的评价与确定、重大灾害的针对性预防措施、灾区人员撤离与自救的组织措施、处理事故必需的资料和各有关人员的职责，主要由文字说明、附图、救灾与避灾所需要的材料设备和必要的工程规划图表组成。文字说明要详尽确切、通俗易懂，尽量采用示意图和表格描述。内容要切合实际，注意实用性，真正能够起到事前预防、事中防止事故扩大和迅速抢救遇险人员，以最大限度地减少经济损失。

（1）文字说明。主要包括以下内容：

1）可能发生的事故和地点，发生事故的主、客观因素，事故的性质、原因和可能发生的征兆。

2）出现各种事故时，保证人员安全撤退和自救所必须采取的措施。

3）预防和处理各种事故及恢复生产的各种具体有效技术措施。

4）实施预防措施的单位及负责人。

5）救灾指挥部的人员组成、分工和其他有关人员的名单、通知方法和顺序。人员的分工要明确具体，通知的方法要迅速及时。

（2）安全迅速撤退人员的措施。

1）及时通知灾区和受威胁区域人员的最有效的方法及所需要的材料设备。

2）人员安全撤退的路线及该路线上所设置的照明设备、路标、自救器及临时避难硐室的位置。

3）风流控制的方法、步骤及其适用条件。

4）发生事故后对井下人员的统计方法。

5）各种情况下的救护队接近灾区实施救护的行动路线。

6）向遇险人员供给新鲜空气、食物和水的方法。

（3）各种必备的技术资料及附图。矿井通风系统图、反风实验报告以及反风时保证反风设施完好可靠的检查报告；矿井供电系统图和井下各种通信设备的安装地点；井下消防洒水管路，排水管路和压风系统图；地面、井下对照图，图中应标明井口的位置和标高、地面交通情况、钻孔、水井储水池及其他可供处理事故用的材料、设备及工具的存放地点等。

要规定执行各项安全措施的具体办法；对职工进行安全技术教育的安排；定期组织安全检查，及时处理不安全因素；根据矿井瓦斯涌出的情况及规律，煤尘爆炸的倾向性、积水区域和火灾发生的可能性等因素，提出预防各种重大灾害事故的组织措施、技术措施，并规定经常检查这些预防措施的落实情况；必须规定为预防事故发生应完成的安全工程，增添的设备和必备的安全检测仪器、仪表的数量、安装地点、管理的办法和负责人等。

9.1.2.3 处理灾害和恢复生产措施的编制原则

（1）处理火灾事故应根据已探明的火区地点和范围制定控制火势及灭火方法，风流调度的原则和方法，防止产生瓦斯、煤尘爆炸的措施、步骤、防火墙的位置、材料和修建的顺序等。

（2）处理爆炸事故，关键是制定出如何迅速恢复通风，用适当的风量冲洗灾区，避免出现火源或消除火源，防止出现瓦斯连续爆炸的措施。

（3）其他事故的预防和处理措施，也应根据矿井具体情况制定。

9.1.3 灾害预防和处理计划的编制、审批和实施

（1）灾害预防和处理计划必须由矿总工程师组织通风、采掘、机电、地质等有关单位人员进行编制，并有矿山救护队参加，还应征得驻矿安全监察部门的同意。灾害预防和处理计划对一个矿井来说，涉及的范围比较广，再加上煤矿生产的特殊性，存在的危险因素不仅多而且还非常复杂。为了保证计划具有针对性及可实施，应组织矿井所有有关单位和主要技术人员参与。鉴于矿山救护队是矿山灾害发生后救援的主体力量，也具有抢险救灾的丰富经验，因此，在编制时应充分听取他们的意见和建议。同时，也可以让他们对矿井的情况及灾害后的处理方法有一个大致的了解，有利于灾害发生后快速及时地实施救灾。

（2）要通过充分的调查，找出不安全因素和漏洞，在总结经验教训的基础上进行编制。煤矿事故的发生，主要是由于煤矿生产中存在的诸多不安全因素和管理的不到位而造成的，只有全面查找所有地点和各个环节的隐患和漏洞，才能使其在实施中较好地发挥预防为主的功能。对于不安全因素的查找，不能只注重客观因素，主观因素也应作为一个重点进行分析。

（3）组织全矿有关人员对计划进行讨论、补充、修改。

（4）必须在每年1月份报矿务局（集团公司）总工程师批准。

（5）在每季开始前几天，矿总工程师应根据矿井生产的变化情况，组织有关部门补充、修改。煤矿生产的场所随生产的变化而变化，采场条件也在随时间变化而不同，因此要根据生产的实际及时修改。这也是《煤矿安全规程》明确要求的。

（6）计划由矿长负责实施。

（7）已批准的计划应立即向全体职工（包括全体矿山救护队员）贯彻、组织认真学习。使每一位职工都能熟悉避灾路线。各基层单位的领导和主要技术人员应负责组织本单

位职工学习，并进行考试，以便每一位职工都能全面掌握，领会其精髓。

（8）每季至少组织一次矿井救灾演习。通过演习积累经验，寻找不足。对演习中发现的问题，必须立即采取措施进行整改。

对于具有复杂通风网络的现代化矿井，编制计划较为复杂，特别是事故的处理措施很难做到准确无误。为此，国外利用计算机编制事故处理计划，输入有关的信息解决以下问题：

1）确定矿工用最短时间沿着充满火灾气体的巷道，从事故现场和受威胁区域撤退到新鲜风流的最短安全路线。

2）计算各救护小队的最短行动路线，选定抢救人员的措施和初期阶段处理事故的方法。

3）计算火灾发生后的通风稳定性，选取防止风流逆转的措施等。

9.2　煤矿事故应急救援

9.2.1　我国国家矿山应急救援体系

9.2.1.1　国家安全生产监督管理总局矿山救援指挥中心

国家安全生产监督管理总局成立矿山救援指挥中心，作为国家矿山救护及其应急救援委员会的办事机构，负责组织、指导和协调全国矿山救护及应急救援的日常工作；组织研究制定有关矿山救护的工作条例、技术规程、方针政策；组织开展矿山救护技术的国际交流等；组织指导矿山救护的技术培训和救护队的质量审查认证，以及对安全产品的性能检测和生产厂家质量保证体系的检查。

矿山救援指挥中心配备具有实战经验的指挥员，具备技术支持能力。当矿山发生重大（复杂）灾变事故，需要得到矿山救援指挥中心技术支持时，矿山救援指挥中心可协调全国救援力量，协助制定救灾方案，提出技术意见，并对复杂事故的调查分析取证提供足够的技术支持。

9.2.1.2　省级矿山救援指挥中心

省级煤矿安全监察机构或省级负责煤矿安全监察的部门应设立省级矿山救援指挥中心，负责组织、指导和协调所辖区域的矿山救护及其应急救援工作。省级矿山救援指挥中心，业务上接受国家局矿山救援指挥中心的领导。

9.2.1.3　区域救护大队

区域救护大队是区域内矿山抢险救灾技术的支持中心。具有救护专家、救护设备和演习训练中心。为保证有较强的战斗力，区域救护大队必须拥有不少于2个救护中队，每个救护中队应不少于3个救护小队，每个救护小队至少由9名队员组成。区域救护大队的现有隶属关系不变、资金渠道不变，但要由国家安全生产监督管理总局利用技术改造资金对其进行装备配置，提高技术水平和作战能力。在矿山重大（复杂）事故应急救援时，应接受国家局矿山救援指挥中心的协调和指挥。

区域救护大队的主要任务是：制定区域内的各矿救灾方案，协调使用大型救灾设备和出动人员，实施区域力量协调抢救；培训矿山救护队指战员；参与矿山救护队技术装备的开发和试验；必要时执行跨区域的应急救援任务。

9.2.2 矿山应急救援的基本程序

当矿山发生灾害时，以企业自救为主的企业救护队和医院在进行救助的同时，上报上一级矿山救援指挥中心（部门）及政府。救援能力不足以有效抢险救灾时，立即向上级矿山救援指挥中心提出救援要求。

各级救援指挥中心得到事故报告要迅速向上一级汇报，并根据事故的大小，难易程度等决定调用重点矿山救护队或区域矿山救援基地以及矿山医疗救护中心实施应急救援。

省内发生重特大矿山事故时，省内区域矿山救援基地和重点矿山救护队的调动应由省级矿山救援指挥中心负责。

国家局矿山救援指挥中心负责调动区域矿山救援队伍，进行跨省区应急救援。

9.2.3 应急救援预案的编制

9.2.3.1 应急预案的主要内容

依据《生产经营单位生产安全事故应急预案编制导则》（GB/T 29639—2013），生产经营单位的应急预案体系主要由综合应急预案、专项应急预案和现场处置方案构成。

（1）综合应急预案。综合应急预案是生产经营单位应急预案体系的总纲，主要从总体上阐述事故的应急工作原则，包括生产经营单位的应急组织机构及职责、应急预案体系、事故风险描述、预警及信息报告、应急响应、保障措施、应急预案管理等内容。

（2）专项应急预案。专项应急预案是生产经营单位为应对某一类型或某几种类型事故，或者针对重要生产设施、重大危险源、重大活动等内容而制定的应急预案，专职应急预案主要包括事故风险分析、应急指挥机构及职责、处置程序和措施等内容。

（3）现场处置方案。现场处置方案是生产经营单位根据不同事故类型，针对具体的场所，装置或设施所制定的应急处置措施，主要包括事故风险分析、应急工作职责、应急处置和注意事项等内容。生产经营单位应根据风险评估、岗位操作规程以及危险性控制措施，组织本单位现场作业人员及安全管理等专业人员共同编制现场处置方案。

9.2.3.2 编制的原则

（1）政府统一领导原则。各级政府是本行政区域应急救援预案编制工作的主体，各有关部门在本级政府的统一领导下参与和协助本行政区域应急救援预案的编制工作。

（2）法规规定原则。在应急救援预案的编制依据和编制内容上，严格遵守《安全生产法》《国务院关于特大事故责任追究的规定》等法律法规的有关规定。

（3）实用原则。预案必须从实际出发，具有针对性和可操作性，这是编制、审查预案的重点。

（4）部门分工及责任明确原则。按照"一岗双责"的原则（党政领导干部既要履行岗位业务职责，又要履行安全生产管理工作职责），明确各部门在预案编制过程中和实施应急救援中的职责分工。

9.2.3.3 编制的依据

应急救援预案的编制依据为《安全生产法》《矿山安全法》《煤矿安全监察条例》《煤

矿安全规程》等法律、法规、规程和规定。

9.2.3.4　编制的步骤

编制的步骤包括：（1）成立预案编制小组，拟定编写计划；（2）收集资料并进行初步评估；（3）辨识危险源并评价风险；（4）评价能力与资源；（5）编制应急预案；（6）应急预案评审。

9.2.3.5　编制的准备工作

（1）编制应急救援预案时首先要收集必要的信息，包括：1）通用的法律、法规和标准；2）企业安全记录、事故情况；3）国内外同类企业事故资料；4）地理、环境气候资料；5）相关企业的应急预案等。

（2）编制应急救援预案时还应提出一些相关的问题，包括：1）可能发生什么样的事故；2）这种事故的后果如何（包括对现场和企业外的影响），可能影响到什么地区；3）这类事故是否可以预防，如果不能，可能产生什么级别的紧急情况；4）如何报警，如何建立有效的通信；5）谁来评价这种紧急情况，根据是什么；6）谁负责做，做什么、什么时间、怎么做；7）目前具备什么样的资源，应该具备什么资源；8）可得到什么样的外部援助，怎样得到。这些问题是制定应急救援预案过程中必须分析和考虑的内容。据此，编制小组的工作可分为三部分：一是危险辨识、后果分析和风险评价；二是明确人员和职能；三是明确需要的资源。

9.2.3.6　编制预案应注意的事项

（1）应针对本单位的特点进行编制。煤矿行业、非煤矿山行业、建筑行业、民爆行业都有各自的特点，危险行业目标和危险源都不尽相同，并且在煤矿、非煤矿山，危险随着生产的进程而变化，因此在编制预案时要有针对性。

（2）事故发生后采取处理措施的出发点不同，煤矿和非煤矿山行业在事故发生后更倾向于救人，民爆行业更倾向于防止二次事故的发生。

（3）人员紧急疏散和撤离应针对具体情况制定合理方案。地下作业人员的疏散和撤离比地面作业人员的疏散和撤离难度更大，更需周密的准备和安排。

（4）事故救援方面。国家现已组建了多个专业救援队伍，救援基地也正在建设之中。预案编制时，要认真考虑如何充分利用这些专业救援力量。

（5）医疗救援方面。矿山有矿山医疗救护队伍，国家煤矿安全监察局矿山医疗救护中心指导协调全国矿山伤员的急救工作；省级矿山医疗救护基地根据需要指导、协调省内矿山事故伤员的救治工作；省级矿山医疗救护机构负责企业矿山事故伤员的医疗急救，其他行业根据实际情况对医疗救护进行安排和服务。

9.2.4　应急救援培训

通过培训，可以使事故涉及的人员（包括事故当事人、应急救援人员等）都能了解，一旦发生事故，他们应该做什么、能够做什么，如何去做，以及如何协调各应急部门人员的工作等。通过培训，还可以发现应急救援预案的不足和缺陷，并在实践中加以补充和改进，应急救援培训的对象主要包括：政府主管部门人员、企业全员、专业应急救援队伍、社区居民。

9.2.5 预案的演习和实施

9.2.5.1 预案的演习

预案的演习是检验、评价和提高应急能力的一个重要手段，其重要作用突出体现在可以在事故真正发生前暴露预案和程序的缺陷；发现应急资源的不足（包括人力和设备等）；改善各应急部门、机构人员之间的协调缺陷；增强公众应对突发重大事故救援的信心和应急意识；提高应急人员的技术水平和熟练程度；进一步明确各自的岗位与职责；提高各级预案之间的协调性；提高整体应急反应能力。

演习前需要对以下项目进行检查：（1）组织上的落实（确定指挥部、抢救队、急救队后勤保障的第一、第二梯队乃至后备人选）；（2）制度的落实；（3）硬件的落实（各类器材、装置配套齐全，定期检验，淘汰过期、残存的失效药品、器材）。

演习结束后应认真总结，肯定成绩、表彰先进，对发现的不足、缺陷应采取纠正措施，进一步完善预案。

9.2.5.2 预案的实施

预案的实施是在事故发生时，依据事故的类型、危害程度的级别和评估结果，启动相应的预案，按照预案进行事故的应急救援。实施时不能轻易变更预案，如有预案未考虑到的地方，应冷静分析后，果断予以处理。事故后认真总结，进一步完善预案。

事故应急救援预案是针对事故制定的事故应急方案，方案是对事故进行响应所遵循的程序。标准化是事故应急响应程序按照过程可分为接警、确定响应等级、报警、应急启动、救援行动、扩大应急、应急恢复和应急结束几个过程。

9.2.6 事故应急救援预案的检查

《安全生产法》要求，危险物品的生产、经营、储存单位以及矿山、建筑施工单位应制定应急救援预案，并建立应急救援组织，生产经营规模较小的单位应当指定兼职应急救援人员。因此，制定事故应急救援预案将作为建设项目"三同时"验收的条件之一。安全验收评价应将"事故应急救援预案的检查"作为一项必不可少的工作。

对于事故应急救援预案的检查应参照相关事故应急救援预案编制导则进行检查。检查一般可以分为三个层次：第一层次是检查预案程序；第二层次是检查预案内容；第三层次是检查预案配套的制度和方法。

9.2.6.1 预案程序的检查

A 危险源确定程序的检查

危险源确定程序包括：1）找出可能引发事故的材料、物品、系统、生产过程、设施或能量（电、磁、射线）等。2）对危险辨识找出的因素进行分析；分析可能发生事故的后果（人的伤害、物的损失、环境的破坏）；分析可能引发事故的原因。3）将危险分出层次，找出最危险的关键单元。4）确定是否属于重大危险源。5）对属于重大危险源以及危险度高的单元，进行"事故严重度评价"。6）确定危险源（按危险程度依次排列）。

B 事故预防程序的检查

遵循事故预防 PDCA 循环的基本过程，即计划（plan）、实施（do）、检查（check）、处理（action）。包括：通过安全检查掌握"危险源"的现状；分析产生危险的原因；制定控制危险源的对策；对策的实施；实施效果的确认；保持效果并将其标准化，防止反复；持续改进，提高安全水平。

C 应急救援程序的检查

要求根据危险源模拟事故状态、制定出几种事故状态下的应急救援方案，不能遗漏。当发生事故时，每个职工都应知道各种紧急状态下每一步做什么和怎么做。

大型生产经营单位的"应急救援程序"应该将"单元（车间）应急救援程序"汇编在内，不能出现盲点。重点检查：事故应急救援指挥部启动程序、指挥部发布和解除应急救援命令和信号的程序及通信网络、抢险救援程序（救援行动方案）、工程抢险抢修程序、现场医疗救护及伤员转送程序、人员紧急疏散程序、事故处理程序图、事故上报程序等。

9.2.6.2 预案内容的检查

主要检查两个方面：一是程序包含的内容是否遗漏；二是这些内容是否正确。重点检查以下内容。

（1）组织方案。以生产经营单位为单位成立应急救援的组织机构和指挥系统。生产经营单位以主要领导和各职能机构负责人共同组织应急救援指挥系统，负责在重大事故发生后的救援指挥和组织实施救援工作。生产经营单位依据本单位使用的原材料和生产产品的不同，按照防火、防爆、防泄漏、防辐射、防中毒等成立各个救助分队，各分队应专业和非专业相结合。各分队要明确组织形式，对人员实施应急救援措施的专业技术培训，按照处理重大事故所需配备一定数量的救助器材，形成一支专业性强的事故应急救援力量。

生产经营单位应急救援指挥系统的建立主要是建立联系网络，重大事故报告要及时准确，指挥机构和各救援分队的联系要畅通，能够及时对具体实施应急措施进行指挥和调度；与当地政府、行政主管部门和公安消防部门、供电、供水、供气等单位，以及事故应急救援抢救机构等有关部门建立必要的工作联系，及时通报本生产经营单位重大事故危险源的状态和生产安全工作情况；对在生产安全中发生的问题，取得有关部门和单位的支持和帮助，及时采取相应措施，避免或减少重大事故的发生。

（2）责任制。责任制主要是指挥系统和抢险分队责任制的建立。其主要内容应包括：保证信息畅通；报警及警告信号明确有效；实施救援队伍分工明确；指挥救援程序落实；必备的救援器材配备齐全，并确保完好和正确使用；救援人员应具备安全技术素质及保证技术培训质量等。

（3）报警及信息系统。生产经营单位可依据本单位的具体情况，建立重大事故发生的报警信号系统。当发生重大事故时，按照生产经营单位规定的方法及时报告或报警。报告或报警的方式可以用声响或标志等形式。但必须做到及时准确和醒目。

（4）重大危险源。生产经营单位应依据本单位的具体情况，对危险场所和危险部位进行重大危险源评估，对那些确认属于重大危险源的部位或场所，应进行事故应急预案的编制。

我国《安全生产法》附则中，对"重大危险源"做了明确定义，确认可依据国家标准《重大危险源辨识》进行。

（5）紧急状态下抢险救援的实施。生产经营单位在发生重大事故后，应立即采取必要的措施，并将事故基本情况进行报告，发出事故警报或信号，事故指挥系统要立即采取措施，启动事故专家系统，输入事故现场数据信息，对事故救援提供可行性方案，组织和指挥救援队伍实施救援，并报告有关部门和单位，对事故进行抢险或救援。在事故发生紧急情况下，已实施了应急抢险措施，但对事故状态仍不能得到控制，而且极有可能发生更为严重的后果时，为了避免造成更多的人员伤害，应在积极采取抢救措施的同时，疏散当地周围居民，封闭道路，控制流动人员进入等。

9.2.6.3 预案配套制度和方法的检查

为了能在事故发生后，迅速、准确、有效地进行处理，必须制定好《事故应急救援预案》以及与之配套的制度、程序和处理办法。特别需要指出的是，《生产工艺操作方法》必须以操作安全为本，内容应包括紧急状态下工艺操作的程序和方法。对"危险源"应配套"工程抢险抢修"的程序和方法。

此外，日常还要做好应急救援的各项准备工作，对所有职工进行经常性的应急救援常识教育。落实岗位责任制和各项规章制度；同时，还应建立应急救援工作制度：责任制度、值班制度、检查制度、例会制度、培训制度、应急救援装备、物资、药品等检查、维护制度、演练制度等。

9.3 煤矿事故报告与调查处理

煤矿生产安全事故（以下简称事故），是指各类煤矿（包括与煤炭生产直接相关的煤矿地面生产系统、附属场所）发生的生产安全事故。

9.3.1 事故分类

9.3.1.1 按诱发因素分类

按诱发因素的不同，将事故分为责任事故和非责任事故两种类型。

（1）非责任事故。主要包括自然灾害事故和因人们对某种事物的规律性尚未认识，目前的科学技术水平尚无法预防和避免的事故等。

（2）责任事故。是指人们在进行有目的的活动中，由于人为因素，如违章操作、违章指挥、违反劳动纪律、管理缺陷、生产作业条件恶劣、设计缺陷，设备保养不良等原因造成的事故。此类事故是可以预防的。

9.3.1.2 按伤害程度分类

按伤害程度划分，将事故分为死亡、重伤、轻伤3类。

（1）死亡事故。指造成人员死亡的事故。

（2）轻伤事故。指需休息一个工作日及以上，但未达到重伤程度的伤害。

（3）重伤事故。指按国务院有关部门颁发的《有关重伤事故范围的意见》，经医师诊断为重伤的伤害。凡有下列情况之一者，均作为重伤事故处理：

1）经医师诊断成为残疾或可能成为残疾的。

2）伤势严重，需要进行较大的手术才能挽救生命的。

3）要害部位严重灼伤、烫伤或非要害部位灼伤、烫伤占全身面积1/3以上的。

4）严重骨折、严重脑震荡等。

5）眼部受伤、脚部伤害可能致残疾者。

6）内部伤害。内部损伤、内出血或伤及腹膜等。

凡不在上述范围以内的伤害，经医院诊断后，认为受伤较重，可根据实际情况参考上述各点由企业行政部门会同基层工会作个别研究，提出意见、由当地有关部门审查确定。

9.3.1.3　按事故严重程度分类

根据《生产安全事故报告和调查处理条例》（国务院令第493号），按生产安全事故（以下简称事故）造成的人员伤亡或者直接经济损失，事故一般分为以下等级：

（1）特别重大事故。是指造成30人以上死亡，或者100人以上重伤（包括急性工业中毒，下同），或者1亿元以上直接经济损失的事故。

（2）重大事故。是指造成10人以上30人以下死亡，或者50人以上100人以下重伤，或者5000万元以上1亿元以下直接经济损失的事故。

（3）较大事故。是指造成3人以上10人以下死亡，或者10人以上50人以下重伤，或者1000万元以上5000万元以下直接经济损失的事故。

（4）一般事故。是指造成3人以下死亡，或者10人以下重伤，或者1000万元以下直接经济损失的事故。

事故中的死亡人员依据公安机关或者具有资质的医疗机构出具的证明材料进行确定，重伤人员依据具有资质的医疗机构出具的证明材料进行确定。

事故造成的直接经济损失包括：

（1）人身伤亡后所支出的费用，含医疗费用（含护理费用），丧葬及抚恤费用，补助及救济费用，歇工工资。

（2）善后处理费用，含处理事故的事务性费用，现场抢救费用，清理现场费用，事故赔偿费用。

（3）财产损失价值，含固定资产损失价值，流动资产损失价值。

事故发生单位应当按照规定及时统计直接经济损失，发生特别重大事故以下等级的事故，事故发生单位为省属以下煤矿企业的，其直接经济损失经企业上级政府主管部门（单位）审核后书面报组织事故调查的煤矿安全监察机构；事故发生单位为省属以上（含省属）煤矿企业的，其直接经济损失经企业集团公司或者企业上级政府主管部门审核后书面报组织事故调查的煤矿安全监察机构。特别重大事故的直接经济损失报国家安全生产监督管理总局。

自事故发生之日起30日内，事故造成的伤亡人数发生变化的，应当按照变化后的伤亡人数重新确定事故等级。

事故抢险救援时间超过30日的，应当在抢险救援结束后重新核定事故伤亡人数或者直接经济损失。重新核定的事故伤亡人数或者直接经济损失与原报告不一致的，按照重新核定的事故伤亡人数或者直接经济损失确定事故等级。

9.3.1.4　按事故的性质分类

国标《企业职工伤亡事故分类》（GB 66441—86）中，将事故类别划分为20类。煤安字（1995）第50号文《煤炭工业企业职工伤亡事故报告和统计规定（试行）》，依据煤炭行业生产特点，按伤亡事故的性质，将煤炭工业行业生产伤亡事故分为以下 8 类：

（1）顶板事故。指矿井冒顶、片帮、顶板支护垮落、冲击地压、露天矿滑坡、坑槽垮塌等事故，底板事故也视为顶板事故。

（2）瓦斯事故，指瓦斯（煤尘）爆炸（燃烧），煤（岩）与瓦斯突出，瓦斯中毒、窒息。

（3）机电事故。指机电设备（设施）导致的事故，包括运输设备在安装、检修、调试过程中发生的事故。

（4）运输事故。指运输设备（设施）在运行过程中发生的事故。

（5）爆破事故。指爆破崩人、触响瞎炮造成的事故。

（6）火灾事故。指煤与矸石自燃发火和外因火灾造成的事故（煤层自燃未见明火，逸出有害气体中毒算为瓦斯事故）。

（7）水害事故。指地表水、采空区水、地质水、工业用水造成的事故及透黄泥、流沙导致的事故。

（8）其他事故。以上 7 类以外的事故。

9.3.1.5 非伤亡事故

在煤矿生产活动中，由于管理不善、操作失误、设备缺陷等原因，造成生产中断、设备损坏等，但未造成人员伤亡的事故，通称为非伤亡事故，原中国统配煤矿总公司下发的《关于加强非伤亡事故管理的通知》，把非伤亡事故分为三级：

（1）一级非伤亡事故。发生的事故使全矿井停工 8h 以上，或使采区停工 3 昼夜以上；瓦斯、煤尘燃烧与爆炸；煤与瓦斯突出，其突出煤量超过 50t（含 50t）；井下发火封闭采区或影响安全生产；火灾使井下全部或一翼停止生产；采区通风不良，风流瓦斯超限或瓦斯积聚，造成停产；采煤工作面冒顶长度在 10m（含 10m）以上；掘进工作面冒顶长度在 5m（含 5m）以上；巷道冒顶长 10m（含 10m）以上。

（2）二级非伤亡事故。发生的事故使全矿井停工 2h 以上，但不足 8h，或采区停工 8h 以上，但不足 3 昼夜；井下发火封闭采掘工作面；煤与瓦斯突出，其突出煤量超过 10t（10t）；因水灾使采区停产；采掘工作面通风不良，风流中瓦斯超限或瓦斯积聚，造成停产；采煤工作面冒顶长度超过 5m（含 5m）；掘进工作面冒顶长度超过 3m（含 3m）；巷道冒顶长度超过 5m（含 5m）。

（3）三级非伤亡事故。发生的事故使全矿井停产 130 min～2 h，或使采区停工 2～8h；通风不良或局部通风机无计划停电，使风流中局部瓦斯聚集，瓦斯浓度超过 3%；煤与瓦斯突出，其突出煤量在 10t 以下；范围不大的井下发火；因水灾使一个采掘面停止生产；采煤工作面冒顶长度超过 3m（含 3m），掘进工作面冒顶长度 3m 以下；巷道冒顶长度 5m 以下。

9.3.2 事故报告及现场处置和保护

为了规范煤矿生产安全事故报告和调查处理，落实事故责任追究，防止和减少煤矿生产安全事故，国家安全生产监督管理总局、国家煤矿安全监察局依照《生产安全事故报告和调查处理条例》《煤矿安全监察条例》和国务院有关规定，制定了《煤矿生产安全事故报告和调查处理规定》）。

9.3.2.1　事故报告

煤矿发生事故后，事故现场有关人员应当立即报告煤矿负责人；煤矿负责人接到报告后，应当于1h内报告事故发生地县级以上人民政府安全生产监督管理部门、负责煤矿安全生产监督管理的部门和驻地煤矿安全监察机构。

情况紧急时，事故现场有关人员可以直接向事故发生地县级以上人民政府安全生产监督管理部门、负责煤矿安全生产监督管理的部门和煤矿安全监察机构报告。

煤矿安全监察分局接到事故报告后，应当在2h内上报省级煤矿安全监察机构。

省级煤矿安全监察机构接到较大事故以上等级事故报告后，应当在2h内上报国家安全生产监督管理局、国家煤矿安全监察局。

国家安全生产监督管理总局、国家煤矿安全监察局接到特别重大事故、重大事故报告后，应当在2h内上报国务院。

地方人民政府安全生产监督管理部门和负责煤矿安全生产监督管理的部门接到煤矿事故报告后应当在2h内报告本级人民政府、上级人民政府安全生产监督管理部门、负责煤矿安全生产监督管理的部门和驻地煤矿安全监察机构，同时通知公安机关、劳动保障行政部门、工会和人民检察院。

报告事故应当包括下列内容：

（1）事故发生单位概况（单位全称、所有制形式和隶属关系、生产能力证明情况等）。

（2）事故发生的时间、地点以及事故现场情况。

（3）事故类别（顶板，瓦斯、机电、运输、爆破、水害、火灾、其他）。

（4）事故的简要经过，入井人数、生还人数和生产状态等。

（5）事故已经造成伤亡人数，下落不明的人数和初步估计的直接经济损失。

（6）已经采取的措施。

（7）其他应当报告的情况。

以上报告内容，初次报告由于情况不明没有报告的，应在查清后及时续报。

事故报告后出现新情况的，应当及时补报或者续报。事故伤亡人数发生变化的，有关单位应当在发生的当日内及时补报或者续报。事故报告应当及时、准确、完整，任何单位和个人不得迟报、漏报、谎报或者瞒报事故。

9.3.2.2　现场处置和保护

煤矿安全监察机构接到事故报告后，按照规定，有关负责人应当立即赶赴事故现场，协助事故发生地有关人民政府做好应急救援工作。

事故发生后，有关单位和人员应当妥善保护事故现场以及相关证据。任何单位和个人不得破坏事故现场，毁灭证据。

因事故抢险救援必须改变事故现场状况的，应当绘制现场简图并作书面记录，妥善保存现场重要痕迹、物证，抢险救灾结束后，现场抢险救援指挥部应当及时向事故调查组提交抢险救援报告及有关图纸、记录等资料。

9.3.3 事故调查处理

9.3.3.1 事故调查

依据事故等级不同，事故调查遵循以下原则：

（1）特别重大事故由国务院组织事故调查组进行调查，或者根据国务院授权，由国家安全生产监督管理总局组织国务院事故调查组进行调查。

（2）重大事故由省级煤矿安全监察机构组织事故调查组进行调查。

（3）较大事故由煤矿安全监察分局组织事故调查组进行调查。

（4）一般事故中造成人员死亡的，由煤矿安全监察分局组织事故调查组进行调查；没有造成人员死亡的，煤矿安全监察分局可以委托地方人民政府负责煤矿安全生产监督管理的部门或者事故发生单位组织事故调查组进行调查。

上级煤矿安全监察机构认为必要时，可以授权由下级煤矿安全监察机构负责调查煤矿事故。因伤亡人数变化导致事故等级发生变化的事故，依照《煤矿生产安全事故报告和调查处理规定》应当由上级煤矿安全监察机构调查的，上级煤矿安全监察机构可以另行组织事故调查组进行调查。事故调查组的组成应当遵循精简、效能的原则。

特别重大事故由国务院或者经国务院授权由国家安全生产监督管理总局、国家煤矿安全监察局、监察部等有关部门、全国总工会和事故发生地省级人民政府派员组成国务院事故调查组，并邀请最高人民检察院派人参加。

特别重大事故以下等级的事故，根据事故的具体情况，由煤矿安全监察机构、有关地方人民政府及其安全生产监督管理部门、负责煤矿安全生产监督管理的部门、行业主管部门、监察机关、公安机关以及工会派人组成事故调查组，并应当邀请人民检察院派人参加。

事故调查组可以聘请有关专家参与调查。事故调查组成员应当具有事故调查所需要的知识和专长，并与事故发生单位和所调查的事故没有直接利害关系。事故调查组应当坚持实事求是、依法依规、注重实效的三项基本要求和"四不放过"的原则，做到诚信公正、恪尽职守、廉洁自律，遵守事故调查组的纪律，保守事故调查的秘密，不得包庇、袒护负有事故责任的人员或者借机打击报复。

重大、较大和一般事故的事故调查组组长由负责煤矿事故调查的煤矿安全监察机构负责人担任。委托调查的一般事故，事故调查组组长由煤矿安全监察机构与事故发生地人民政府确定。

事故调查中需要对重大技术问题、重要物证进行技术鉴定的，事故调查组可以委托具有国家规定资质的单位或直接组织专家进行技术鉴定。进行技术鉴定的单位、专家应当出具书面技术鉴定结论，并对鉴定结论负责。技术鉴定所需时间不计入事故调查期限。事故调查组应当自事故发生之日起 60 日内提交事故调查报告。

特殊情况下，经上级煤矿安全监察机构批准，提交事故调查报告的期限可以适当延长，但延长的期限最长不超过 60 日。事故抢险救灾超过 60 日，无法进行事故现场勘察的，事故调查时限从具备现场勘察条件之日起计算，瞒报事故的调查时限从查实之日起计算。

事故调查报告应当包括下列内容：

（1）事故发生单位基本情况；

（2）事故发生经过、事故救援情况和事故类别；

（3）事故造成的人员伤亡和直接经济损失；

（4）事故发生的直接原因，间接原因和事故性质；

（5）事故责任的认定以及对事故责任人员和责任单位的处理建议；

（6）事故防范和整改措施。

事故调查组成员应当在事故调查报告上签名。事故调查报告报送至负责事故调查的国家安全生产监督管理局或者煤矿安全监察机构后，事故调查工作即告结束。

事故调查的有关资料应当由组织事故调查的煤矿安全监察机构归档保存。归档保存的材料包括技术鉴定报告、重大技术问题鉴定结论和检测检验报告、尸检报告、物证和证人证言、直接经济损失文件、相关图纸、视听资料，批复文件等。

9.3.3.2 事故处理

依据事故等级不同，事故的批复结案遵循以下原则：

（1）特别重大事故调查报告报经国务院同意后，由国家安全生产监督管理总局批复结案。

（2）重大事故调查报告经征求省级人民政府意见后，报国家煤矿安全监察局批复结案。

（3）较大事故调查报告经征求设区的市级人民政府意见后，报省级煤矿安全监察机构批复结案。

（4）一般事故由煤矿安全监察分局批复结案。

重大事故、较大事故、一般事故，煤矿安全监察机构应当自收到事故调查报告之日起15日内做出批复。特别重大事故，30日内做出批复，特殊情况下，批复时间可以适当延长，但延长时间不超过30日。

事故批复应当主送落实责任追究的有关地方人民政府及其有关部门或者单位。有关地方人民政府及其有关部门或者单位应当依照法律、行政法规规定的权限和程序，对事故责任单位和责任人员按照事故批复的规定落实责任追究，并及时将落实情况书面反馈批复单位。

煤矿安全监察机构依法对煤矿事故责任单位和责任人员实施行政处罚。事故发生单位应当落实事故防范和整改措施。防范和整改措施的落实情况应当接受工会和职工的监督。负责煤矿安全生产监督管理的部门应当对事故责任单位落实防范和整改措施的情况进行监督检查。煤矿安全监察机构应当对事故责任单位落实防范和整改措施的情况进行监察。

特别重大事故的调查处理情况由国务院或者国务院授权组织事故调查的国家安全生产监督管理总局和其他部门向社会公布，特别重大事故以下等级的事故的调查处理情况由组织事故调查的煤矿安全监察机构向社会公布，依法应当保密的除外。

9.3.4 事故分析案例

9.3.4.1 矿井概况及事故经过

某年某月某日，某煤矿某采区发生一起特别重大瓦斯煤尘爆炸事故，造成162人死亡，37人受伤（其中重伤14人），直接经济损失1227.2万元。

A 矿井概况

该矿于20世纪60年代中期建设，井田走向长8km，倾斜宽0.9~1.9km，面积约12.65km²。矿井可采储量9946万吨，设计年生产能力90万吨，服务年限为79年。井田采用平硐开拓，单水平上下山开采。水平标高为+1800m，沿走向划分为8个采区。

该矿通风方式为抽出式，采用两台TZK58N928型轴流式风机、一台运转，一台备用。总排风量为5078m³/min，负压1930Pa。

该矿为高瓦斯矿井，据矿务局有关文件规定，按突出煤层管理、矿井绝对瓦斯涌出量为29.93 m³/min，相对瓦斯涌出量16.63 m³/t（1999年瓦斯鉴定结果）。煤尘爆炸指数为27%~36%，具有煤尘爆炸危险，煤层自然发火期8~12月。

该矿该采区走向长3km，倾斜宽1.4km。采区内沿11号煤层布置胶带、行人和轨道3条下山，胶带下山和行人下山进风，轨道下山回风，该采区开采的11号煤层厚2~3.2m，平均倾角9°，有41112综采和41114高档普采2个工作面生产，41114综采工作面正在安装；41116工作面回风巷、运输巷、开切眼，41118工作面运输巷，采区进风行人下山和胶带运输下山6个掘进工作面在施工。

该矿20世纪70年代中期投产。事故发生当年1~8月实际产量52.3万吨。全矿有职工2000人、井下分三班生产。

B 事故经过

事故发生时，当班井下有244人作业。41116回风巷掘进工作面因更换局部通风机停电造成瓦斯超限，20时开始通风排瓦斯。20时38分，该矿调度室接到电话汇报1740水平车场有股浓烟。矿调度立即通知井下作业人员立即撤出，同时向矿领导、矿务局调度汇报，通知救护队进行抢救。23时40分，矿务局有关领导到达该矿，成立了抢险指挥中心，矿务局局长和该矿矿长任总指挥。

事故调查领导小组认为这是一起因矿井生产布局不合理，通风、瓦斯、机电等管理混乱，违章排放瓦斯，现场人员违章拆开矿灯，产生火花引起瓦斯爆炸、煤尘参与爆炸的重大责任事故。

9.3.4.2 事故原因分析

A 事故直接原因

经现场勘查、取证和综合调查分析认定，这起瓦斯煤尘爆炸事故的直接原因是：41116回风巷探巷因停电停风造成瓦斯积聚，在重开局部通风机排瓦斯过程中，由于安设在41114运输巷的四台局部通风机同时运转，且41116回风巷因积水回风不畅，41114运输巷局部通风机以里部分巷道内风流不稳定发生循环风，致使41114运输巷第四联络巷附近巷道内的瓦斯浓度达到爆炸界限。加之现场人员违章拆卸矿灯引起火花，造成瓦斯爆炸，进而导致煤尘参与爆炸。

B 事故间接原因

（1）采区生产布局不合理，发生事故的采区一翼11号煤层中布置了2个采煤工作面、1个综采准备工作面和6个掘进工作面、采掘作业过于集中。将41114工作面分成两段回采，即在41114综采工作面前又布置一个41114高档普采工作面，造成通风系统不合理。

（2）企业轻视安全工作。该矿较长时间以来没有按规定召开"一通三防"安全例会，研究解决矿井"一通三防"方面存在的问题，违反《煤矿安全规程》，超通风能力组织生产。

（3）作业现场违反《煤矿安全规程》规定，违章排放瓦斯、在排放瓦斯过程中，未在排放瓦斯影响的区域设置警戒，也未采取停电、撤人等措施、矿山救护队员作业时未佩戴呼吸器。

（4）该矿"一通三防"管理混乱。正在开采的 11 号煤层具有煤与瓦斯突出危险，未开采保护层，在未进行瓦斯预抽的情况下，进行采掘作业，违反《煤矿安全规程》和《防治煤与瓦斯突出细则》的规定；未按规定配备隔绝式自救器和便携式瓦斯检测仪；在用矿灯数量不足，经常出现过放电使用的情况；局部通风机更换后不及时调换机电设备管理的牌板，造成误开停局部通风机、采掘工作面瓦斯超限和局部通风机无计划停电停风频繁，事故当月 27 天，有据可查的瓦斯超限达 23 次，无计划停风达 17 次，采掘工作面安装的瓦斯断电仪发生故障 15 次，对防尘工作不重视，掘进工作面遇到断层时，便将防尘水管改成压风管使用，致使煤尘参与瓦斯爆炸。

（5）该矿规章制度不健全，不落实。矿领导值班不认真履行职责；没有定期召开安全办公会；重要的技术措施编写和审批制度不健全，把关不严，针对性不强，如通风行人下山延伸掘进工作面在未编制作业规程的情况下就安排开工掘进。

（6）企业对职工缺乏必要的培训和教育，职工安全意识淡薄，素质低。该矿一线职工 70% 是农民协议工，由于缺乏安全知识培训，都不具备起码的安全常识，甩掉煤电综合保护装置作业、用新鲜风流吹瓦斯监测探头和在井下拆卸矿灯等严重违章现象屡见不鲜。

（7）矿务局安全管理松散，监督不力。矿务局对该矿布置 41114 高档普采工作面不合理、过度集中等问题，没有及时采取措施予以制止。对矿井风量不足、瓦斯经常超限等重大事故隐患没有引起足够重视。有关业务部门监督检查不力。

9.3.4.3　事故责任划分及处理

依据事故调查组对有关责任人给予处罚的建议，经请示国务院同意，对 22 位与事故责任有关的人员做出了处理。

（1）该矿通风工区技术员。负责制定排放瓦斯措施和指挥现场瓦斯排放工作，违章排放瓦斯，对事故负有直接责任，鉴于其已在事故中死亡，不再追究责任。

（2）该矿主管通风工作副总工程师。对矿井"一通三防"存在的问题和隐患未组织整改；对 41116 回风巷排放瓦斯措施未认真审批和组织落实，工作严重失职，对事故负有主要领导责任，给予行政开除处分，移交司法机关依法追究其刑事责任，并建议给予开除党籍处分。

（3）该矿主管机电管理工作副矿长（事故当天值班矿长）。该矿机电设备管理混乱；事故当天没有履行值班矿长职责，未召集有关部门人员对瓦斯排放措施进行认真研究，也没有对停电换风机和瓦斯排放措施认真组织落实。工作严重失职，对事故负有主要领导责任。给予行政开除处分，移交司法机关依法追究其刑事责任，并建议给予开除党籍处分。

（4）该矿矿长。作为全矿安全生产第一责任人，重生产、轻安全，安全生产管理混乱；决定布置和开采 41114 高档普采工作面，造成采区生产布局和通风系统不合理，导致事故伤亡人数扩大，工作严重失职，对事故负有主要领导责任。给予行政开除处分，移交司法机关依法追究其刑事责任，并建议给予开除党籍处分。

（5）该矿机电工区区长。机电设备管理混乱，工作失职，对事故负有重要领导责任，给予行政降级处分，建议给予党内严重警告处分。

（6）该矿通风工区党支部书记。对职工安全生产教育不力，安全管理和检查不到位，对事故负有重要领导责任、建议给予党内严重警告处分。

（7）该矿通风工区区长。对井下瓦斯经常超限、局部通风设施混乱等严重隐患监督管理不到位，对事故负有重要领导责任。给予行政撤职处分，建议给予留党察看一年处分。

（8）集团公司总工程师。负责全集团公司技术管理及"一通三防"工作。对该矿"一通三防"存在的问题和隐患整改不力，对事故负有重要领导责任。给予行政记大过处分，建议给予党内严重警告处分。

（9）集团公司总经理。作为全集团公司安全生产第一责任人，对党的安全生产方针和国家安全生产法律法规贯彻不力，安全生产责任制不落实，安全生产管理混乱。对事故负有主要领导责任，给予行政撤职处分，建议给予撤销党内职务处分。

（10）该省煤炭工业局局长。在撤销省煤炭工业厅后，受该省人民政府委托继续管理全省煤矿的安全生产工作，对党和国家有关安全生产方针政策和法律法规贯彻不力；对该局安全生产中存在的问题监督整改不力，对事故负有重要领导责任。给予行政降级处分，建议给予党内严重警告处分。

责成省主管安全生产工作的领导向国务院作深刻全面检查。

9.3.4.4　事故预防对策措施

（1）各级领导一定要牢固树立"安全第一"的思想，正确处理好安全与生产、安全与效益的关系，确保必要的安全投入，提高矿井的抗灾能力。

（2）建立健全并认真落实各项安全管理制度。各级领导干部要切实转变工作作风，深入井下，及时研究解决安全生产中存在的问题，在排放瓦斯、巷道贯通等重要措施的实施过程中矿领导必须现场指挥、确保安全生产。

（3）合理布置采区巷道。使生产系统合理，保证通风系统稳定可靠。对采区和工作面通风稳定性起重要作用的风门必须设连锁装置，防止风流短路。

（4）进一步提高对瓦斯灾害的认识，严格坚持"瓦斯超限就是事故"的原则。坚持"先抽后采、先抽后掘、以风定产"、加强矿井瓦斯抽采工作。做到合理安排矿井和采区的采掘工程，合理分配矿井风量，坚决防止超通风能力生产。

（5）建立健全矿井安全监控系统，保证监控系统所有功能的正常使用。加强局部通风管理，必须配齐"三专两闭锁"。

（6）加强技术管理、建立健全管理制度，及时研究矿井存在的技术问题。特别是排放瓦斯、风量调整、巷道贯通等必须建立会审制度，并严格落实责任制。

（7）严格现场管理，强化监督机制。把好现场管理的各个环节、堵塞各种漏洞，对"三违"人员要严肃处理。要充分发挥群众安全检查的作用，做到专检与群检相结合，依靠广大职工做好安全生产工作。

（8）强化培训和安全教育，有针对性地加大对全体职工的培训和教育力度。切实提高职工的安全意识和技术水平，增强职工的自主保安意识。

复习思考题

9-1　矿井灾害预防和处理计划编制所遵循的原则是什么？

9-2　简述我国国家矿山应急救援体系的组成。

9-3　应急救援预案的编制步骤是什么？

参 考 文 献

[1] 于不凡. 煤矿瓦斯灾害防治及利用技术手册 [M]. 北京：煤炭工业出版社，2005.

[2] 马丕梁，陈东科. 煤矿瓦斯灾害防治技术手册 [M]. 北京：化学工业出版社，2007.

[3] 林柏泉. 矿井瓦斯防治理论与技术 [M]. 徐州：中国矿业大学出版社，2010 .

[4] 国家煤矿安全监察局. 防治煤与瓦斯突出规定 [M]. 北京：煤炭工业出版社，2009.

[5] 煤炭科学研究总院抚顺分院. MT/T 692—1997 煤矿瓦斯抽放技术规范 [S]. 北京：中国标准出版社，1997.

[6] 国家安全生产监督管理总局. 中华人民共和国安全生产行业标准. AQ 1027—2006 煤矿瓦斯抽放规范 [S]. 北京：煤炭工业出版社，2006.

[7] 煤炭科学研究总院重庆分院，等. MT 1035—2007 煤矿瓦斯抽放基本指标 [S]. 北京：煤炭工业出版社，2006.

[8] 煤炭科学研究总院抚顺分院. 采空区瓦斯抽放监控技术规范 [S]. 北京：煤炭工业出版社，2007.

[9] 中煤国际工程集团重庆设计研究院. 煤矿瓦斯抽采工程设计规范 [S]. 北京：中国计划出版社，2009.

[10] 林伯泉，李树刚. 矿井瓦斯防治与利用 [M]. 徐州：中国矿业大学出版社，2014.

[11] 吴强. 矿井瓦斯防治与利用 [M]. 北京：煤炭工业出版社，2016.

[12] 袁亮. 煤与瓦斯共采 [M]. 徐州：中国矿业大学出版社，2016.

[13] 陈学习，王志亮. 矿井瓦斯防治与利用 [M]. 徐州：中国矿业大学出版社，2014 .

[14] 程远平，王海锋，王亮. 矿井瓦斯防治 [M]. 徐州：中国矿业大学出版社，2012.

[15] 蒋承林，杨胜强. 石必明. 矿井瓦斯灾害防治与利用 [M]. 徐州：中国矿业大学出版社，2013.

[16] 陈雄，蒋明庆，唐安祥. 矿井灾害防治技术 [M]. 重庆：重庆大学出版社，2009.

[17] 谢中朋. 矿井通风与安全 [M]. 北京：化学工业出版社，2011.

[18] 王德明. 矿井火灾学 [M]. 徐州：中国矿业大学出版社，2008.

[19] 王德明. 矿井通风安全理论与技术 [M]. 徐州：中国矿业大学出版社，1999.

[20] 王魁军，程五一，高坤，等. 矿井瓦斯涌出理论及预测技术 [M]. 北京：煤炭工业出版社，2009.

[21] 王省身，张国枢. 矿井火灾防治 [M]. 徐州：中国矿业大学出版社，1990.

[22] 王省身. 矿井灾害防治理论与技术 [M]. 徐州：中国矿业大学出版社，1986.

[23] 王永安，朱云辉. 矿井瓦斯防治 [M]. 北京：煤炭工业出版社，2007.

[24] 王永红，沈文. 中国煤矿水害预防及治理 [M]. 北京：煤炭工业出版社，1996.

[25] 卫修君，邓寅生，郑继东，等. 煤矿水的灾害防治与资源化 [M]. 北京：煤炭工业出版社，2008.

[26] 温永康. 瓦斯防治 [M]. 北京：煤炭工业出版社，2011.

[27] 吴中立. 矿井通风与安全 [M]. 徐州：中国矿业大学出版社，1989.

[28] 徐精彩. 煤自燃危险区域判定理论 [M]. 北京：煤炭工业出版社，2001.

[29] 姚建，曾宪荣. 事故调查与案例分析 [M]. 北京：煤炭工业出版社，2012.

[30] 《应急救援系列丛书》编委会. 应急救援基础知识 [M]. 北京：中国石化出版社，2008.

[31] 游华聪. 煤矿通风技术与安全管理 [M]. 成都：西南交通大学出版社，2003.

[32] 于不凡，王佑安. 煤矿瓦斯灾害防治及利用技术手册 [M]. 北京：煤炭工业出版社，2000.

[33] 俞启香. 矿井瓦斯防治 [M]. 徐州：中国矿业大学出版社，1992.

[34] 张国枢. 通风安全学 [M]. 徐州：中国矿业大学出版社，2011.

[35] 张铁岗. 矿井瓦斯综合治理技术 [M]. 北京：煤炭工业出版社，2001.

[36] 赵铁桥. 煤矿瓦斯及其防治 [M]. 北京：化学工业出版社，2011.

[37] 赵益芳. 矿井粉尘防治技术 [M]. 北京：煤炭工业出版社，2007.

[38] 中国煤炭工业劳动保护科学技术学会. 矿井水害防治技术 [M]. 北京：煤炭工业出版社，2007.